3D打印
铜硫酸盐复合电极：
制备·性能·应用

3D Printed Copper Sulfate
Composite Electrodes:
Preperation,Performance,
and Application

赵彦亮 著

U0913239

化学工业出版社
·北京·

内 容 简 介

本书以 3D 打印铜硫酸盐复合电极的制备、性能和应用为主线，基于对电化学储能相关知识的概述，重点介绍了 3D 打印技术在电化学储能器件制造领域的应用，以新型铜硫酸盐 (KCu_7S_4) 材料为基础，围绕氧化石墨烯 (GO) 和不同导电材料进行复合，系统介绍了采用 3D 打印技术所构建的各种微型超级电容器的复合电极和器件，并对不同复合电极的微观结构形貌、物相组成对电极润湿性能和电化学性能的影响进行了阐述；从组分配比、打印层数和结构形貌方面对复合电极或器件的电化学性能进行了较为全面的介绍；最后对 3D 打印电化学储能器件的应用前景和发展趋势等进行了展望。

本书紧贴 3D 打印技术和储能器件两个交叉学科领域，具有较强的前沿性、专业性与参考价值，可供新能源材料和 3D 打印领域的科研人员、相关产业技术人员参考，也可供高等学校材料工程、智能制造及相关专业师生参阅。

图书在版编目（CIP）数据

3D 打印铜硫酸盐复合电极：制备・性能・应用 / 赵彦亮著. -- 北京：化学工业出版社，2025. 8. -- ISBN 978-7-122-48911-1

Ⅰ. TB4

中国国家版本馆 CIP 数据核字第 2025L0P350 号

责任编辑：刘　婧　刘兴春　　　　装帧设计：刘丽华

责任校对：杜杏然

出版发行：化学工业出版社

（北京市东城区青年湖南街 13 号　邮政编码 100011）

印　　装：北京天宇星印刷厂

710mm×1000mm　1/16　印张 14¼　彩插 8　字数 218 千字

2025 年 9 月北京第 1 版第 1 次印刷

购书咨询：010-64518888　　　　售后服务：010-64518899

网　　址：http://www.cip.com.cn

凡购买本书，如有缺损质量问题，本社销售中心负责调换。

定　　价：118.00 元

版权所有　违者必究

前言

随着全球气候变化的不断影响，能源低碳化已成为世界各国的基本共识。当前，开发并利用可再生能源是人类公认的推动能源转型的有效途径。在全球范围内，以风电、光伏发电为代表的可再生能源发电量占比逐年攀升，但这些发电形式存在周期性、间歇性等问题，给电力系统带来了前所未有的挑战。基于此，科研和产业人员提出以储能技术配合可再生能源发电的协同利用机制。储能技术通过能量存储并按需求释放的方式，解决了能源生产与消费在时间和空间上的不匹配问题，提高了能源的利用效率，充分保障了电力系统的稳定运行，促进了可再生能源的大规模应用，已成为现代能源体系的核心支撑技术。

在诸多的储能技术中，电化学储能具有分散灵活、响应速度快、能量密度高等显著优势，在提高可再生能源的利用效率方面展现出非凡的活力，已被广泛应用于家庭储能、交通工具及电网调峰等领域。其中，以电池和超级电容器为代表的电化学储能器件在该领域中的应用最为突出。但现阶段，电化学储能器件多以传统制造工艺为主，在能量密度提升、结构创新和一体化制造等方面面临诸多技术瓶颈。如何寻找一种精确可控且低成本的方法来制造储能器件以提高器件性能，是当前研究者们面临的一个重大挑战。3D 打印技术凭借其精确的设计和制造优势，从微观到宏观尺度为构建电化学储能器件开辟了一条新颖的制造之路，为电化学储能器件的设计、材料组合和性能优化提供了革命性的解决方案。

本书内容主要聚焦于 3D 打印技术在微型超级电容器材料开发与器件制造中的相关研究和应用。本书将新型导电材料铜硫酸盐 (KCu_7S_4) 与不同导电材料进行复合，并结合 3D 打印技术逐步构建了三维网络构型的微型超级电容器复合电极和器件。不仅对制备方法、测试手段、性能分析以及导电机理等关键技术进行了介绍，而且对其应用前景进行了系统分析和展望。本书在当前

3D 打印技术和储能器件应用蓬勃发展的时代背景下可为新能源和 3D 打印领域的科研工作者、相关产业技术人员，以及高等学校材料工程、智能制造及相关专业师生提供专业的技术参考。

本书共 8 章，第 1 章主要对电化学储能进行概述，包括电化学储能器件的分类和工作原理、现在面临的问题，以及如何对其进行性能优化；第 2 章主要介绍 3D 打印技术在电化学储能器件制造领域的应用，包括电化学储能器件相关的 3D 打印技术分类、 3D 打印技术在电化学储能器件领域的优势与特点、电化学储能器件的 3D 打印材料，以及 3D 打印技术在电化学储能器件制造领域应用所面临的机遇与挑战；第 3 章系统概括第 4 ~ 7 章中相关的 3D 打印 KCu_7S_4 复合电极的表征分析与性能测试方法，主要包括原料和仪器、电极材料制备、油墨配制方法、电极打印步骤，以及材料表征分析与性能测试（流变性能、电化学性能）等；第 4 章主要介绍 3D 打印 rGO/KCu_7S_4 复合电极的结构、电极和器件的电化学性能以及应用领域；第 5 章主要介绍 3D 打印 Ag/rGO/KCu_7S_4 复合电极的结构、电极和器件的电化学性能以及应用领域；第 6 章主要介绍 3D 打印 MWCNTs/rGO/KCu_7S_4 复合电极的结构、电极和器件的电化学性能以及应用领域；第 7 章主要介绍 3D 打印 rGO/CNFs@ $Ni(OH)_2$//rGO/KCu_7S_4 非对称混合微型超级电容器的结构、电化学性能以及应用领域；第 8 章对 3D 打印电化学储能器件的性能与应用进行总结，并对其未来发展趋势进行综合分析，为未来研究提供参考方向。

本书由太原工业学院赵彦亮副教授撰写，在撰写过程中太原科技大学白培康教授给出了诸多宝贵的意见和建议，在此深表感谢！本书的撰写和出版得到了太原工业学院引进人才科研资助项目（2023KJ045）的资助，在此表示感谢。

在撰写本书的过程中，虽著者竭尽全力参考国内外相关的文献资料，力求准确有效，但限于撰写水平及撰写时间，书中不足和疏漏之处在所难免，敬请读者提出宝贵的修改意见。

著者

2025 年 5 月

目录

第1章 电化学储能概述

人类自从钻木取火开始，一直在探索并开发不同的能源技术。可以说，人类文明的每一次进步，都与各种能源技术的出现和利用密切相关。目前，能源的利用和消费水平已成为衡量世界各国经济和社会发展高度的一个重要指标。以中国2023年为例，在能源生产和供应方面，中国原煤产量达到47.1亿吨；在能源消费方面，消费总量同比增长5.7%。两项指标均创历史新高，展现出中国经济强劲的增长势头[1]。

随着能源技术的不断创新和发展，能源表现出多种多样的形式。能源按照开发的层次不同，主要分为一次能源和二次能源。一次能源指从自然界直接获取且未经过加工转换的能源。一次能源可进一步细分为可再生能源和不可再生能源。其中，可再生能源是一种能够不断利用、循环再生的能源，例如太阳能、风能、水能、地热能等。不可再生能源是使用后无法恢复利用的能源，主要为化石能源，如煤炭、石油、天然气。人们根据不同目的对一次能源进行加工并将其转换为便于利用的能源，即为二次能源。二次能源的主要表现形式为电能，包括火电、水电、核电、太阳能发电、潮汐发电等。

而随着全球气候变化的不断影响，能源低碳化已成为世界各国的普遍共识。如何转变能源利用结构，推动能源转型是人类发展亟需面对的重要问题。当前，开发并利用可再生能源是公认的解决人类能源问题的一条有效途径。世界上许多国家已经开始逐渐重视并开发利用可再生能源，推出各种相应的产业扶持政策和能源利用的刺激方案，以加大可再生能源的比例。据统计，截至2023年底，全球可再生能源装机容量已达到3870吉瓦，同比增长14.77%。2023年，我国水电、风电、太阳能等可再生发电累计装机容量占全国发电总装机比例达50.4%，且新增装机占全球比例的一半以上。预计到2060年，我国发电总装机容量是2023年的4倍左右。其中，可再生能源发电量占比在93%～94%[1]。

近年来，我国可再生能源利用技术不断实现新发展和新突破，以风电、光伏发电为代表的新能源产业蓬勃发展，为推动能源转型注入了强劲动力，碳中和目标加速推进。但伴随着新能源产业的蓬勃发展，其电力利用的系统缺陷逐步显现，如风电、光伏发电的能源密度相对较低，发电存在周期性、间歇性等问题。这种随机性和波动性给电力系统带来了前所未有的挑战，成为制约其发展的主要瓶颈。为此，科研人员和产业技术人员经过不断的探索，提出储能技术与可再生能源协同利用的创新机制，储能技术应用而生。

储能技术是指通过物理、化学或电磁等方式，将能量从一种形式转化为另一种形式并存储起来，在需要时按需求释放的技术[2]。其核心目的是解决能源生产与消费在时间和空间上的不匹配问题，提高能源利用效率，保障电力系统稳定运行，并促进可再生能源的大规模应用。储能技术已成为现代能源体系的核心支撑技术。

储能技术发展至今主要有四种类型（见图 1-1，书后另见彩图）：一是物理储能，又称机械储能，主要分为抽水蓄能、压缩空气蓄能等；二是化学储能，如氢储能（如燃料电池）、甲醇储能等；三是热储能，如显热储能（熔盐光热储能）、相变储能（相变材料）等；四是电化学储能，如电池、超级电容器等[3]。在四种储能类型中，抽水蓄能成本优势最为显著，但受地理条件等限制，无法大规模推广；氢储能绿色环保，但氢气的产出成本较高，还存在一定的安全隐患等；热储能的技术积累和应用则相对较少。在四种主要的储能技术类型中，电化学储能因具有独特的技术优势，已成为当前世界能源结构转型的标志性技术，正经历从示范应用到规模化发展的历史性跨越。

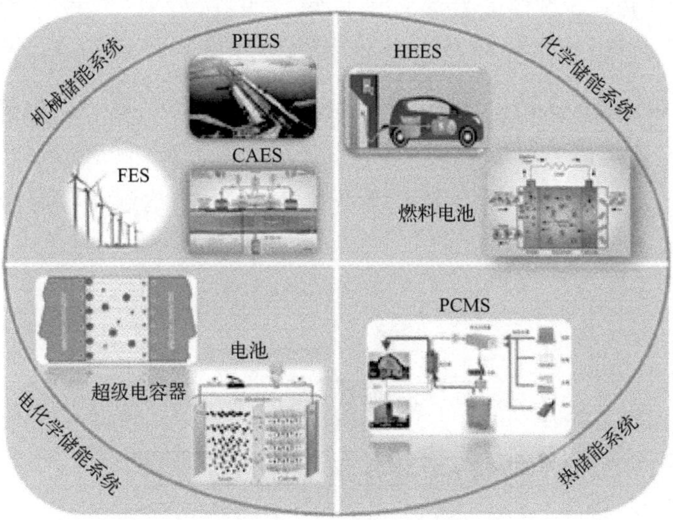

图 1-1　不同电力储能系统分类

PHES—抽水蓄能；FES—飞轮储能；CAES—压缩空气储能；

HEES—氢能系统；PCMS—双向能量管理系统

1.1 电化学储能概念

电化学储能是指通过电化学反应实现电能与化学能相互转换的能量存储技术。其核心在于利用氧化还原反应的可逆性，通过电极材料与电解质的相互作用，实现能量的高效存储与释放[4]。电化学储能具有地理限制小、响应速度快（毫秒级）、能量密度高（可达 300 W·h/kg 以上）等优势，且集成度相对较高、建设周期较短、设备灵活，在平抑电力系统的短期波动、提高可再生能源的利用效率等方面展现出了非凡的活力，已被广泛应用于家庭储能、交通工具及电网调峰等领域。

随着相关材料、制造工艺以及商业模式的不断创新和突破，电化学储能正以年均 30%以上的增长率快速发展。国际能源署（IEA）数据显示，截至 2023 年全球电化学储能装机容量突破 200GW，其中中国市场占比超过 35%。中国《新型储能发展实施方案》明确，2025 年电化学储能装机规模需达 30 GW 以上。预计到 2030 年，电化学储能将在全球范围内实现全面市场化应用，支撑可再生能源渗透率提升至 50%以上。而到 2060 年，中国电化学储能能力可达到 2.4 亿～2.8 亿千瓦/年。随着能源转型技术和相关产业加快发展，我国能源系统将在 2060 年前达到净零碳排放，真正实现经济社会系统的碳中和[5]。

1.2 电化学储能器件概述

在电化学储能领域，储能器件及设备是其主要载体。电化学储能器件是指通过化学能与电能的可逆转换来实现能量存储与释放的一种储能设备，广泛应用于车辆、电子、电网等产品领域。电化学储能器件通过不同的反应机制实现能量的产生与传导，可以满足多种需能场合的应用要求。其核心部件主要包括电极和电解质等。其中，电极是电化学反应的载体，主要实现电荷的存储与释放功能；电解质则主要承担电荷物质的传输任务[6]。近年来，我国电化学储能器件的相关技术不断进步，其已在一些重点领域得到广泛应用。

1.2.1 电化学储能器件常见分类

当前，电化学储能器件主要包括电池和超级电容器两种类型。其中，电池具有能量密度高和充放电寿命长的主要特点，在长时间和大规模储供电中占据重要地位。超级电容器则凭借高功率密度和快速充放电的特性，在瞬时大功率输出场合中发挥显著作用。

1.2.1.1 电池

电池作为应用时间较长的一种电化学储能器件，发展至今已出现蓄电池（如铅酸电池、镍镉电池等）、储能电池（如锂离子电池、钠离子电池、锌空电池、液流电池等）和燃料电池（如氢燃料电池等）等多种类型。其中，锂离子电池作为目前较为成熟的储能器件之一，是现代电池的典型代表，被广泛应用于电动汽车、电子产品以及储能电站等领域。

锂离子电池的主要工作原理见图 1-2（a），在充电过程中，锂离子从正极（如图中的层状 $LiCoO_2$）脱出，经过电解液（一般为锂盐溶液）迁移到负极，与负极的碳素材料（如图中的层状石墨）结合形成锂的化合物，电能转化为化学能存储其中。需要放电时，锂离子则从负极脱出，经过电解液返回到正极，同时释放出电能。锂离子电池涉及的电化学反应是循环可逆的，因此该器件能够反复充放电使用。

近十年来，中国对世界新能源技术的创新和贡献举世瞩目。伴随着我国新能源汽车产业的蓬勃发展，人们对电池技术的探索也不断深入，呈现出百花齐放的态势。各种新型的可充电电池层出不穷，由最初的铅蓄电池，到现今的锂离子电池，再到钠离子电池、钾离子电池、锂硫电池以及最新的金属空气电池、固态电池等。从传统铅酸电池到前沿固态电池，从固定储能到移动设备，电池材料的不断创新和电池系统的持续优化正不断

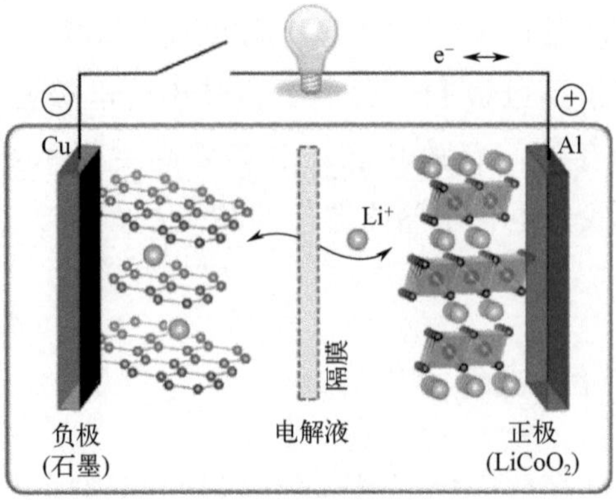

(a)锂离子电池

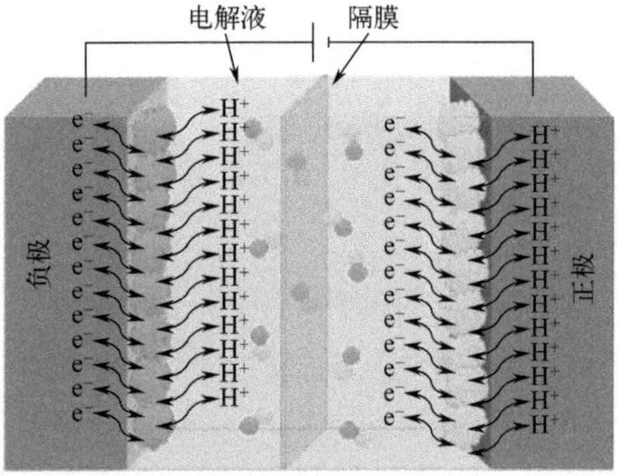

(b)赝电容器[7]

图 1-2 电化学储能器件工作示意图（书后另见彩图）

地突破电池的性能边界，正推动能源革命向高效、清洁、智能方向迈进。

1.2.1.2 超级电容器

超级电容器（supercapacitors，SCs）是一种新型的电化学储能器件。众所周知，电池具有较高的能量密度但功率密度较低；而电容器具有较低的能量密度但功率密度很高。超级电容器的出现则填补了电池与电容器之间的空白，既具有比电池更高的稳定性，还具有比传统电容器更优越的能量密度。超级电容器具有显著的技术特性，如高功率输出、快速充放电速率、优异的循环稳定性、良好的倍率能力、适中的能量密度、成本效益和生态友好性等。

根据电荷储存机制的不同，超级电容器通常分为三类。

(1) 双电层电容器（EDLCs)

基于电极与电解液界面处的物理电荷吸附机制。其核心是双电层效应，即当电极浸入电解液中时，电解液中的正负离子会在电极表面形成不同的电荷分层。例如，正极吸附负离子，负极吸附正离子，形成类似“双电层”的结构。这种物理吸附因不涉及化学反应，因此具有极高的循环寿命（可达百万次充放电）。

(2) 赝电容器（PCs)

通过电极材料的氧化还原反应（法拉第过程）实现电荷的储存。赝电容器结合了电容器和电池的双重功能，通过氧化还原反应、电子的吸附和嵌入以及电荷在电极和电解液之间转移等多种综合途径实现电能的储存与释放，其工作原理见图 1-2（b)。与传统的双电层电容器不同，赝电容器兼具物理和化学存储能力，表现出更高的能量密度，在诸多高性能储能领域中具有重要的应用潜力。赝电容器不仅依赖双电层效应，还涉及活性材料（如金属氧化物或导电聚合物等）表面的可逆化学反应。这种化学反应过程显著提升 PCs 的能量密度，但会牺牲部分循环寿命。

(3) 混合电容器（HSCs)

结合了 EDLCs 的物理吸附和 PCs 材料的化学储能机制，包含对称和非对称两种组装结构。HSCs 能兼顾高能量密度与高功率密度。

1.2.2 电化学储能器件所面临的问题

尽管电化学储能器件在当前新能源应用领域发挥着关键作用，然而现有技术体系在材料自身缺陷、界面稳定性、器件制造等方面仍然面临挑战，存在一些突出的共性问题。

① 在充放电过程中，如锂离子电池中正极材料的晶体结构容易发生相变或坍塌，引起体积变化，从而产生容量衰减和热失控风险。负极材料中的石墨则易析出锂形成枝晶，刺穿隔膜导致电池短路。

② 在电池的传统涂布工艺中，集流体与电极界面的黏附力不足会阻碍电子传导，界面接触电阻明显增大。并且，涂布过程中活性材料、导电剂、黏结剂等随机分布，电极内部结构的导电通路网络不连续；一旦涂布厚度太大（$>200\ \mu m$），电子传输路径会进一步延长，导致内部电阻急剧

增加，能量密度下降 30%[8]。

③ 在器件的电极结构中，内部孔隙率对于离子传输效率的影响非常突出。例如电极内部孔隙率较低时（<10%），电解液对活性材料的浸润困难，容易导致极化电压增加。当增大电极孔隙率时（>40%），现有工艺局限会使得活性材料的单位面积负载量急剧降低，导致体积能量密度下降。

总之，电化学储能器件在材料与结构层面的问题相互交织，需通过不断的技术创新实现突破。唯有系统解决材料与结构的根源问题，协同优化材料与结构，才能推动电化学储能器件迈向高安全、长寿命、低成本的未来。

1.3 电化学储能器件的性能优化

近年来，随着政策支持、市场需求和技术创新的共同驱动，电化学储能器件虽然在能量密度、循环寿命和安全性等指标方面均取得显著进步，但依然存在成本投入较高、运行不稳定等挑战。不断优化电化学储能器件的性能才是解决这些问题的关键。

目前，人们主要从创新材料体系、调整并优化器件或电极的微观结构、升级制造工艺等方面入手，对电化学储能器件的性能优化进行不断研究和实践。

(1) 优化材料体系，从传统材料到复合功能材料的转变

电化学储能器件中使用的材料按照器件功能组件不同，主要分为电极材料、电解质材料、其他相关材料，如集流体、外壳材料等。其中，电极和电解质材料是决定器件性能的核心要素。因为电极材料的性能直接决定储能器件的能量密度和循环寿命；而电解质材料是影响器件安全性的主要因素。当前，电极材料的优化主要表现在研发高性能的正负极材料，如能量密度高且稳定的三元正极材料、硫基正极材料，以及新型电池正极材料

（如钠离子电池中的层状氧化物、普鲁士蓝类似物等正极材料）等。负极材料方面则是研发具有高负载容量的硅碳、硬碳负极材料等。同时，结合不同材料优势并发挥其协同效应，研发各种新型的复合电极材料，如一些具有异质结构界面的复合电极材料，可优化电子传输路径，显著提升器件的循环性能。在电解质材料的改进方面，主要通过研发固态电解质（如硫化物和氧化物固态电解质），充分抑制锂枝晶生长并提升电池的安全性。

(2) 突出结构设计，从传统二维平面结构到三维多孔结构

传统二维电极受限于活性物质负载量和离子扩散速率的限制，已难以在性能方面获得有效突破。现在公认的技术路线是将电极结构设计为三维多孔结构。三维多孔结构可以显著增大电极的比表面积，并优化孔隙分布，从而提升活性材料的电化学效率，加快电子或离子的传输速率，改善器件性能。此外，人们还根据器件使用场合的不同，设计适宜的异形电极结构，如柔性器件、微型化储能器件等。在结构设计方面，还可以通过优化电极与电解质的接触界面，大幅提升导电性和反应动力学，如固态电池中电极与电解质的凸凹对照界面设计。

(3) 革新制造工艺，从传统涂覆到多手段、集成化制造

人们在探索实践中逐步感受到电极结构对于电化学储能器件的性能起着非常重要的作用。设计和制造合理的电极或器件结构才是未来实现高效储能的关键手段之一。现阶段，电极制备主要依赖涂覆、辊压等工艺，存在材料利用率低、结构不可控等问题。为此人们开发出各种制造技术，如溅射法、沉积法、模板法、外延生长法、电化学腐蚀法等，以实现电极或器件结构的改善。但这些技术在实际过程中会产生许多不利因素，如工作环境较为苛刻、材料大量浪费、制备步骤繁杂、电极孔隙结构相对随机等，导致储能器件难以实现大规模、集成化制造。如何找寻一种精确可控且低成本的方法来制造并调控电极结构，以提高器件性能成为研究者面临的一个重大挑战。

近年来，蓬勃发展的 3D 打印技术（又称增材制造技术）凭借其独特的数字建模设计和复杂结构的智能制造优势，已经在航空航天、国防、医学、土木工程、汽车工业等领域得到广泛应用，助推各产业领域进行突破性发展[9]。研究发现，3D 打印技术在电化学储能器件制造方面也具有较强的设计和制造优势[10]。通过逐层堆叠材料的制造模式，3D打印技术能精确控制储能器件的空间几何形状和三维结构，从微观到宏观尺度为构建电化学储能器件开辟了一条新颖的制造之路，为电化学储能器件的设计、材料组合和性能优化提供了革命性解决方案。

参考文献

[1] 魏佳琪．我国能源转型的五条核心路径［N］. 中国石化报，2024-12-02（005）.

[2] 张海莺．推动产业升级新型储能行业步入深度变革新阶段［N］. 中国改革报，2025-02-21（002）.

[3] 王强．新能源电力系统中的储能技术探析［J］. 电力设备管理，2025，(04)：120-122.

[4] 陈西江，毛晓萱，胡少华．电化学储能电站运行风险评价模型与应用研究［J］. 安全与环境学报，2025，25（04）：1257-1266.

[5]《“十四五”新型储能发展实施方案》解读［N］. 中国电力报，2022-03-22（001）.

[6] 张林森，方华．新能源材料与器件概论［M］. 北京：化学工业出版社，2023.

[7] Chen X，Paul R，Dai L. Carbon-based supercapacitors for efficient energy storage［J］. National Science Review，2017，4（3）：453-489.

[8] 陈成龙．功能化电池的3D打印及其电化学性能研究［D］. 南京：南京理工大学，2023.

[9] 罗克研．3D打印技术已在多场景中发挥作用［J］. 中国质量万里行，2024（10）：30-31.

[10] 刘晓艺，李海波，马品．3D打印技术在电化学储能电池中的研究进展［J］. 西北工程技术学报，2024，23（03）：206-213.

第2章 3D打印技术在电化学储能器件制造领域的应用

近十年来，3D 打印技术在电化学储能器件领域的相关研究发展迅猛，所涉及的打印技术和材料不断涌现。本章主要从 3D 打印技术、打印材料和应用领域等方面，对 3D 打印技术在电化学储能器件制造领域的研究进展进行概述。

2.1 3D 打印技术概述

3D 打印技术是一种以既定设计的模型文件为基础，通过各种打印方式将不同材料在三维空间实现层层堆叠，以构造特定形状物体的技术。3D 打印技术是综合机械、电子、计算机以及材料等诸多学科的一门高水平的智能制造技术，与传统的制造工艺相比，具有非常特殊的优势，如可以实现产品部件的小批量、定制化生产；复杂结构产品的设计和一体化成型；材料利用率较高且制造环节成本较低等，在航空航天、工业制造、建筑、医疗以及产品设计等领域得到了广泛应用。

根据美国材料测试协会（ASTM）的相关分类标准，3D 打印技术可以分为七大类：a. 材料挤压（如直接墨水写作、熔融沉积建模）；b. 粉末床熔融（如选择性激光烧结、直接金属激光烧结）；c. 光固化聚合技术（如立体光刻、数字光处理）；d. 材料喷射（如喷墨印刷）；e. 黏合剂喷射；f. 薄片层压（如层压物体制造）；g. 定向能沉积[1]。

随着 3D 打印技术的不断创新和深入发展，3D 打印已经呈现出打印技术多样、打印材料多类的趋势。相关打印成型技术从最初的喷射技术发展到现在的挤出成型、激光烧结以及光固化成型等。以金属材料打印为例，已经由单纯的激光粉末烧结技术演变为铸锻铣一体化打印技术。未来 3D 打印技术可以结合多种先进技术实现产品的协同制造，如通过 AI 算法实时优化打印参数、搭载传感器在线监测构件质量等。3D 打印所使用的材料几乎可以涵盖日常工业中使用的全部常见材料，如高分子材料、无机材料、金属材料以及各种不同的复合材料等。未来，3D 打印材料会朝着功能化、标准化以及绿色友好等多元方向发展。但现阶段，3D 打印技术依然面临诸多问题，如打印产品需求性能难控制；打印精度和速度需进一步提高；使用过程中的安全、伦理等问题。

总之，3D 打印技术已经慢慢深入到人们生产生活的各个方面。近年来，在一些新的领域，如电化学储能器件的结构设计与制造，3D 打印技术也得到人们的关注和研究，已呈现蓬勃发展的势头，正逐步成为推动储能器件制造行业转型升级的新质动能。

2.2 3D 打印电化学储能器件概述

2.2.1 主要 3D 打印技术类型

人们将上述七大类型的 3D 打印技术都在电化学储能器件领域进行过研究和应用的探索，见图 2-1（书后另见彩图）。但通过不断的研究总结，发现现阶段适用于电化学储能器件的 3D 打印技术主要集中在如下三种类型：a. 喷墨式 3D 打印技术；b. 光固化 3D 打印技术；c. 挤出型 3D 打印技术，主要包括熔融挤出沉积和直接墨水书写两种。其他几种打印技术由于成本、材料以及工艺条件等限制，研究相对较少。

2.2.1.1 喷墨式 3D 打印技术

喷墨式 3D 打印技术（inkjet printing，IJP）起源于威廉·汤姆森于 1867 年发明的一种快速大规模印刷技术。IJP 主要是将提前制备的油墨液滴通过一定的压力从喷嘴喷射出来，并连续沉积在基板上形成预先设计的结构[2]。通常根据液滴形成机理的不同，IJP 技术主要分为连续喷墨打印（CIJ）和按需喷墨打印（DOD）两种。其中，CIJ 主要在压力下产生连续液滴流并沉积在衬底上；而 DOD 则是由热打印头或压电打印头产生的压力脉冲形成液滴。二者比较，DOD 具有分辨率高（20～50 μm 内可调）、

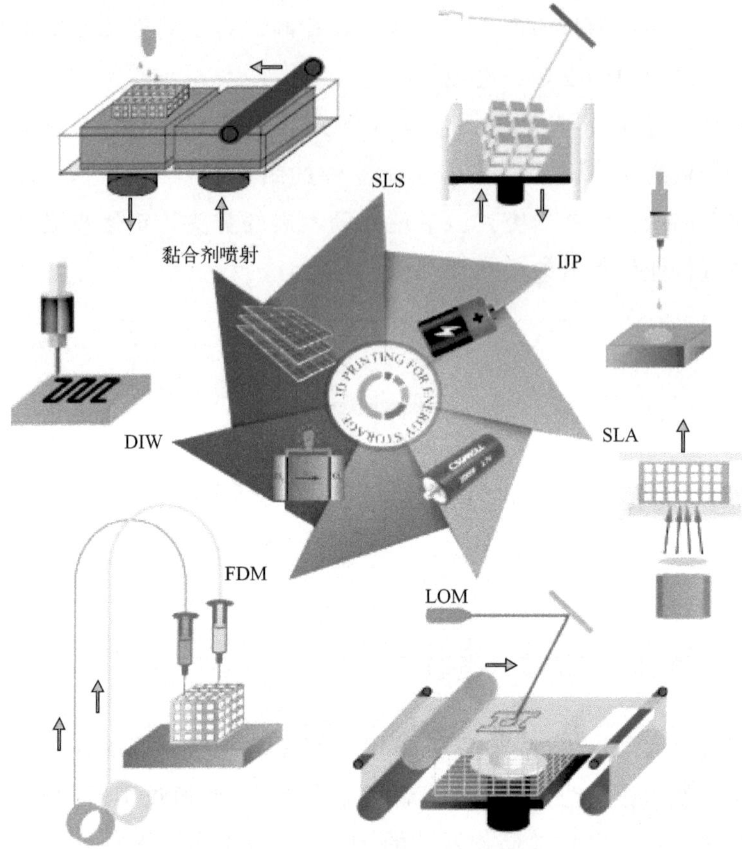

图 2-1　电化学储能器件领域应用的 3D 打印技术及工作原理示意图

经济性高且污染少的特点，对打印电化学储能器件更有利，也是目前该领域较受欢迎的 IJP 技术。DOD 打印按照三个主要步骤进行：油墨液滴在喷头处形成；液滴与基材相互接触并作用；液滴在基材表面凝固。

合适性能的油墨是成功实现 IJP 打印的关键因素之一。目前，适用于 IJP 打印电化学储能器件的油墨主要分为三大类：水性油墨、非水性溶剂型油墨和固体油墨。为保证油墨的顺利打印，一般要求油墨应保证以下几项流变特性指标：一是具有较低的表面张力（<30 mN/m），以便能在基材表面进行适当扩散；二是油墨应具有适当的黏性（黏度一般要求为 2～25 mPa・s），以保证顺利喷射挤出；三是墨滴与基材之间应保持良好的润湿性，接触角要小于 90°[3]。目前，IJP 技术主要是通过优化电极油墨的流

体性能和合理调配活性电极材料来开发电极结构。

目前，IJP 打印电化学储能器件的研究主要集中在电极、隔膜和集流器方面，用于成型厚度不大的薄膜和柔性器件等。IJP 打印所使用的材料包含金属、碳材料以及聚合物等[4]。但由于打印墨水整体黏度要求较低，材料的选择范围有限。大多数适宜 IJP 打印的油墨均存在活性物质浓度低的问题，导致在打印过程中需多次重复挤出，势必延长器件的制造时间。并且，由于 IJP 打印针头具有直径较小的固有特征，要求所使用的材料一般在纳米或微米尺寸，这些材料在油墨制备过程中很容易发生团聚，为了改善其分散性和流变性能，通常会添加一定量的添加剂，如表面活性剂、稳定剂、湿润剂等。例如，十二烷基硫酸钠和十二烷基苯磺酸钠是制备含碳纳米管油墨的两种典型表面活性剂。这些表面活性剂吸附在碳纳米管表面，使碳纳米管表面带负电荷，可以防止碳纳米管团聚。但使用的添加剂通常属于电化学惰性物质，会对储能器件的电化学性能产生不利影响。

2.2.1.2 光固化 3D 打印技术

光固化 3D 打印技术是一种典型的基于光聚合的打印成型工艺。在立体方向上，根据预先设计的模型，通过紫外光或者其他光源引发特性树脂产生聚合，并逐层完成三维结构的搭建。光固化 3D 打印技术具有精度高、速度快的优点，已被广泛应用于高分子或陶瓷复杂构件的打印成型。目前，光固化 3D 打印技术主要有立体光刻技术（stereolithographic apparatus，SLA）和数字光处理技术（digital light processing，DLP）两种常见方法。

其中，SLA 主要通过控制光源的光斑将扫过的液体树脂选择性固化以形成一层结构，然后平台下降的同时再次扫描并逐层固化，最终形成设计的三维结构。而 DLP 则是利用投影机将模型逐层投射到树脂上，平台移动继续下一层固化，直至整体打印完成。与 SLA 技术的点光源相比，DLP 技术的面光源设计使打印速度明显增加，打印精度高且畸变率小。为了更好更快地固化结构，从黏度角度分析，SLA 技术一般采用低黏度光敏树脂（一般范围为 0.1～5 Pa·s）以保证打印层之间的快速扩散和平整；而 DLP 对整层的打印固化速度更快，油墨黏度大约在 0.1～3 Pa·s 范围内[5]。

目前，SLA 打印电化学储能器件的研究主要集中在两个方面：一是制备用于沉积导电层或填充电极材料的电极基底、电解质或集流体[6]；二是将光固化聚合物与活性材料混合后直接打印电极[7]。但适用于电化学储能器件的可打印树脂一般由大量的光聚合材料、光引发剂和少量的导电活性材料制备而成，导电材料占比一般较低，器件整体电化学性能不高。此外，打印后残留的光引发剂和未固化树脂会导致器件中存在杂质和毒性等问题。

随着可穿戴和柔性电子产品的逐渐出现，与之配套的轻量化、小型柔性能源器件的需求不断增长，如纳米发电机和微型超级电容器等。其通过 3D 打印可以与不同几何形状（如器官或组织的表面等）的能源器件实现无缝集成。DLP 可以一次将一整层树脂进行固化，缩短了成型加工时间，为大规模制造复杂 3D 柔性能源器件提供了新的机会。通过 DLP 打印 3D 电解质模板，然后对电极、集流器和封装材料进行浸涂，可以实现微型超级电容器内部和外部架构的定制。这种定制型内部结构比传统平面堆叠结构的面积容量明显增大。此外，用 DLP 打印的外部形状便于与需电设备集成。例如，通过 DLP 打印成表带形状的柔性电容器直接与电子手表集成并提供电力[8]。DLP 还可以与其他打印材料协同作用开发出更具特殊性能的柔性电容器。例如，人们采用离子水凝胶并通过 DLP 打印八角桁架结构的可拉伸柔性电容器。该器件即使在低温（−30 ℃）环境下也表现出较强的面积电容，并且附着力极强，很容易与柔性电子器件集成[9]。现在，人们的目光主要集中在 DLP 打印柔性传感器件领域，与一些最新的结构材料（水凝胶、弹性体、离子凝胶和液态金属等）结合打印具有独特功能的柔性器件，如可拉伸的压力、压电、温度传感器等。

尽管关于 DLP 打印制备柔性器件的相关研究不断涌现，但现阶段 DLP 技术还未在柔性器件方面得到广泛接受。主要原因是 DLP 打印依然受到打印材料的限制。目前，用于 DLP 打印的商业用光固化材料的光谱范围普遍较窄，所以打印成型的储能器件种类和功能比较单一。另外，DLP 打印需要材料呈透明或半透明状，而添加的活性材料往往会导致紫外线的不适当折射或散射，从而引起打印缺陷或不完全固化，最终器件的机械性能和导电性能等会产生不确定变化。未来需开发一些创新的光固化材料，并整合多种特性，如机械拉伸性、耐久性、导电性和可回收性等。或者，进一步探索 DLP 打印与其他制造技术（如其他 3D 打印方法或静电纺丝）相结合，充分利用每种方法的优势，使柔性储能器件真正实现一体化生产，降低生产成本，实现大规模工业化制造。

2.2.1.3 挤出型 3D 打印技术

适用于电化学储能器件的挤出型 3D 打印技术主要包括熔融挤出沉积（fused deposition modeling，FDM）和直接墨水书写（direct ink writing，DIW）两种。二者都是当前 3D 打印电化学储能器件中研究和应用最广的技术，尤其在打印构建电池和超级电容器器件方面具有独特的技术优势，图 2-2 为两种挤出型 3D 打印技术的简单原理及应用（书后另见彩图）。

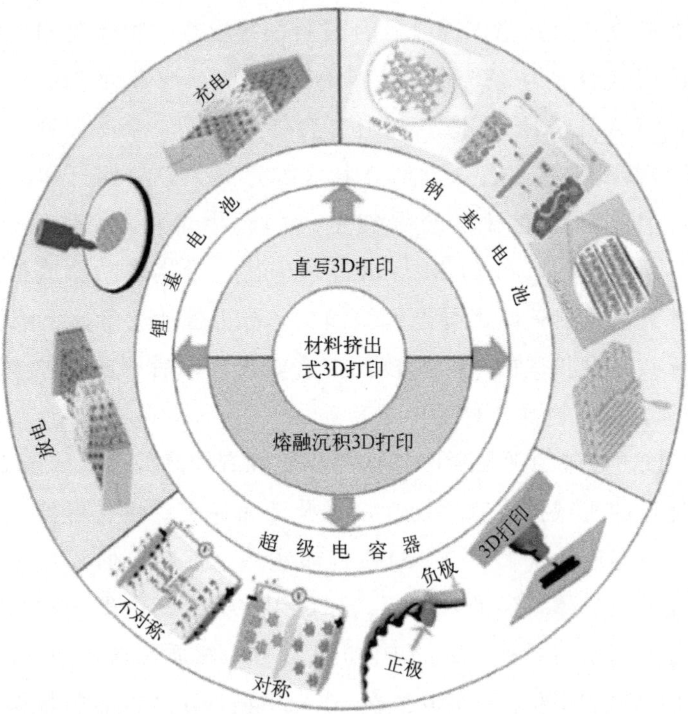

图 2-2　两种挤出型 3D 打印技术的简单原理及应用[10]

(1) 熔融挤出沉积 (FDM) 3D 打印技术

熔融挤出沉积 3D 打印技术是将油墨（如热塑性聚合物或其相关复合材料）通过挤压形成丝线材料，然后将丝线材料通过喷嘴加热熔融并沿三维方向移动挤出，在基材上沉积并迅速冷却凝固，最终形成预先设计的三维结构。FDM 是迄今为止最为成熟的 3D 打印技术之一，具有材料使用成本低、设备维护费用低，以及应用领域广等显著优点，但其打印结构的精度相对较低。

丙烯腈-丁二烯-苯乙烯（ABS）和聚乳酸（PLA）长丝是 FDM 中常用的两种材料。所以，在 FDM 打印电化学储能器件时，为了获得导电细丝，一般是在 ABS 或 PLA 中添加各种导电添加剂，如导电碳材料、金属粒子以及其他导电材料等。其中，碳材料的应用最多，包含炭黑、石墨、石墨烯以及碳纳米管等。例如，2015 年首次报道 Wei 等[11]使用 FDM 打印石墨烯改性 ABS 复合长丝（G-ABS）。当石墨烯负载量为 3.8%（质量分数）时，G-ABS 复合材料被成功打印成 3D 模型，并且分散均匀的石墨烯可以在模型内部形成联通网络以提高复合材料的导电性。由于材料的熔点优势（如 PLA 的熔点通常为 180～220℃，ABS 的熔点通常为 210～250℃）和环保特性，PLA 比 ABS 更适合制造复合导电长丝。众所周知，导电材料与 PLA 熔融共混得到复合长丝时，其添加量越大，后期打印的器件导电性能越佳。但是，导电材料的添加量（如石墨烯质量占比一般不超过 15%）一旦超出范围，在 FDM 挤出过程中往往会出现断丝或挤出困难等情况，器件无法形成连续的导电网络结构，导电性能会急速下降。高 PLA 含量也会导致复合长丝的电导率较低，需要在打印后期通过蚀刻或烧结去除残余 PLA，以便提高器件的电导率。

用于 FDM 打印的理想导电长丝不仅要拥有较高的离子或电子电导率，还应具有优良的机械强度和柔韧性，以及低而稳定的熔化温度。为了达到电导率与机械强度的平衡，在 FDM 打印领域，现在人们依然比较关注新材料的开发以及具体打印的应用等。如选用一些创新的聚合物材料作为打印基材，有人制备了一种新型的 PEO 基复合电解质，与热塑性材料共混，然后通过 FDM 打印的全固态电池在 60 ℃下循环 100 次后容量保持率超过 80%[12]。除了开发一些适宜 FDM 打印的聚合物材料，还必须考虑材料的耐温性能。因为许多电化学储能器件在工作时会产生热量，热量带来的高温会导致材料老化或变形，从而引起器件结构发生坍塌或破坏。此外，FDM 打印分辨率普遍较低，会影响器件的表面光洁度，进而产生层间结合缺陷，可能导致电极-电解质界面的电阻升高。

总之，由于大量使用聚合物材料，FDM 打印的电化学储能器件的电性能整体表现不甚理想，尤其难以达到电池或超级电容器的实用标准，相关研究还需继续努力。

(2) 直接墨水书写 (DIW) 3D 打印技术

直接墨水书写 3D 打印技术（简称 DIW 打印）是近年来在储能器件研究领域较火的一种挤出式 3D 打印技术。首先将打印材料通过一定的技术手段制备成具有一定流变性能的油墨。然后，通过可调节压力喷嘴将油墨挤压成黏性长丝，将长丝层层叠加在基板上，从而产生定制化的三维结构。DIW 打印在制造具有高负载活性材料和合理可调孔隙率的三维储能电极方面具有独特的成型优势。这种定制形状的三维孔隙电极可以有效增加用于电荷储存过程的表面积；缩短扩散路径并提高电子、离子和充放电产物等的传输效率；而且能最大限度地减少充放电循环过程中产生的机械应变，保证储能器件的结构完整度。

DIW 打印按照油墨运动可分为三个步骤（见图 2-3，书后另见彩图）：①油墨流过注射器筒和喷嘴；②油墨随压力从喷嘴挤出；③油墨按照打印路线分层堆积。每一个步骤都暗示油墨必须满足特定的流动要求。简要总结就是油墨必须能顺利流过喷嘴并不间断挤出，一旦离开喷嘴就必须迅速固化成型，以防止油墨流动或结构坍塌。所以，如何优化油墨的流变性能以达到合适的打印工艺需要是 DIW 打印必须首先解决的一个问题。

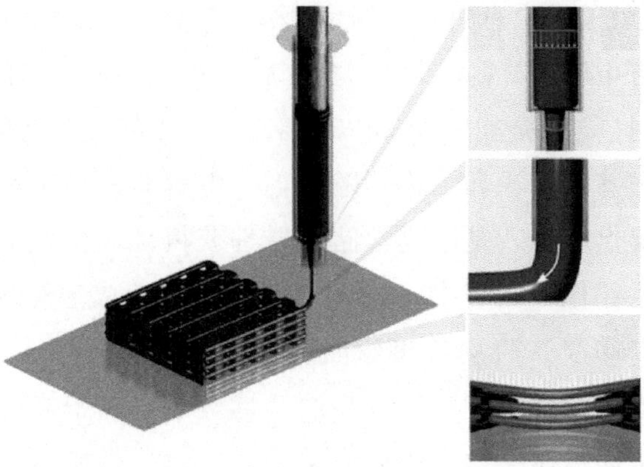

图 2-3　DIW 打印中油墨的运动示意图

一般来说，DIW 打印的油墨必须具有高黏度和剪切变稀的流变特征，即油墨黏度随剪切速率或剪切应力的增加而降低。DIW 打印要求稳态时的典型黏度范围为 $100 \sim 10^6$ Pa·s，而剪切作用下可降至 $1 \sim 100$ Pa·s。剪切变稀行为还可以通过油墨的黏弹性行为来评估，表示为 $G = G' + G''$，其中 G' 表示弹性或储能模量；G'' 表示墨水的黏性或损耗模量。当 $G' > G''$ 时，油墨表现为类固体状材料；而当 $G' < G''$ 时，油墨表现为类液体状材料。通过控制打印过程中的剪切应力，可以使油墨的 G' 和 G'' 数值发生转换，从而实现油墨的挤出（$G' < G''$）和固化定型（$G' > G''$），获得稳定的电极结构。

为了获取具有上述流变特征的储能器件油墨，通常使用溶剂、黏合剂或添加剂以及导电活性材料这三种材料来配制，主要采用超声波分散、磁力搅拌、传统机械强制搅拌、球磨以及真空脱泡搅拌等多种方法，在数小时或数天内不停操作，最终制成可打印油墨。油墨中的溶剂一般分为水性体系和有机体系。DIW 打印的水性油墨具有无毒、成本低、环保和蒸发低的优点。而有机溶剂多数是为了溶解黏合剂，如使用 *N* -甲基-2-吡咯烷酮（NMP）溶解黏合剂聚偏氟乙烯（PVDF）。许多其他有机材料，如异丙醇（IPA）、*N*,*N*-二甲基甲酰胺（DMF）、乙醇和乙二醇等也被用作电极油墨的溶剂。然而，大多数有机溶剂是有毒有害的，打印过程不环保。黏合剂在油墨中的主要作用是保持材料互相结合并调节油墨流变性能，对于油墨制备至关重要。最常用的黏合剂有 PVDF、羧甲基纤维素（CMC）、聚乙烯醇（PVA）以及一些兼具黏性的导电有机物，如聚苯胺（PANI）、聚吡咯（PSS）等。用于 DIW 打印的导电活性材料种类非常多，后续章节中将进行详细阐述。

通过 DIW 打印的储能电极可以在宏观或微观尺度上实现多孔结构，电极内部具有丰富的孔径和结构孔隙率，为电解质的离子快速扩散和电极中的电荷传输提供可能，是电化学储能器件获得优异性能的关键。与传统涂覆或喷涂方法相比，DIW 打印技术不仅可以快速成型经纬交错的垂直网络，还可以在打印线条内构筑出弯曲孔径［见图 2-4（b）］。这样，DIW 打印便可以制备出弯曲程度整体较小的活性电极，离子或电子在孔洞和网络沟槽中发生定向传递。与之相反的是图 2-4（a）中所表示传统涂覆法制备的电极，其内部孔洞网络是高度弯曲且随机分散的，离子或电子的运动会发生随机碰撞，传输速度反而会降低。

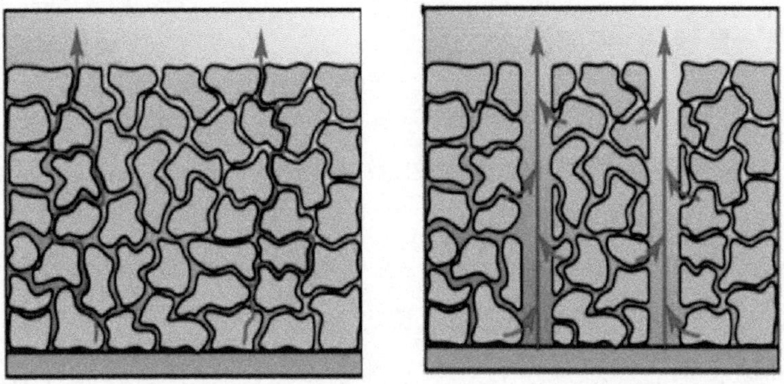

(a)传统涂覆法　　(b)DIW打印

图 2-4　不同制备方法的电极内部离子运动示意图（书后另见彩图）

DIW 打印技术凭借其独特的材料适应性和结构设计自由度，已成为储能器件制造的重要工具。尽管面临油墨材料选择复杂、打印精度受限等挑战，但随着流变学理论以及多材料 DIW 打印设备的不断发展，其在高性能电池、超级电容器等储能领域一定具有广阔的应用前景。

针对前述三种主要储能器件打印技术进行总结。表 2-1 列出并比较了几种打印技术的打印精度、优缺点等。

表 2-1　几种主要 3D 打印技术比较

名称	打印精度/μm	技术优点	技术缺点
IJP	5～200	可低温打印；不需支撑结构；可大尺寸打印；多材料选择	表面质量较低；打印速度低；不利于大批量打印；打印头不耐用
SLA	＞10	打印效率高；分辨率高；质量高	需要光敏添加剂；打印尺寸较小
DLP	＞10	成本低；操作简单；快速制造；利用效率高；分辨率高	打印尺寸较小；需要光敏添加剂
FDM	50～200	成本低；打印速度快；设备简单；可大尺寸打印	z 轴分辨率有限；力学性能弱；使用材料有限；表面质量较低
DIW	1～250	成本低；材料选择范围广；可打印任意三维结构；可低温打印	力学性能弱；需要黏结剂；对油墨要求高

2.2.1.4 其他 3D 打印技术

除前述的三种主要打印技术外，有很多学者还利用不同的 3D 打印技术成型电化学储能器件。如选择性激光烧结（selective laser sintering，SLS）。人们通过 SLS 打印导电金属的电极衬底，然后在电极上通过电化学沉积导电聚合物或金属氧化物，最终获取性能优越的超级电容器[13]。或者直接通过 SLS 激光碳化聚合物或聚合物-金属复合材料，以获得充当电极的多孔碳支架。SLS 技术存在使用维护成本高、材料可选择有限等缺点，迄今在储能器件领域的相关研究依然较缓慢。

与其他方法相比，黏合剂喷射打印技术（binder jetting，BJ）完全排除了溶剂的使用，可以制备具有复杂三维结构的多孔物体。有人采用 BJ 打印技术成功制备了用于超级电容器的石墨烯基 3D 厚电极[14]。当扫描速率为 5 mV/s 时，该厚电极（300 μm）的面积电容可达 425 mF/cm^2。但 BJ 打印技术面临的主要问题是成型构件的强度有限，且表面粗糙，一般需要后处理工序来解决。

此外，采用叠层实体制造打印技术（laminated object manufacturing，LOM）可以激光诱导制备一种新型的石墨烯薄膜多孔材料。有人基于 LOM 方法，通过光纤激光器将合成的 LIG 泡沫进一步构建成复杂的 3D 形状，并充当锂离子电容器的电极，在一定的电流密度下，其能量密度和功率密度分别可达 64 W・h/kg 和 970 W/kg[15]。但 LOM 打印技术存在许多固有缺陷，例如激光设备维护费用高昂，材料浪费严重，仅能打印简单结构等，现阶段几乎无人利用此技术开展储能器件的相关研究。

总之，随着 3D 打印技术的不断创新与发展，以及人工智能、新材料与绿色制造的持续赋能，电化学储能器件相关的 3D 打印技术一定会得到持续不断的更新，最终为储能器件的革命性制造提供源源不断的技术动力，为各种新型储能器件的应用发挥重要的推动作用。

2.2.2 3D 打印的优势与特点

传统电化学储能器件的制造技术（如涂布、卷绕等）受限于二维平面结构设计、材料利用率低及工艺灵活性不足，难以满足高能量密度、快速充放电和复杂应用场景的需求。3D 打印技术具有优越的制造特性，能突破传统电化学储能器件的设计局限和制造瓶颈，在结构设计、材料创新、制造工艺及潜力等方面具有核心优势，主要体现在以下三个层面。

(1) 材料层面

传统涂布工艺的材料利用率仅 70%～80%；而 3D 打印能精准控制材料沉积位置，材料利用率提升至 95%以上。传统工艺需分步加工电极、电解质和集流体，步骤烦琐且易导致界面接触不良；而 3D 打印同步兼容多种材料，实现活性材料、导电剂和黏结剂的一体化成型，显著降低电极和集流体的界面电阻。同时，各种新型打印功能性材料（如石墨烯基墨水、金属有机框架复合材料、离子导电聚合物等）的不断开发实现了器件导电性、机械强度和电化学活性的协同提升。

(2) 结构设计层面

传统涂布法制备的电极内部活性材料呈致密层状分布，离子传输路径较长；而 3D 打印技术可以精准设计电极孔道结构并协同调控孔隙，明显缩短内部离子的扩散路径，改善比表面积并增加活性位点。3D 打印技术还可以模仿并构建各种异形结构，实现轻量化、高强度的电极框架制造。同时，沿着打印方向的变化，可以调控活性材料浓度，实现电极材料的梯度化成型。与传统平面器件结构相比，3D 打印结构的电化学性能优势明显，图 2-5 为石墨烯基微型超级电容器两种电极结构的主要性能比较。

(3) 制造工艺层面

3D 打印技术可以实现复杂电化学储能器件的快速原型开发，显著缩短设计验证周期，如特斯拉电池团队利用 3D 打印技术在 48 h 内完成新型 4680 电极的 10 次结构迭代，优化孔隙率与厚度的匹配关系。依据 3D 打印技术的高分辨率优势，可实现器件在微纳尺度的精密制造，如提升超级电容器的面积电容（可达 5 F/cm^2，而传统工艺一般小于 2 F/cm^2）。同时，3D 打印技术可适配不同的基底形状，如可以直接在曲面（如圆柱电池壳体内壁）或柔性基底上打印电极，避免传统工艺的贴合缺陷。通过 3D 打印技术可一次性集成电池、电容器和电路，如美国空军研究实验室开发的 3D 打印无人机能源模块，体积能量密度提升 30%，重量减轻 25%。

总之，3D 打印技术凭借其结构设计自由、材料高效利用、制造灵活性强等核心优势，正在重塑电化学储能器件的研发模式，已成为当前新能

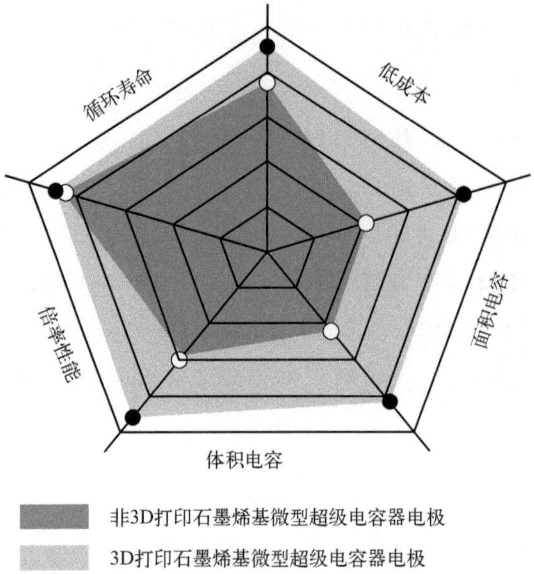

图 2-5　3D 打印与非 3D 打印微型超级电容器电极的主要性能比较

源材料与先进制造领域一个重要的前沿交叉研究方向。

2.2.3　常见 3D 打印器件结构

采用 3D 打印技术可以制备具有不同结构的电化学储能器件，尤其是在电极结构的制造方面。通过 3D 打印可以构建多种多样的电极结构，不仅能够显著改善器件性能，包括电化学性能、机械性能（如回弹能力、强度）等，还可以满足不同应用场景的需求（如柔性、曲面基底等）。目前，通过 3D 打印技术可以构建不同种类的储能电极结构，例如叉指型结构、多孔型厚层结构、蜂窝结构、微点阵结构、形状记忆结构和纤维结构，以及仿生树叶、垂直柱状阵列等（见图 2-6，书后另见彩图）。

(1) 叉指型结构

叉指型结构一般通过 DIW 或 FDM 打印技术构建。打印的正负两电极如同人体的手指一样平行交错排列，中间存在相互连接的狭窄通道以储存电解质。影响叉指型电极性能的结构参数主要包括电极的排列数量、叉指的宽度、叉指间的间隙宽度以及电极的整体厚度等。总体而言，叉指型结

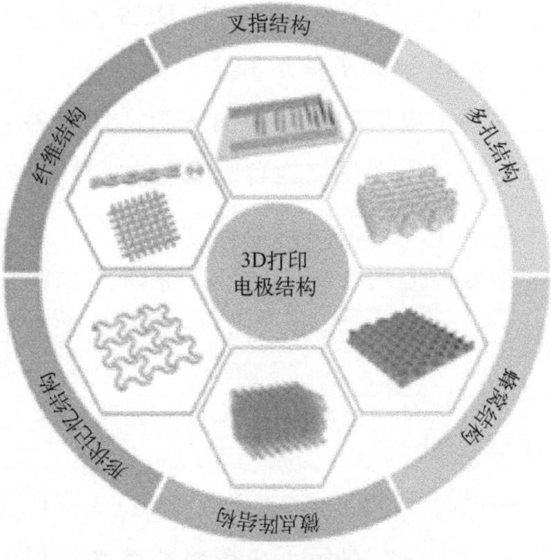

(a)3D打印的部分电极结构[16]

(b)树叶形状结构

(c)垂直柱状阵列结构

图 2-6　3D 打印的电极结构

构可以极大地缩短正负极之间的距离，并能增加电极和电解质之间的接触面积。正负极之间的短距为离子输运和电化学反应均带来了积极的影响，并且叉指型排列也提高了电极的空间利用率和活性材料的大面积负载，切实解决现有平面型电极单位面积储能容量较低的问题。然而，由于叉指型结构的独特性，尤其打印厚度较高时，这种电极不容易发生弯曲变形，导致在柔性储能器件领域的应用受限。此外，有研究表明，在叉指型结构的弯曲边缘很容易发生电场集中现象，引起局部电流密度过高，导致电极的循环性能下降。

(2) 多孔型厚层结构

多孔型厚层结构电极也可以通过 DIW 和 FDM 打印技术快速成型。由于打印材料和油墨的流变特征决定了在挤出和堆叠过程中，结构内部会自然地携带大量的孔隙。与传统的平面电极相比，这种多孔结构具有较高的比表面积和足量的活性材料积累，可以提供丰富的活性位点，能提高电化学反应效率，显著改善器件的容量和能量密度等。并且，多孔结构的内部孔隙还可以缓冲电极材料在充放电过程中的体积膨胀和收缩，从而有效缓解电极材料的粉碎或剥离，延长循环寿命。影响此种结构的关键因素是多层孔隙的大小、形式和分布情况等。由于挤出型打印技术对孔洞结构的调节能力较弱，所以产生的孔洞往往出现气孔不均匀、孔径不一致等问题，会严重影响器件性能的稳定运行。多孔型厚层结构电极的机械强度一般不高，在器件的实际组装和使用过程中容易发生损坏，从而降低器件寿命。此外，利用 DIW 打印技术构建多孔型厚层结构时，对油墨的要求一般较高，材料的选择和油墨配制是影响打印工艺的重要一环。

(3) 蜂窝结构

蜂窝结构是一种典型的仿生学拓扑结构，具有优异的刚度/重量比和强度/重量比，在电池、超级电容器、燃料电池等领域的电极设计中展现出显著优势。目前，主要通过 DIW 和 SLA 两种打印方法构造蜂窝结构电极。研究表明，六边形蜂窝结构电极可以充分利用活性材料，利用率远超传统的经纬栅格结构。蜂窝结构电极具有各向异性的导电特征，利于离子的快速扩散和运输，从而提高器件的充放电效率和功率密度。并且，蜂窝结构可有效提升比表面积，是传统平面电极的 3～7 倍。有限元模拟表明，蜂窝结构电极的表面电流密度更均匀，能有效抑制界面锂枝晶的生长。此外，蜂窝状结构为电极提供了良好的结构稳定性和优异的热学性能，不仅能有效缓解电极的体积膨胀效应，还可以优化传热路径，降低电极的内部温度，确实保障储能器件的安全运行。由于蜂窝结构的构建需要高精度的3D打印技术和设备，所以当前其在3D打印电极领域的应用还处于起步阶段。但随着先进制造技术的不断突破和跨学科研究的逐渐深入，这种仿生结构必将会重塑新一代储能器件的设计样式，为实现高安全、长寿命的能源存储器件提供一条关键的技术路径。

(4) 微点阵结构

微点阵结构是指由多个晶格点阵单元相互交错连接而形成的一种连续的小型三维网络。这种结构的电极一般由SLA、SLS等打印技术构建，对设备整体的精度要求较高，比较适用于集成度较高的微型储能系统。由于体积普遍较小，所以微点阵结构电极一般包含的活性物质较少，但在微尺度下电极整体的反应效率极高，电极性能能够充分发挥。与多孔型结构相同，微点阵结构也具有较高的孔隙率，可以明显缩短离子的扩散路径，加速离子的快速转移。同时，由于微点阵结构的尺寸跨度较低，其具有良好的韧性和抗冲击性，可以抵消电极反应引起的机械应力。目前，微点阵结构电极的3D打印制备还处于探索起步阶段。其发展存在一定的制约因素，例如对打印设备的精度要求较高；微点阵结构电极普遍存在高电流密度下的极化现象。

(5) 形状记忆结构

形状记忆结构由具有形状记忆特性的单元组成，其结构在形状改变前后保持不变。通常采用FDM、SLA等打印方法制备形状记忆结构电极。由于其特殊的结构优势，这种电极在可变形的便携式柔性储能器件方面具有一定的应用潜力，例如可拉伸电池、柔性弯曲电容器等。形状记忆结构电极在反复拉伸下还能表现出优异的机械耐久性和稳定的电化学性能，并且能根据电池的工作状态和外界环境的变化，自动适应并调整电极的结构和性能，器件可靠性高。现阶段，对于3D打印形状记忆结构电极的研究还较少。未来，随着打印技术的不断突破，有望实现形状记忆结构电极的复杂结构一体化成型，显著提升储能器件的综合性能。

(6) 纤维结构

纤维结构电极多数是由挤出式打印（如 FDM、DIW）实现的。与前述几种三维结构相比，这种一维线性结构克服了电极的尺寸限制，具有质量轻、柔性大的特点，能够自由扭曲、弯折或缠绕，甚至可以通过编织等方法进行器件组装，为智能可穿戴设备的大规模生产提供一种新的技术选择。通常，使用纤维结构电极制造储能器件主要通过阴极和阳极纤维以扭曲和旋转交错的方式排列。纤维结构集成的储能器件虽然具有一定的电化学性能和导电性，但是 3D 打印纤维结构电极需要专门的打印设备，并且对打印技术和精度的要求较高，制约了其实际应用，后续还需不断研究。

(7) 仿生结构

一些学者还通过 3D 打印构建一些特殊的仿生结构，如树叶结构、蘑菇结构等。Tang 等[17]受天然叶子的启发［见图 2-6（b）］，采用 DIW 打印技术构建了一种树叶结构的 $Ni_{0.33}Co_{0.66}S_2$/石墨烯三维气凝胶，以模拟树叶内部的传质过程。这种特殊结构包含了大量电子、离子的高速传输通道和均匀分散的 $Ni_{0.33}Co_{0.66}S_2$ 活性位点，为构建具有足够活性位点和互连网络的高性能电极结构提供了一种全新的策略。

(8) 垂直柱状阵列

此外，通过 FDM 和 SLA 等打印技术还可以构建一种垂直柱状阵列［见图 2-6（c）］。这种特殊的电极结构有助于离子在内部传输，并有充足的空间承受体积变化，从而促进电极的循环稳定性以及结构稳定性。

总之，通过 3D 打印构建电极结构是将材料转化为高性能器件的关键环节。从打印技术层面比较，DIW、FDM 和 SLA 是目前应用最广的三种电化学储能器件结构打印技术，尤其以 DIW 最为突出。尽管面临打印分辨率和材料体系的挑战，但随着各种智能制造技术的融合，通过 3D 打印构建具有优异结构和性能的电极必将推动电化学储能器件的持续发展。

2.3 3D 打印电化学储能器件的常用材料

无论电池还是超级电容器，储能器件的结构主要包含两部分：功能部件（电极、电解质）和结构部件（外壳、集流体和隔膜）。通过 3D 打印技术制备这些部件的文献报道均已出现，但大多数研究还是集中在电极结构方面，这是因为不同储能器件的主要还是以电极材料的不同进行区分。下面主要对电池和超级电容器涉及的 3D 打印电极材料进行介绍，还涉及一些其他部件的打印材料。

2.3.1 电池常用材料

经过多年的不断研究，人们利用不同的 3D 打印技术几乎可以将全部的传统电池材料应用在储能器件中。这些电池材料包括与电极相关的各种导电活性材料、与电解质相关的可打印聚合物以及与其他部件相关的各种材料等。下面以常见的几种电池类型为主线，对其中主要涉及的 3D 打印电极材料进行概述。

2.3.1.1 锂离子电池（LIBs）

锂离子电池具有能量密度高、重量轻、在大电流下循环寿命长等优点，已得到广泛的商业化应用。近年来，人们一直在努力探索 3D 打印技术制备具有合适结构，且成本较低、电化学性能更好的新型 LIBs。

2013 年，Sun 等[18] 首次创新性地通过 DIW 技术制造出以钛酸锂（LTO）为阳极、$LiFePO_4$（LFP）为阴极的一种叉指型 LIBs。该器件具有优异的电化学性能，在 0.5 C 下的容量为 1.2 mA·h/cm^2，且功率密度为 2.7 mW/cm^2 时面能量密度达到 9.7 J/cm^2。借鉴此研究，Fu 等[19] 则首次将氧化石墨烯（GO）引入含活性材料（LTO、LFP）的油墨中，并通过 DIW 一体打印 LIBs 器件。研究发现，GO 可以明显改善 LTO 和 LFP

油墨的流变性能。并且，经过热还原后的石墨烯（rGO）还可以为打印电极提供良好的导电性。结果显示，在 50 mA/g 电流密度下，全打印 LIBs 的初始充放电容量分别达到 117 mA·h/g 和 91 mA·h/g。Foster 等[20]则首次使用含商用石墨烯的 PLA 长丝，通过 FDM 挤出了 LIBs 的阳极。Wang 等[21]进一步将 GO 替换成碳纳米管（CNTs），分别与 LTO 和 LFP 混合配制油墨，经 DIW 打印了纤维状的 LIBs 器件。该纤维电池在 50 mA/g 条件下，具有 110 mA·h/g 的高放电容量。经过 30 次循环后，容量保持率为 81%。

迄今为止，3D 打印 LIBs 典型的阳极材料主要包括碳基材料、金属锂、锂化合物（如 $Li_4Ti_5O_{12}$）、纳米金属［例如银纳米线（AgNWs）］、金属氧化物（例如 SnO_2、MnO_2）以及各种双金属氧化物（例如 $ZnMn_2O_4$、$CoMn_2O_4$）等[22]。同时，3D 打印 LIBs 典型的阴极材料包括锂过渡金属层状氧化物（LMO，如 $LiCoO_2$、$LiMn_2O_4$）、掺杂 LMO 类材料、各种含锂的阴离子化合物（如 $LiFePO_4$、$LiMn_{1-x}Fe_xPO_4$）。这些阴极材料既可以单独作为打印原料，也可以与一些碳材料结合，如活性炭（AC）、纤维素（CNFs）、碳纳米管、氧化石墨烯和还原氧化石墨烯等[23]。碳材料不仅可以作为添加剂或黏结剂来调节油墨的流变性能，还可以充当导电介质，具有双重功效。

最近，一些新型活性材料也被应用到 LIBs 打印中，例如零维的金属量子点（QDs）、二维过渡金属碳或氮化物（MXene）。人们将金属或金属氧化物的尺寸缩小到量子点水平并应用到电极结构中，不仅能解决打印过程中活性材料高质量混合后易堵塞的问题，还可以借助其活性位点扩大电极和电解质之间的接触面积，加速动力学反应，从而提高 LIBs 的电化学性能。例如，Zhang 等[24]使用可控溶胶-凝胶法制备出粒径为 2～4 nm 的 SnO_2 量子点，并与 GO 混合形成油墨，经 DIW 打印成微晶格型电极，可直接作为 LIBs 的阳极。MXene 作为一种新型的二维导电材料，具有丰富的导电面积，且其独特的黏弹性和流变行为非常适宜配制 DIW 打印的油墨。Kumarov 团队[25]将 MXene 与 DMSO 混合形成油墨，采用 DIW 打印出一种高性能的 LIBs 阳极。该电极具有约 8.4 mg/cm^2 的高质量负载，在 0.2 C 时表现出 174.5 mA/g 的高比容量。

而多种导电活性材料进行复合并充分产生协同功效一直是当前 LIBs

电极材料的主要研究趋势。例如采用 DIW 打印的 AgNWs/rGO/$Li_4Ti_5O_{12}$ 电极[26]厚度可达 1500 μm，活性材料质量负载为 0.03 g/cm^2，电极经过三次循环后的面积容量仍能达到 4.74 mA·h/cm^2。该电极中 AgNWs 具有高导电性；rGO 充当互连导电支架；而 $Li_4Ti_5O_{12}$ 则表现出高的电化学活性；三种材料各司其职并协同作用，LIBs 器件表现出较高的性能。

2.3.1.2 钠离子电池（SIBs）

SIBs 是有望成为继 LIBs 之后的下一代高性能充电电池。电极材料和结构对 SIBs 中离子输运和电子导电性的提高起着重要的作用，其中钠离子在电池中的传导问题是关键。Ding 等[27]首次选用一种超离子导体型材料 $Na_3V_2P_3O_{12}$（NVP），与氧化石墨烯混合油墨经 DIW 打印成多孔结构的 SIBs 电极，然后将电极组装成对称全电池。该 SIBs 在 1C 时显示出 0.39 mA·h/cm^2 的高比容量。Michael 等[28]则是采用 FDM 打印含 PLA 的多孔框架，然后将活性材料 $NaMnO_2$（NMO）和 TiO_2 分别沉积在多孔框架内形成电极，并组装成 SIBs 电池。在 0.1 C 电流密度下该 SIBs 获得约 98.9 mA·h/cm^2 的容量。Yu 等[29]通过 DIW 技术分别打印了双金属硫化物/碳复合材料（Cu_2S@ZnS/C）阳极和 $Na_3V_2(PO_4)_3$ 阴极，然后组装成 SIBs。该电池的初始放电和充电容量分别为 267 mA·h/g 和 336 mA·h/g，1 A/g 时的库仑效率为 79.5%。最近，Wang 等[30]使用 DIW 技术构建三维多孔的 V_2CT_x/ rGO-CNT 气凝胶作为 Na 金属阳极基质。该气凝胶的高比表面积可以为钠沉积提供丰富的成核点，并降低电流密度。研究发现，V_2CT_x/rGO-CNT 电极循环容量为 3000 h，库仑效率为 99.54%。此外，它还可以在 500 mA/cm^2 的电流密度下保持 900 h 以上的稳定性和 50 mA/cm^2 的高面容量。

目前，对于 3D 打印 SIBs 的研究依然没有 LIBs 广泛。主要原因是 SIBs 中的钠基负极材料极易导致枝晶的形成。并且，现有的 DIW 打印设备很难在空气条件下制备含钠电极结构。市场上主要还是关注传统 SIBs 材料的性能以促进 SIBs 的应用。

2.3.1.3 锂硫电池（Li-S）

锂硫电池也被认为是下一代储能器件的优选替代方案。因为硫具有超高的理论容量（1675 mA·h/g）和理论能量密度（2600 W·h/kg），且储量丰富，成本低。但 Li-S 电池主要面临硫导电性差、多硫化物的“穿梭效应”以及体积膨胀等问题。3D 打印技术通过精确控制电极和电池结构，为解决这些问题提供了新思路。

2016 年，Milroy 等[31]采用 IJP 打印了一种 Li-S 电池的碳纳米管负极。该 CNTs 电极作为支架，为沉积液相硫提供了更活跃的比表面积，促进了电子传递和离子与电解质的扩散。随后，该小组继续采用 IJP 打印了含单壁碳纳米管和直链硫的 Li-S 电池阴极薄膜，并获得稳定容量。Shen 等[32]则采用 DIW 技术制备具有三维结构的硫共聚物/石墨烯阴极。硫共聚物中较强的 S—C 键可以部分抑制中间多硫化物向电解液中扩散，从而优化循环性能。Gao 等[33]将低成本硫/碳复合材料、PVDF/HFP 黏结剂、商用碳纳米管、乙炔黑等混合形成油墨，采用 DIW 技术获得一种高性能的硫-碳负极。

目前，3D 打印的 Li-S 电池正极材料主要以硫基复合材料为研究对象。主要原因是硫的导电性较差，需与其他活性材料复合以提高导电性。大多数研究以硫碳复合材料为主，例如通过硫与石墨烯、碳纳米管以及多孔碳进行复合，提升电极的电化学性能，进而增强硫的负载量并抑制多硫化物扩散。硫还可以与一些导电聚合物［如聚吡咯（PPy）、聚苯胺（PANI）等］、MOFs 材料（如 ZIF-8、MIL-101 等）组成复合材料，导电性增大的同时提升正极的柔韧性、循环稳定性，有效吸附多硫化物并抑制穿梭效应。此外，一些新型导电材料（如 MXene）也被用于 Li-S 电池打印中。Wei 等[34]首先制备氮掺杂 MXene，并通过 DIW 打印了一种多孔三维结构。该结构可以作为 S 和 Li 的有效宿主，也可以阻止 Li-S 电池中的枝晶生长。同时，N 的掺杂有助于调节锂的成核。3D 打印的 Li-S 电池（N-p$Ti_3C_2T_x$/S‖N-p$Ti_3C_2T_x$@Li）可连续运行 250 多个循环，每个循环的容量衰减率为 0.06%。有研究者还通过 3D 打印制备多孔铜或镍的集流体，在其表面涂覆锂金属，以抑制枝晶的形成。或者 3D 打印构建碳材料骨架作为锂宿主材料，通过物理限域作用均匀沉积锂并抑制枝晶生长。

总之，通过 3D 打印技术可以实现 Li-S 电池多孔电极的设计与制备，从而提升 Li-S 电池的循环稳定性和能量密度。但现阶段由于材料兼容性(如现有可打印的材料与电解液发生副反应)、打印设备精度低等问题，3D

打印 Li-S 电池仍处于实验室阶段，无法达到规模化生产和应用。

2.3.1.4 电池内其他部件的打印材料

集流体是影响电池性能的一个重要部件。目前，使用金属泡沫替代传统集流体被认为是有效的技术途径。多孔金属泡沫一般具有垂直贯通结构，能够极大促进离子和电子的传输。3D 打印在构建多孔泡沫结构方面具有天然优势。Arnet 等[35]依次采用 FDM 打印、涂层和电镀的方法制造出一种新型的泡沫镍结构。该结构具有 92.3%～99.1% 的孔隙率和 46 m^2/kg 的超高比表面积，性能甚至优于部分市售泡沫镍。但现在对于集流体的 3D 打印报道还较少。

电解液作为离子转移、储存和电极分离的介质，对电化学储能器件的性能影响较大。显而易见，采用目前市场普遍使用的低黏度液体电解液是无法实现打印结构需要的。因此，只有采用固态或半固态（凝胶）电解质才能满足 3D 打印的工艺要求。现阶段，关于 3D 打印凝胶电解质的研究较为常见，这是因为凝胶电解质具有良好的流变性能和黏聚能力，能满足 DIW 打印工艺的要求，同时还能与打印电极充分接触。另外，凝胶电解质具有相对较高的离子电导率、热稳定性和化学稳定性，并且无液体泄漏问题，在 3D 打印电池中优势明显。

目前，凝胶电解质主要分为水凝胶电解质和有机凝胶聚合物电解质。其中，水凝胶电解质因其离子电导率高、成本低、环保、安全、易加工等优点而备受关注。然而，水凝胶电解质狭窄的电化学窗口限制了它们的适用范围。制备水凝胶电解质一般要加入无机离子化合物，包括中性盐（如 LiCl、Na_2SO_4）、强酸（如 H_2SO_4、H_3PO_4）和强碱（如 KOH、NaOH、LiOH）。值得注意的是，含酸性或碱性的凝胶会导致 3D 打印金属喷嘴的腐蚀。采用有机凝胶聚合物电解质可以解决水凝胶电解质工作电压窗口窄的问题（一般可将工作电压扩展到 3.5 V 以上）。一般来说，有机凝胶聚合物电解质由高分子量的聚合物（如 PMMA、PVDF）与导电盐（如 $LiPF_6$、$LiBF_4$、LiTFSI、$LiClO_4$）在非水溶剂中混合制备。常用的有机溶剂有碳酸盐（如 DMC、乙烯碳酸酯、EMC、PC）、二甲基甲酰胺（DMF）、二甲基亚砜（DMSO）等。此外，新型离子液体的合成和使用也成为 3D 打印电解质领域研究者们较为关注的一个热点。

封装外壳对于电化学储能器件也至关重要。该部件能够确保隔绝水和潮湿空气，保护电极并防止电极和电解质发生泄漏。但目前 3D 打印封装外壳部件仍处于研究的起步阶段。2018 年，Lewis 团队[36]通过 DIW 技术开发了一种完全 3D 打印的 LIBs。其中，打印外壳的油墨由气相 SiO_2 和光固化环氧树脂组成。在包装打印方面 FDM 已成为一种常用技术。Yu 等[37]则在定制的锂离子电池表面通过 FDM 打印 PVDF 包装外壳。Tanwilaisiri 等[38]采用 FDM 技术打印了一种 PLA 的电池外壳，不仅起到包装密封的作用，还融合了测试极耳。此外，硅橡胶等柔性材料作为封装和密封剂，在柔性电池领域应用较广。为了发挥 3D 打印的技术优势，多数电池外壳或盖子还可以打印成定制形状，以便与其他电子设备集成，如环带型手表的电池。

2.3.2 超级电容器常用材料

如前所述，超级电容器根据电荷储存机制的不同，通常分为三类，即双电层电容器（EDLCs）、赝电容器（PCs）和混合电容器（HSCs）。基于三种电容器的不同工作原理，其电极材料也存在显著差别。如 EDLCs 通常使用高比表面积的碳材料，如活性炭、石墨烯等，以实现电荷的快速物理吸脱附，并保障材料的化学稳定性；PCs 则主要使用能够发生氧化还原反应的活性材料，其种类较为丰富，如金属氧化物、金属硫化物、导电有机物等；而 HSCs 使用的电极材料需要包含上述两种电容器材料，以同时实现 EDLCs 材料的物理吸附和 PCs 材料的化学储能效应。

与前述电池相同，超级电容器为了实现优异的电化学性能，电极也需要实现高孔隙率、高导电性和足够的活性负载材料。3D 打印技术在制备 SCs 方面依然具有得天独厚的技术优势，甚至在某些方面会优于电池，如混合电容器的一体化打印和集成式组装。现阶段，3D 打印 SCs 的技术主要有 IJP、SLA、DLP、FDM 以及 DIW 等。其中，DIW 因具有活性材料负载高的显著特征，并且结构孔隙率高、电化学活性位点多，在打印 SCs 方面越来越受到研究者们的欢迎。下面对 DIW 打印 SCs 电极所使用的材料进行介绍。

DIW 打印成型 SCs 电极使用的活性材料主要分为如下四种（如图 2-7 所示）：一是碳质材料，如活性炭、氧化石墨烯、石墨烯、碳纳米管等；

二是 MXene 类材料；三是导电聚合物（CPs），如聚苯胺、聚噻吩类（PEDOT/PSS）、聚吡咯等；四是金属类材料，如金属单质（如 Ag、Cu）、金属氧化物（如 MnO_2、VO_x）、金属硫化物（如 MoS_2）等。还有一些最新的活性导电材料，如金属有机骨架化合物［如 MOFs、黑磷纳米片（BP）］、量子点（如 G-VNQDs）等。DIW 打印所需油墨（多数为水性油墨）必须具有高黏度。另外，四种主要材料从是否具有黏性分析，可分成两类：一是具有黏性的物质，如 GO、MXene、CNTs、导电聚合物，自身可以与水制备油墨实现打印；二是非黏性物质，在制备油墨时必须添加黏性组分（如导电聚合物等），也可添加一些有机溶剂（如 Pluronic F-127、NMP/PVDF 体系等）。

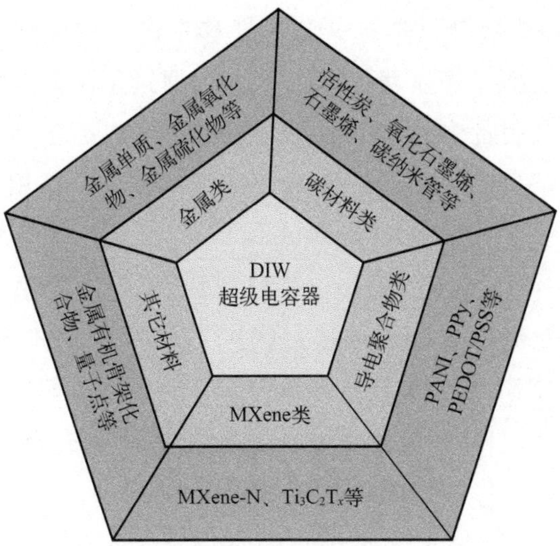

图 2-7 DIW 打印 SCs 所使用的活性电极材料

2.3.2.1 碳质材料

目前，用于 DIW 打印 SCs 的碳质材料主要包括活性炭（AC）、氧化石墨烯（GO）、石墨烯和碳纳米管（CNTs）等。

GO 适合制备 DIW 打印所需的高浓度油墨，在储能器件的 3D 打印领域被广泛应用。主要原因有几点：首先，GO 易于大规模生产（多数为化学法），且还原后产生的还原氧化石墨烯（rGO）与石墨烯导电性能相当；

其次，GO是亲水的，与其他碳质材料相比，更有利于分散在水溶剂中形成油墨；另外，GO薄片尺寸一般较大，打印成型后薄片之间很容易形成支撑，产生三维多孔结构。最重要的一点是，GO表面丰富的官能团极易与其他活性材料复合，会极大地扩展打印材料的应用范围[39,40]。

Zhu等[41]第一次使用GO/石墨烯混合油墨并通过DIW打印成功制备了石墨烯电极。Sun等[42]则是首次在柔性衬底上打印GO水溶液制备叉指型SCs，经过HI酸还原，并用PVA-H_2SO_4凝胶覆盖充当电解质，然后测试SCs性能。受到这两项工作的启发，大量关于GO进行DIW打印的报道出现，如GO[43]、化学改性石墨烯（CMG）[44]、使用$CaCl_2$调节的GO[45]、氮氧掺杂的多孔还原氧化石墨烯（NOG）[46]、GO/PAA[47]等。

另一种适用于DIW打印的碳质材料是碳纳米管（CNTs）。这种一维（1D）石墨烯空心纳米管，具有载流子迁移率高、机械强度大、比表面积高、低温加工性能良好等显著优点[48]。人们通过不断调整CNTs溶液的浓度或与GO等复合制备多种类型油墨，DIW打印成型各种SCs电极，如单纯CNTs[49]、SW-CNT[50]、石墨烯/MWCNT[51]、使用$CaCl_2$调节的rGO/CNT[45]、AC/CNT/rGO[52]等。

此外，Areir等[53]使用PVA/H_3PO_4凝胶与5%羧甲基纤维素钠混合作为溶剂，与活性炭粉末调制油墨，DIW打印可穿戴式柔性SCs。最近，Yao等[54]采用纤维素纳米晶与纳米SiO_2制备一定浓度的水性油墨，DIW打印后再进行碳化、SiO_2脱除等步骤，制备出一种孔洞丰富的气凝胶电极，表现出极佳的电化学性能。

2.3.2.2 MXene材料

MXene材料自2011年[55]首次被报道以来，已经成为一类极具潜力的新型二维层状电极材料。MXene材料具有优异的金属导电性、极高的氧化还原活性、优越的电荷储存和转移能力，以及丰富的负电荷表面（—O、—OH、—F）。特别是，MXene材料的负电荷表面使其具有静电性质和嵌入水的能力，类似于一些黏土的特性，非常适合各种3D打印技术使用，如丝网印刷、IJP和DIW等[56]。现阶段，关于SCs打印使用的MXene材料主要集中于$Ti_3C_2T_x$及其各种复合材料[57]。

Zhang等[58]首次制备用于DIW打印的无任何添加剂的水性$Ti_3C_2T_x$

油墨，成功打印具有良好电化学和柔性性能的 SCs。Yang 等[59]也利用水性 $Ti_3C_2T_x$ 油墨通过 DIW 打印制备 SCs 三维电极。Quain 等[60]则是将水性 $Ti_3C_2T_x$ 油墨装入笔中，直接在各种基材上进行绘画或书写，所印刷的图案可作为 SCs 的电极。Yu 等[61]首先制备褶皱形状的氮掺杂 MXene 纳米片，并与 AC、CNTs 和 GO 组成的复合油墨通过 DIW 打印制成高面载电极。Yu 等[62]开发了 NiCoP/Ti_3C_2 MXene 油墨，并挤出制备作为 SCs 阴极，阳极采用 AC/CNT 油墨挤出，然后组装成非对称混合型 SCs，测试发现其具有较高的面能量密度和体积能量密度。Li 等[63]使用 $Ti_3C_2T_x$ 纳米片、银纳米线、二氧化锰纳米线和富勒烯组成复合油墨（MXene-AgNW-MnONW-C_{60}），打印制备具有高面积电容的可拉伸 SCs。Huang 等[64]使用 MXene 水凝胶经 DIW 打印后进行单向冷冻处理，制备了具有多尺度结构的 SCs 电极。

近年来，DIW 打印 MXene 电极用于金属离子混合微型超级电容器的研究不断出现。如 Fan 等[65]通过 DIW 打印分别挤出 AC/rGO/CNTs 作为阴极，N-$Ti_3C_2T_x$/rGO/CNTs 作为阳极，成功组装钠离子混合电容器（HSCs）。该设备同时协调高能量、功率密度和较宽的电压范围（0～3V），为构建新兴的能源储存系统提供创新思路。该课题组随后又通过 DIW 打印技术制备锌离子 HSCs，利用纯的 $Ti_3C_2T_x$ 油墨直写作为电容器阴极，同时在 DIW 打印的 CNTs 电极上电沉积 Zn 作为阳极，成功组装锌离子 HSCs[66]。该器件具有高的能量和功率密度，以及较长的循环稳定性。

2.3.2.3 金属类材料

金属类材料，包括金属单质、金属氧化物、金属硫化物等。金属氧化物或硫化物作为典型的赝电容材料，在超级电容器中的应用已逐渐展开。而金属类材料在 3D 打印 SCs 领域，特别是在喷墨打印方面的研究开展较早，如 Ag[67]、MnO_2[68]、MoS_2[69]等。在 DIW 打印 SCs 方面，金属类材料不能单独打印，必须与其他材料相协调才可制备适宜油墨。一般与碳质材料复合，这样不仅可以利用多数碳材料的黏性，还可以充分利用其优质的导电性能，进一步提高器件的电化学性能。

Shen 等[70]以 V_2O_5/GO、G-VNQDs/GO、LiCl-PVA 分别作为阴极、阳极油墨和电解质，利用 DIW 打印技术制备准固态非对称 SCs，性能优于大多数文献报道的叉指型器件。Zhao 等[71]则是以 V_2O_5/SWCNT、VN/SWCNT 分别作为阴极、阳极油墨，DIW 打印后成功组装了一种纤维形状的不对称 SCs。Tian 等[72]利用多孔氧化石墨烯纳米片与纳米空心氧化钴制备出无其他添加剂的高浓度复合油墨，DIW 打印叉指型 SCs。所制备的电极内部不仅包括金属氧化物纳米颗粒堆积形成的微孔，还包括多孔氧化石墨烯形成的纳米级平面内孔，两种类型孔的叠加显著增强了电子和离子的传输，器件表现出极佳的存储性能。利用 Fe_2O_3 结合其他材料也可实现 DIW 打印，如 N-STC/Fe_2O_3/AC/CNT/GO[73]、Fe_2O_3/石墨烯/Ag[74]。Tang 等[17]在 GO 水溶液中引入海藻酸钠和 Ni-Co 前驱体溶液制备合适油墨，通过 DIW 打印并化学还原，然后在氩气环境下与硫脲进行硫化反应，最终成功制备出树叶型 SCs 电极（3DP-NCS/G）。将该电极与 3DP-MWCNT/G 组装成非对称 HSCs，器件表现出极佳的面能量密度和功率密度。最近，Zhao 等[75]直接使用 α-MnO_2 纳米棒、rGO 和 pluronic F127 制备油墨，DIW 打印电极并组装成 SCs。

通过后续沉积等方法，在 DIW 打印的三维电极上实现金属氧化物或硫化物的负载也是当前 SCs 打印领域研究的一个重点。研究表明，这种方法不仅可以明显改善电子传输效率，还可以有效解决 3D 打印过程中的一些常见问题，如油墨制备不均匀导致的打印堵塞、材料成型不均匀导致的电性能下降等。Yao 等[76]使用一定浓度的 GO 溶液与 5%的羟丙基甲基纤维素溶液混合制备油墨，DIW 打印后通过高温还原制备了具有丰富孔洞且力学性能优异的三维 rGO 气凝胶基底，然后在基底上电沉积 MnO_2 纳米片，成功制备了 rGO/MnO_2 电极，其具有创纪录的超高面积电容。Wang 等[77]通过 DIW 打印叉指型 rGO 电极，在表面电沉积 NiO 纳米棒后获得 rGO/NiO，组装成固态对称 SCs，器件提供了高达 197.5 mC/cm^2 的高容量。随后，该课题组[78]在此基础上继续深入研究，同样通过 DIW 打印制备叉指型 rGO 电极，在电极一侧电沉积 Ni-Co-O 纳米片作为阳极，另一侧电沉积 MnO_2 作为阴极，组装成固态非对称 SCs，其电化学性能明显增强。Yang 等[79]创新性地提出芯鞘型 DIW 打印共挤出方法，制备了高质量负载 MoS_2 的 MoS_2-CNT/石墨烯电极。

2.3.2.4 导电聚合物（CPs）

导电聚合物是一类具有固有导电性的聚合物，主要包括 PPy、PANI、

PEDOT/PSS 等。其通常具有较高的导电性、优良的机械柔韧性和良好的印刷适用性，非常适合 DIW 打印 SCs 或其他储能器件[80]。虽然，CPs 溶液具有一定的黏性，适合 DIW 打印的需要[81]，但是多数 CPs 是难溶性粉状材料，其形成的水溶液一般浓度较低，难以满足 DIW 打印对油墨流变性能的要求。因此，多数研究是通过添加导电材料（如 GO、石墨烯、CNTs、Ag 等）以提高油墨的黏性或稠度，同时借助导电材料的协同效应改善打印电极的导电性能等。

Ovhal 等[82]使用 5%（体积分数）DMSO 掺杂 PEDOT/PSS 制备油墨，DIW 打印叉指型 SCs，器件具有较高的能量密度和优异的弯曲稳定性。Gu 等[83]将高浓度 PPy 纳米管水溶液 DIW 打印在碳布上，组装成柔性对称 SCs。Qi 等[84]使用 PPy/GO 油墨打印制备一种超弹性气凝胶电极，为 3D 打印制备优异机械性能的电极结构提供思路。关于 DIW 打印的其他 CPs 复合油墨也被开发，如 PANI/GO[85]、GO/PA-PE[86]、PEDOT/PSS/CNT[87]、PPy@CA[88]。

此外，随着各种新材料的不断涌现，人们也试图将其应用到 DIW 打印 SCs 领域。如 Wu 等[89]将黑磷纳米片（E-BP）、ZIF-67 和 CNTs 混合制备油墨，打印并组装 SCs。该器件具有超高的体积电容，并可在高低温循环条件下长期运行。这项工作为 DIW 打印制备 SCs 开创了一条全新的材料设计思路。Xing 等[90]使用黑磷纳米片/聚吡咯复合油墨（BPNS/PPy）DIW 打印具有更好储能能力和力学性能的 SCs 电极。

表 2-2 列出了上述所有 DIW 打印成型 SCs 使用的材料、制备溶剂以及 SCs 类型和主要电化学性能指标。

表 2-2　DIW 打印 SCs 综述列表

材料种类	SCs 类型	打印材料	溶剂	电化学性能	相关文献
碳质材料	EDLCs	$GO/GNP/SiO_2$	DI 水	4079.9 W/kg@0.26 W·h/kg	[41]
	EDLCs	GO	DI 水	7 mW·h/cm^3@0.06 A/cm^3	[42]
	EDLCs	GO	DI 水	74.31 mF/cm^2@5 mV/s	[43]
	EDLCs	CMG	F-127	140 F/g@3 A/g	[44]
	EDLCs	GO	$CaCl_2$	≈800 S/m	[45]

续表

材料种类	SCs类型	打印材料	溶剂	电化学性能	相关文献
碳质材料	EDLCs	NOG	EC	18.7 mF/cm^2@0.05 mA/cm^2	[46]
	EDLCs	GO/PAA	DI 水	20.5 $\mu W \cdot h/cm^2$@0.9 mW/cm^2	[47]
	EDLCs	CNTs	IPA、EG	4.69 mF/cm^2@50 mV/s	[48]
	EDLCs	SW-CNT	DI 水	1.18 $mW \cdot h/cm^3$@11.8 W/cm^3	[49]
	EDLCs	石墨烯/MWCNT	尿素	639.56 mF/cm^2@4 mA/cm^2	[50]
	EDLCs	rGO/CNT	$CaCl_2$	213 F/g @0.5 A/g	[45]
	EDLCs	AC/CNT/rGO	DI 水	183 F/g @100 A/g	[52]
	EDLCs	AC	PVA/CMC	1.48 F/cm^2	[53]
	EDLCs	CNC/SiO_2	DI 水	−70℃，183 F/g@5 mV/s	[54]
MXene材料	PCs	$Ti_3C_2T_x$	DI 水	0.32 $\mu W \cdot h/cm^2$@11.4 $\mu W/cm^2$	[60]
	PCs	$Ti_3C_2T_x$	DI 水	242.5 F/g @0.2 A/g	[61]
	PCs	MXene-N	DI 水	66.7 F/g @12 mA/cm^2	[63]
	HSCs	NiCoP/MXene	DI 水	0.89 $mW \cdot h/cm^2$，2.2 $mW \cdot h/cm^3$	[64]
	PCs	MXene/Ag/MnO/C_{60}	DI 水	19.2 $\mu W \cdot h/cm^2$@0.86 mW/cm^2	[65]
	PCs	MXene 水凝胶	DI 水	1.2 F/cm^2@60 mA/cm^2	[66]
	HSCs	$N\text{-}Ti_3C_2T_x$	DI 水	1.18 $mW \cdot h/cm^2$@40.15 mW/cm^2	[67]
	HSCs	$Ti_3C_2T_x$	DI 水	0.10 $mW \cdot h/cm^2$@5.9 mW/cm^2	[68]
	HSCs	V_2O_5/GO、G-VNQDs/GO	DI 水	73.9 $\mu W \cdot h/cm^2$@0.5 mW/cm^2	[69]
金属类材料	HSCs	V_2O_5/SWCNT、VN/SWCNT	DI 水	41.28 $\mu W \cdot h/cm^2$@480 $\mu W/cm^2$	[70]
	PCs	$HGO\text{-}Co_3O_4$	DI 水	241.3 mF/cm^2	[71]
	PCs	N-STC/Fe_2O_3/AC/CNT/GO	DI 水	114 W·h/kg	[72]
	HSCs	Fe_2O_3/石墨烯/Ag	NMP	65.4 $\mu W \cdot h/cm^2$@1.07 mW/cm^2	[73]
	HSCs	Ni-Co-S/rGO	DI 水	0.57 $mW \cdot h/cm^2$@7.7 mW/cm^2	[74]
	PCs	α-MnO_2/rGO	F-127	19.35 W·h/kg@50W/kg	[75]
	PCs	rGO/MnO_2	DI 水	44.13 F/cm^2	[76]
	PCs	rGO/NiO	DI 水	197.5 mC/cm^2	[77]
	HSCs	rGO/Ni-Co-O、rGO/MnO_2	DI 水	384.9 mF/cm^2	[78]
	PCs	MoS_2-CNT/GO	DI 水	558 mF/cm^2	[79]

续表

材料种类	SCs类型	打印材料	溶剂	电化学性能	相关文献
导电聚合物	PCs	PEDOT/PSS	DMSO	0.36 μW·h/cm^2@80 μW/cm^2	[82]
	PCs	PPy	DI 水	42 μW·h/cm^2@0.5 mW/cm^2	[83]
	PCs	PPy/GO	DI 水	0.4 mW·h/cm^3@1.2 mW/cm^3	[84]
	PCs	PANI/GO	DI 水	1329 mF/cm^2	[85]
	HSCs	GO/PA-PE	DI 水	4.83 mW·h/cm^3@25.3 mW/cm^3	[86]
	PCs	PEDOT/PSS/CNT	DI 水	730 mF/cm^2@1 mA/cm^2	[87]
	PCs	PPy@CA	DI 水	8126 mF/cm^2	[88]
其他	PCs	EBP/ZIF-67/CNTs	DI 水	506 F/cm^3	[89]
	PCs	BPNS/PPy	F127	157 F/g@0.2 A/g	[90]

2.3.2.5 DIW 打印的其他 SCs 部件材料

首先，电解质作为 SCs 的重要部件，对器件的电化学性能有很大的影响，特别是对器件的电压窗口、倍率能力和循环稳定性等。目前，DIW 打印的电解质主要以凝胶电解质为主，可分为含水凝胶聚合物电解质、有机凝胶聚合物电解质、离子液体凝胶聚合物电解质和氧化还原活性凝胶电解质。

含水凝胶聚合物电解质，也称为水凝胶电解质，通常电化学窗口较窄。它主要由聚合物基体、电解质盐和增塑剂等组成。其中，聚合物基体包括聚乙烯醇（PVA）、过氧乙酸（PAA）和聚环氧乙烷（PEO）；增塑剂通常是水；电解质盐可以是中性盐（LiCl 或 Na_2SO_4）、强酸（H_2SO_4 或 H_3PO_4）或强碱（KOH）。同打印电池一样，DIW 打印 SCs 使用的有机凝胶聚合物电解质也是由高分子量聚合物（例如 PMMA 或 PVDF-HFP）与导电盐在有机溶剂（PC、DMF、EC 等）中物理混合制备而成。离子液体凝胶聚合物电解质由于稳定性好，且对打印喷嘴无腐蚀性，更适合打印柔性和可拉伸 SCs。如 Tamilarasan 等[91]将离子液体三氟甲基磺酰基亚胺和 PAN 混合制备离子液体凝胶电解质。研究发现，所制备的电解质具有良好的热稳定性和机械柔韧性，室温下的离子电导率约为 2.42 mS/cm^2。氧化还原活性凝胶电解质中主要添加氧化还原活性物质，可显著提高 SCs 的电容和能量密度。一些氧化还原活性物，如 $K_3Fe(CN)_6$、碘化物（KI）、Na_2MoO_4 等和有机氧化还原介质，如对苯二胺（PPD）、对苯二酚等被用于制备氧化还原活性凝胶电解质。

目前，商用的 SCs 集流体主要为金属材质，如不锈钢网、纳米金、纳米银、泡沫镍等。Xu 等[92]采用 IJP 结合压印法制备了一种嵌入式银网格 TCE 作为柔性 SCs 的集流体。该集流体具有优异的导电性能和机械柔韧性。Wang 等[93]则是开发了一种连续喷雾打印的新技术，利用单壁碳纳米管打印了一种碳纤维纸基集流体。碳纤维纸能够形成高导电性的渗透网络，可以提供丰富的互联孔隙通道和较大的比表面积，有效地增加了电解质与活性材料之间的接触。

此外，Ngeles 等[94]通过 FDM 打印了一种新型且廉价的用于测试超级电容器的平台。在该平台内可以组装一个含交叉电极的棱柱形 SCs，并可对 SCs 进行电化学性能测试。

比较发现，与传统 SCs 制造相比，DIW 打印 SCs 表现出更加优异的电化学性能。但由于 DIW 打印 SCs 仍处于研发阶段，面临着诸多挑战：①现阶段适宜 DIW 打印的活性材料种类较少，还需继续探索新型的可打印活性材料；②探索适宜整个 DIW 打印的全过程方法，在保证性能的条件下尽量减少打印后处理的步骤；③如何结合打印材料特点，通过 DIW 打印真正实现 SCs 电极的三维结构调控；④探讨 DIW 打印 SCs 电极的导电机制，打印多孔结构与离子输运之间的原理关系有待进一步研究。其中，选择适宜的打印活性材料并结合材料特点实现电极网络结构的精确调控是当前 DIW 打印制备 SCs 亟需解决的主要问题。

近年来，金属硫化物（metal sulfides，MSs）作为储能器件的活性材料受到关注，在作为超级电容器的 3D 打印材料方面虽有少数相关报道，但现阶段主要还是集中在传统电容器的应用方面。

与其他金属类活性材料相比，MSs 具有独特的电化学性能，可以发生多步氧化还原反应，可望在赝电容器领域得到广泛应用[95]。Cu_7S_4 作为铜硫化物的一种，具有特定的离子运输行为和优异的半导体性能，在超级电容器领域被逐步研究[96,97]。

近年来，人们将碱金属 K 插入 Cu_7S_4 的三维框架中心可获得一种新型的铜硫酸盐结构体系，如 KCuS、KCu_4S_3 和 KCu_7S_4 等。研究发现，

KCu_7S_4 具有独特的一维隧道晶体结构（见图 2-8，书后另见彩图），可以有效扩展离子的插入和脱出空间，从而缩短离子的扩散路径，表现出优异的赝电容行为，是超级电容器领域极具前景的一种新型电极材料。

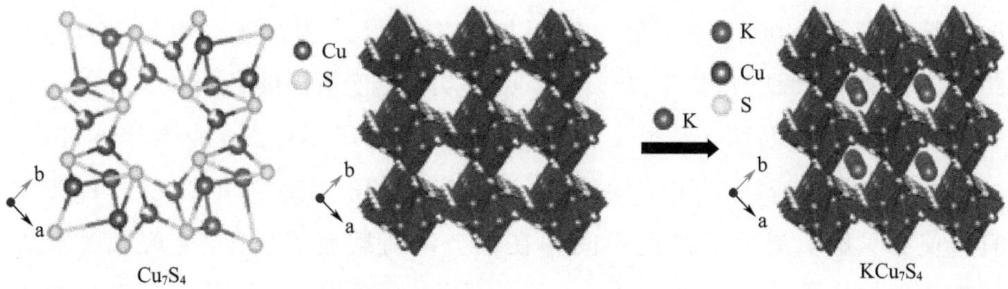

图 2-8　Cu_7S_4 与 KCu_7S_4 的结构

Dai 等最早将 KCu_7S_4 作为超级电容器电极材料进行系统研究。通过不同方法制备 KCu_7S_4 纳米线，并分别研究了 KCu_7S_4[98]、Mn/KCu_7S_4[98]、C@KCu_7S_4[99]和 MnO_2@KCu_7S_4[100]电极及各相关电容器的电化学性能。研究发现，KCu_7S_4 及其复合材料都具有超高比电容，且组装电容器的能量密度较高，循环稳定性较好。同时，所包覆的 C、Mn 等都可以显著增强 KCu_7S_4 的电化学活性，提高导电性能，并明显改善 KCu_7S_4 的循环性能。为进一步利用 KCu_7S_4，人们又相继开发了不同的 KCu_7S_4 复合材料。Shen 等[101]在碳纤维布支撑的 KCu_7S_4 表面构建多孔导电纳米网络，所制备的柔性 MSCs 在功率密度为 201 W/kg 时具有 36 W · h/kg 的高能量密度。Yang 等[102]首次采用简单的一步溶剂法设计一种新型的 KCu_7S_4@NiCo-LDH 核壳结构，并作为超级电容器的电极材料。KCu_7S_4 纳米线作为骨架支撑 NiCo-LDH 纳米片，防止其发生聚集，并协同改善导电性能。当电流密度为 2 A/g 时，电极具有 1104.5 F/g 的高比电容。随后，Yuan 等[103]制备了 KCu_7S_4@NiMn-LDH，其作为正极材料组装的混合电容器表现出 33 W · h/kg 的高能量密度，功率密度为 394 W/kg。Xue 等[104]则是在泡沫镍上原位生长 KCu_7S_4 纳米线，通过调节温度和添加剂的加入量可以调节 KCu_7S_4 的结构和尺寸。所制备的阵列结构为材料的氧化还原反应提供了更多活性位点。Shen 等[105]制备了 KCu_7S_4/rGO 复合材料，并作为水基可充电电池的负极材料进行研究。他们首次通过多种技术

手段系统探索了 KCu_7S_4 在充放电过程中的结构演化和电荷储存机制。Zhang 等[106]在泡沫镍上原位沉积生长核壳结构的 $KCu_7S_4@NiCo_2O_4$ 复合电极，克服了 $NiCo_2O_4$ 导电性和倍率性能较差的问题。该复合电极的电流密度为 3 mA/cm^2 时，具有 18.4 F/cm^2 的超高面积电容；在 40 mA/cm^2 的电流密度下 4000 次循环后电容保持率为 80%。用该复合电极和活性炭组装的非对称超级电容器在 105.5 W/kg 的功率密度下提供了 125.56 W·h/kg 的高能量密度。近期，Dai 等[107]继续深入研究了 KCu_7S_4 纳米线在 Li^+/Na^+ 电池中的反应机理和结构演变，为开发适合 SIBs 的电极材料提供了有价值的见解，揭示了稳定中间相在调节电荷载流子插入/提取和提高电池整体性能方面的重要性。Gopal 等[108]研究发现 KCu_7S_4 是一种可作为电催化制氢和超级电容器的双功能材料。HER 实验首先表明 KCu_7S_4 是高效的电催化剂，在 10 mA/cm^2 时表现出 90 mV 的最低 HER 过电位和 138 mV/dec 的塔菲尔斜率。采用 KCu_7S_4 组装的超级电容器的电流密度为 1 A/g 时比电容值可达 54 F/g，且能提供 700 W/kg 的功率密度和 14.78 W·h/kg 的能量密度，并进行了一定的中试规模生产，验证了材料的可行性。

总之，新型铜硫酸盐材料 KCu_7S_4 主要具有两个优点：一是独特的隧道导电效应；二是具有纳米刚性结构。针对铜硫酸盐活性材料 KCu_7S_4 开展直写 3D 打印制备微型电容器电极研究，利用该材料的导电性能和结构特点，不仅能拓宽储能领域 3D 打印活性材料的使用范围，而且可结合材料结构优势在打印中真正实现电极网络结构的精确调控，达到一举两得的目的，解决前述直接墨水书写 3D 打印制备 SCs 亟需解决的主要问题。同时，也可为其他铜硫酸盐或金属硫化物在直写 3D 打印成型储能器件的相关研究提供一定的科研借鉴，对于高性能超级电容器的发展具有重要的理论意义和应用价值。

2.4 3D 打印技术应用的机遇与挑战

从多孔电极到全固态电池，从微型电容器到大型液流电池，3D 打印不仅突破了传统制造的技术天花板，更开启了“设计即制造”的储能器件新时代。未来，3D 打印储能器件在柔性电子、植入式医疗装置、航空航天以及太空探测等领域有望应用。但当前，3D 打印技术在电化学储能器件领域依然存在许多技术瓶颈，例如：

(1) 材料兼容性的限制

现阶段，以 DIW 为典型代表的 3D 打印技术，所使用的功能墨水为了满足打印工艺的需求，常配合使用一些不导电的增稠剂、黏合剂，这样会大大降低电极活性物质的负载量比例，导致电极电化学性能降低。

(2) 打印速度与效率的矛盾

如双光子聚合打印技术可实现<100 nm 的分辨率，但打印速度仅为 0.1 mm^2/h。制备体积为 1 mm^2 的微型固态电池，时长一般超过 24 h，显然无法满足未来的规模化需求[109]。

(3) 设备与成本的限制

当前，商用的 3D 打印机多针对高分子或金属材料，缺乏电化学材料相关的打印设备。目前，市场虽已有部分专业打印设备进行研发和销售，但至今未形成产业优势，设备使用成本较高。

(4) 标准化与质量管控缺失

针对 3D 打印电化学储能器件的性能测试方法（如多孔电极的有效表面积测量、三维结构的电化学性能测试和计算等）和打印墨水的批次差异（如碳纳米管分散度波动$\pm 10\%$）等，缺乏相关的行业标准和统一准则，这阻碍 3D 打印电化学储能器件的产品认证与市场准入。

当前，3D 打印技术在电化学储能领域的应用仍处于“实验室-产业化”

的过渡阶段，其核心挑战源于材料、结构、工艺及规模化等多环节的复杂交织。只有不断攻克这些挑战，才能真正释放 3D 打印技术在该领域的潜力，推动电化学储能器件的进一步发展和应用。

参考文献

[1] 陈继民，曾勇，杨继全，等 . 3D 打印技术基础 [M]. 北京：化学工业出版社，2023.

[2] Derby B. Inkjet printing of functional and structural materials: Fluid property requirements, feature stability, and resolution [J]. Annual Review of Materials Research, 2010, 40: 395-414.

[3] Sajedi-Moghaddam A, Rahmanian E, Naseri N. Inkjet-printing technology for supercapacitor application: Current state and perspectives [J]. ACS Applied Materials & Interfaces, 2020, 12 (31): 34487-34504.

[4] Yi Y, Sun Z, Li C, et al. Designing 3D biomorphic nitrogen-doped $MoSe_2$/graphene composites toward high-performance potassium-ion capacitors [J]. Advanced Functional Materials, 2020, 30 (4): 1903878.

[5] Lewis J A. Direct ink writing of 3D functional materials [J]. Advanced Functional Materials, 2006, 16: 2193-2204.

[6] Lin D, Jin S, Zhang F, et al. 3D stereolithography printing of graphene oxide reinforced complex architectures [J]. Nanotechnology, 2015, 26 (43): 434003.

[7] Su X, Li X, Ong C Y A, et al. Metallization of 3D printed polymers and their application as a fully functional water-splitting system [J]. Advanced Science, 2019, 6 (6): 1801670.

[8] Liu D N, et al. Customizable supercapacitors via 3D printed el electrolyte [J]. Advanced Functional Materials, 2023, 33 (20): 2214301.

[9] Lin C J, et al. Low-temperature resistant stretchable micro-supercapacitor based on 3D printed octet-truss design [J]. Small, 2023, 19 (10): 2207634.

[10] Ali Asghar, Karim Khan, et al. Extrusion-based additive manufacturing of carbonaceous and non-carbonaceous electrode materials for electrochemical energy storage devices [J]. Advanced Materials Technologies, 2025, 10 (3), 2400136.

[11] Wei X, Li D, Jiang W, et al. 3D printable graphene composite [J]. Scientific Reports, 2015, 5 (1): 1-7.

[12] 李诗雅 . PEO 基复合固态电解质的结构设计及界面改性研究 [D]. 武汉：华中科技大学，2024.

[13] Zhao C, Wang C Y, Gorkin R, et al. Three dimensional (3D) printed electrodes for in-

terdigitated supercapacitors [J]. Electrochemistry Communications, 2014, 41: 20-23.

[14] Marzbanrad, Ehsan, Yilman, et al. Binder-jet powder-bed additive manufacturing (3D printing) of thick graphene-based electrodes [J]. Carbon: An International Journal Sponsored by the American Carbon Society, 2017, 119: 257-266.

[15] Luong D X, Subramanian A K, Silva G A L, et al. Laminated object manufacturing of 3D-printed laser-induced graphene foams [J]. Advanced Materials, 2018, 30 (28): 1707416.1-1707416.6.

[16] Liu X Y, Wang J, Wu B T, et al. 3D Printed Electrode Structures and Materials for Rechargeable Batteries [J]. Advanced Functional Materials, 2025: 2500946.

[17] Tang X W, Zhu C L, Cheng D D, et al. Architectured leaf-inspired $Ni_{0.33}Co_{0.66}S_2$/graphene aerogels via 3D printing for high-performance energy storage [J]. Advanced Functional Materials, 2018, 28: 1805057.

[18] Sun K, Wei T S, Ahn B Y, et al. 3D printing of interdigitated Li-ion micro-battery architectures [J]. Advanced Materials, 2013, 25 (33): 4539-4543.

[19] Fu K, Wang Y, Yan C, et al. Graphene oxide-based electrode inks for 3D-printed lithium-ion batteries [J]. Advanced Materials, 2016, 28 (13): 2587-2594.

[20] Foster W, Down M P, Zhang Y, et al. 3D printed graphene based energy storage devices [J]. Scientific Reports, 2017, 7: 42233.

[21] Wang Y B, Chen C J, et al. 3D-printed all-fiber Li-ion battery toward wearable energy storage [J]. Advanced Functional Materials, 2017, 27: 1703140.

[22] Zhang W, Liu H Z, Zhang X A, et al. 3D printed micro-electrochemical energy storage devices: From design to integration [J]. Advanced Functional Materials, 2021: 2104909.

[23] Pang Y, Cao Y, Chu Y, et al. Additive manufacturing of batteries [J]. Advanced Functional Materials, 2019: 1906244.

[24] Zhou H, Sun Y, Yang H, et al. Co_3O_4 quantum dots intercalation liquid-crystal ordered-layered-structure optimizing the performance of 3D-printing micro-supercapacitors [J]. Advanced Science 2023, 10 (33): 2303636.

[25] Kumarov A, Nwaogu E C, Zhumadil A, et al. Current collector-free printed three-dimensional MXene-based anodes for lithium-ion batteries [J]. Electrochemistry Communications, 2023, 157: 107621.

[26] Wei T S, Ahn B Y, Grotto J, et al. 3D Printing of customized Li-ion batteries with thick electrodes [J]. Advanced Materials, 2018, 30 (16): 1703027.

[27] Ding J, Shen K, Du Z, et al. 3D-printed hierarchical porous frameworks for sodium storage [J]. Acs Appl Mater Inter, 2017, 9: 41871-41877.

[28] Zhang D, Chi B H, Li B W, et al. Fabrication of highly conductive graphene flexible circuits by 3D printing [J]. Synthetic Met, 2016, 217: 79-86.

[29] Yu B, Ji Y, Hu X, et al. Heterostructured Cu_2S@ZnS/C composite with fast interfacial reaction kinetics for high-performance 3D-printed Sodium-Ion batteries [J]. Chem. Eng. J., 2022, 430: 132993.

[30] Wang Z, Huang Z, Wang H, et al. 3D-printed sodiophilic V_2CT_x/rGO-CNT MXene microgrid aerogel for stable Na metal anode with high areal capacity [J]. ACS Nano, 2022, 16: 9105-9116.

[31] Milroy C A, Jang S, Fujimori T, et al. Inkjet-printed lithium-sulfur microcathodes for all-printed, integrated nanomanufacturing [J]. Small, 2017, 13 (11): 1603786.

[32] Shen K, Mei H, Li B, et al. 3D printing sulfur copolymer-graphene architectures for Li-S batteries [J]. Adv. Energy Mater., 2018, 8 (4): 1701527.

[33] Gao X, Sun Q, Yang X, et al. Toward a remarkable Li-S battery via 3D printing [J]. Nano Energy, 2019, 56: 595-603.

[34] Wei C, Tian M, Fan Z, et al. Concurrent realization of dendrite-free anode and high-loading cathode via 3D printed N-Ti_3C_2 MXene framework toward advanced Li-S full batteries [J]. Energy Storage Mater., 2021, 41: 141-151.

[35] Arnet R, Kesten O, Mofid W E, et al. Combining 3D printing and electrochemical deposition for manufacturing tailor-made 3D nickel foams with highly competitive porosity and specific surface area density [J]. Metals, 2023, 13 (5): 857.

[36] Wei T S, Ahn B Y, Grotto J, et al. 3D printing of customized Li-ion batteries with thick electrodes [J]. Adv. Mater., 2018, 30 (16): 1703027.

[37] Yu X, Liu Y, Pham H, et al. Customizable nonplanar printing of lithium-ion batteries [J]. Adv. Mater. Technol., 2019, 4 (11): 1900645.

[38] Tanwilaisiri A, Xu Y, Zhang R, et al. Design and fabrication of modular supercapacitors using 3D printing [J]. Energy Storage, 2018, 16: 1-7.

[39] Zhu Y, Murali S, Cai W, et al. Graphene and graphene oxide: Synthesis, properties, and applications [J]. Advanced Materials, 2010, 22 (35): 3906-3924.

[40] Garcia-Tunon E, Feilden E, Zheng H, et al. Graphene oxide: An all-in-one processing additive for 3D printing [J]. ACS Applied Materials & Interfaces, 2017, 9 (38): 32977-32989.

[41] Zhu C, Liu T, Qian F, et al. Supercapacitors based on three-dimensional hierarchical graphene aerogels with periodic macropores [J]. Nano Letters, 2016, 16 (6): 3448-3456.

[42] Sun G, An J, Chua C K, et al. Layer-by-layer printing of laminated graphene-based in-

terdigitated microelectrodes for flexible planar micro-supercapacitors [J]. Electrochemistry Communications，2015，51：33-36.

[43] Li W，Li Y，Su M，et al. Printing assembly and structural regulation of graphene towards three-dimensional flexible micro-supercapacitors [J]. Journal of Materials Chemistry A，2017，5 (31)：16281-16288.

[44] Rocha V G，Garcia-Tunon E，Botas C，et al. Multimaterial 3D printing of graphene-based electrodes for electrochemical energy storage using thermoresponsive inks [J]. ACS Applied Materials & Interfaces，2017，9 (42)：37136-37145.

[45] Jiang Y，Xu Z，Huang T，et al. Direct 3D printing of ultralight graphene oxide aerogel micro-lattices [J]. Advanced Functional Materials，2018，28 (16)：1707024.

[46] Wang Y，Zhang Y，Liu J，et al. Boosting areal energy density of 3D printed all-solid-state flexible micro-supercapacitors via tailoring graphene composition [J]. Energy Storage Materials，2020，30：412-419.

[47] Yuan S，Fan W，Wang D，et al. 3D printed carbon aerogel microlattices for customizable supercapacitors with high areal capacitance [J]. Journal of Materials Chemistry A，2021，9 (1)：423-432.

[48] Graham A P，Duesberg G S，Hoenlein W，et al. How do carbon nanotubes fit into the semiconductor roadmap? [J]. Applied Physics A，2005，80 (6)：1141-1151.

[49] Yu W，Zhou H，Li B Q，et al. 3D printing of carbon nanotubes-based micro-supercapacitors [J]. ACS Applied Materials & Interfaces，2017，9 (5)：4597-4604.

[50] Chen B，Jiang Y，Tang X，et al. Fully packaged carbon nanotube supercapacitors by direct ink writing on flexible substrates [J]. ACS Applied Materials & Interfaces，2017，9 (34)：28433-28440.

[51] Tang X，Zhou H，Cai Z，et al. Generalized 3D printing of graphene-based mixed-dimensional hybrid aerogels [J]. ACS nano，2018，12 (4)：3502-3511.

[52] 高婷婷．碳基复合材料的制备及其能源存储与光热转化性能的研究 [D]. 上海：东华大学，2019.

[53] Areir M，Xu Y，Harrison D，et al. 3D printing of highly flexible supercapacitor designed for wearable energy storage [J]. Materials Science and Engineering：B，2017，226：29-38.

[54] Yao B，Peng H，Zhang H，et al. Printing porous carbon aerogels for low temperature supercapacitors [J]. Nano Letters，2021，21 (9)：3731-3737.

[55] Naguib M，Kurtoglu M，Presser V，et al. Two-dimensional nanocrystals produced by exfoliation of Ti_3AlC_2 [J]. Advanced Materials，2011，23 (37)：4248-4253.

[56] Venkateshalu S，Grace A N. MXenes—A new class of 2D layered materials：Synthesis，

properties, applications as supercapacitor electrode and beyond [J]. Applied Materials Today, 2020, 18: 100509.

[57] Wu C W, Unnikrishnan B, Chen I W P, et al. Excellent oxidation resistive MXene aqueous ink for micro-supercapacitor application [J]. Energy Storage Materials, 2020, 25: 563-571.

[58] Zhang C J, McKeon L, Kremer M P, et al. Additive-free MXene inks and direct printing of micro-supercapacitors [J]. Nature Communications, 2019, 10 (1): 1-9.

[59] Yang W, Yang J, Byun J J, et al. 3D printing of freestanding MXene architectures for current-collector-free supercapacitors [J]. Advanced Materials, 2019, 31 (37): 1902725.

[60] Quain E, Mathis T S, Kurra N, et al. Direct writing of additive-free MXene-in-water ink for electronics and energy storage [J]. Advanced Materials Technologies, 2019, 4 (1): 1800256.

[61] Yu L, Fan Z, Shao Y, et al. Versatile N-doped MXene ink for printed electrochemical energy storage application [J]. Advanced Energy Materials, 2019, 9 (34): 1901839.

[62] Yu L, Li W, Wei C, et al. 3D printing of NiCoP/Ti_3C_2 MXene architectures for energy storage devices with high areal and volumetric energy density [J]. Nano-micro Letters, 2020, 12 (1): 1-13.

[63] Li X, Li H, Fan X, et al. 3D-printed stretchable micro-supercapacitor with remarkable areal performance [J]. Advanced Energy Materials, 2020, 10 (14): 1903794.

[64] Huang X, Huang J, Yang D, et al. A Multi-scale structural engineering strategy for high-performance MXene hydrogel supercapacitor electrode [J]. Advanced Science, 2021, 8 (18): 2101664.

[65] Fan Z, Wei C, Yu L, et al. 3D printing of porous nitrogen-doped Ti_3C_2 MXene scaffolds for high-performance sodium-ion hybrid capacitors [J]. ACS Nano, 2020, 14 (1): 867-876.

[66] Fan Z, Jin J, Li C, et al. 3D-printed Zn-ion hybrid capacitor enabled by universal divalent cation-gelated additive-free Ti_3C_2 MXene ink [J]. ACS Nano, 2021, 15 (2): 3098-3107.

[67] Wang S, Liu N, Tao J, et al. Inkjet printing of conductive patterns and supercapacitors using a multi-walled carbon nanotube/Ag nanoparticle-based ink [J]. Journal of Materials Chemistry A, 2015, 3 (5): 2407-2413.

[68] Elshof J E, Wang Y. Advances inink-jet printing of MnO_2-nanosheet based pseudocapacitors [J]. Small Methods, 2019, 3 (8): 1800318.

[69] Shao Y, Fu J H, Cao Z, et al. 3D crumpled ultrathin 1T MoS_2 for inkjet printing of

Mg-ion asymmetric micro-supercapacitors [J]. ACS Nano, 2020, 14 (6): 7308-7318.

[70] Shen K, Ding J, Yang S. 3D printing quasi-solid-state asymmetric micro-supercapacitors with ultrahigh areal energy density [J]. Advanced Energy Materials, 2018, 8 (20): 1800408.

[71] Zhao J, Zhang Y, Huang Y, et al. 3D printing fiber electrodes for an all-fiber integrated electronic device via hybridization of an asymmetric supercapacitor and a temperature sensor [J]. Advanced Science, 2018, 5 (11): 1801114.

[72] Tian X, Tang K, Jin H, et al. Boosting capacitive charge storage of 3D-printed micro-pseudocapacitors via rational holey graphene engineering [J]. Carbon, 2019, 155: 562-569.

[73] Lai F, Yang C, Lian R, et al. Three-phase boundary in cross-coupled micro-mesoporous networks enabling 3D-printed and ionogel-based quasi-solid-state micro-supercapacitors [J]. Advanced Materials, 2020, 32 (40): 2002474.

[74] Tang K, Ma H, Tian Y, et al. 3D printed hybrid-dimensional electrodes for flexible micro-supercapacitors with superior electrochemical behaviours [J]. Virtual and Physical Prototyping, 2020, 15 (supl): 511-519.

[75] Zhao X, Liu B, Pan P, et al. Fabrication of reduced graphene oxide/manganese oxide ink for 3D-printing technology on the application of high-performance supercapacitors [J]. Journal of Materials Science, 2021, 56 (13): 8102-8114.

[76] Yao B, Chandrasekaran S, Zhang J, et al. Efficient 3D printed pseudocapacitive electrodes with ultrahigh MnO_2 loading [J]. Joule, 2019, 3 (2): 459-470.

[77] Wang T, Li L, Tian X, et al. 3D-printed interdigitated graphene framework as superior support of metal oxide nanostructures for remarkable micro-pseudocapacitors [J]. Electrochimica Acta, 2019, 319: 245-252.

[78] Wang T, Tian X, Li L, et al. 3D printing-based cellular microelectrodes for high-performance asymmetric quasi-solid-state micro-pseudocapacitors [J]. Journal of Materials Chemistry A, 2020, 8 (4): 1749-1756.

[79] Yang Z, Lv X, Zhang C, et al. Core-sheath 3D printing of highly conductive and MoS_2-loaded electrode with pseudocapacitive behavior [J]. Chemical Engineering Journal, 2021, 423: 130304.

[80] Yuk H, Lu B, Lin S, et al. 3D printing of conducting polymers [J]. Nature Communications, 2020, 11 (1): 1-8.

[81] Glasser A, Cloutet E, Hadziioannou G, et al. Tuning the rheology of conducting polymer inks for various deposition processes [J]. Chemistry of Materials, 2019, 31 (17): 6936-6944.

[82] Ovhal M M, Kumar N, Kang J W. 3D direct ink writing fabrication of high-performance all-solid-state micro-supercapacitors [J]. Molecular Crystals and Liquid Crystals, 2020, 705 (1): 105-111.

[83] Gu Y, Zhang Y, Shi Y, et al. 3D all printing of polypyrrole nanotubes for high mass loading flexible supercapacitor [J]. Chemistry Select, 2019, 4 (36): 10902-10906.

[84] Qi Z, Ye J, Chen W, et al. 3D-printed, super elastic polypyrrole-graphene electrodes with ultrahigh areal capacitance for electrochemical energy storage [J]. Advanced Materials Technologies, 2018, 3 (7): 1800053.

[85] Wang Z, Zhang Q, Long S, et al. Three-dimensional printing of polyaniline/reduced graphene oxide composite for high-performance planar supercapacitor [J]. ACS Applied Materials & Interfaces, 2018, 10 (12): 10437-10444.

[86] Liu Y, Zhang B, Xu Q, et al. Development of graphene oxide/polyaniline inks for high performance flexible micro-supercapacitors via extrusion printing [J]. Advanced Functional Materials, 2018, 28 (21): 1706592.

[87] Yang J, Cao Q, Tang X, et al. 3D printed highly stretchable conducting polymer electrodes for flexible supercapacitors [J]. Journal of Materials Chemistry A, 2021, 9 (35): 19649-19658.

[88] Yang J, Cui N, Han D, et al. Asimple strategy for constructing hierarchical composite electrodes of PPy-posttreated 3D-printed carbon aerogel with ultrahigh areal capacitance over 8000 mF • cm^{-2} [J]. Advanced Materials Technologies, 2022, 7 (7): 2101325.

[89] Wu T, Ma Z, He Y, et al. Acovalent black phosphorus/metal-organic framework hetero-nanostructure for high-performance flexible supercapacitors [J]. Angewandte Chemie International Edition, 2021, 60 (18): 10366-10374.

[90] Xing R, Xia Y, Huang R, et al. Three-dimensional printing of black phosphorous/polypyrrole electrode for energy storage using thermoresponsive ink [J]. Chemical Communications, 2020, 56 (21): 3115-3118.

[91] Tamilarasan P, Ramaprabhu S. Graphene based all-solid-state supercapacitors with ionic liquid incorporated polyacrylonitrile electrolyte [J]. Energy, 2013, 51 (mar.): 374-381.

[92] Xu J L, Liu Y H, Gao X, et al. Embedded Ag grid electrodes as current collector for ultraflexible transparent solid-state supercapacitor [J]. ACS Appl. Mater. Interfaces, 2017, 9 (33): 27649-27656.

[93] Wang X, Lu Q, Chen C, et al. A consecutive spray printing strategy to construct and integrate diverse supercapacitors on various substrates [J]. ACS Appl. Mater. Interfaces, 2017, 9 (34): 28612-28619.

[94] Ngeles A L, Holmberg S. 3D printed platform for testing supercapacitor materials [J]. Materials Today: Proceedings, 2022, 48 (1): 71-78.

[95] Barik R, Ingole P P. Challenges and prospects of metal sulfide materials for supercapacitors [J]. Current Opinion in Electrochemistry, 2020, 21: 327-334.

[96] Li X, Cao J, Yang L, et al. One-pot synthesis of ZnS nanowires/Cu_7S_4 nanoparticles/reduced graphene oxide nanocomposites for supercapacitor and photocatalysis applications [J]. Dalton Transactions, 2019, 48 (7): 2442-2454.

[97] Han X, Zhang D, Qin Y, et al. Construction of Ta-Cu_7S_4 negative electrode for high-performance all-solid-state asymmetric supercapacitor [J]. Chemical Engineering Journal, 2021, 403: 126471.

[98] Dai S, Xi Y, Hu C, et al. KCu_7S_4 nanowires and the Mn/KCu_7S_4 nanostructure for solid-state supercapacitors [J]. Journal of Materials Chemistry A, 2013, 1 (48): 15530-15534.

[99] Dai S, Xi Y, Hu C, et al. C@KCu_7S_4 microstructure for solid-state supercapacitors [J]. RSC Advances, 2014, 4 (76): 40542-40545.

[100] Dai S, Xi Y, Hu C, et al. MnO_2@KCu_7S_4 NWs hybrid compositions for high-power all-solid-state supercapacitor [J]. Journal of Power Sources, 2015, 274: 477-482.

[101] Shen W X, Xu J M, Dai S G, et al. A porous and conductive graphite nanonetwork forming on the surface of KCu_7S_4 for energy storage [J]. Frontiers in Chemistry, 2018, 6: 555.

[102] Yang P, Jing C, Liu J C, et al. Controllable crystal growth of a NiCo-LDH nanostructure anchored onto KCu_7S_4 nanowires via a facile solvothermal method for supercapacitor application [J]. Cryst Eng Comm, 2020, 22 (9): 1602-1609.

[103] Yuan Y, Li Z, Shi Z, et al. A facile way to grow NiMn-LDH sheets on KCu_7S_4 nanowires with synergistic effects for applications in hybrid supercapacitors [J]. Journal of Alloys and Compounds, 2020, 825: 154056.

[104] Xue Y, Zhang Y, Yang R, et al. In-situ synthesis of KCu_7S_4 nanowires array on nickel foam for high performance supercapacitor [J]. Functional Materials Letters, 2021, 14 (01): 2151005.

[105] Shen W, Zang J, Hu H, et al. Controlled synthesis of KCu_7S_4/rGO nanocomposites for electrochemical energy storage [J]. Materials & Design, 2020, 195: 108992.

[106] Zhang Y, Xue Y, Yang R, et al. Rational design of KCu_7S_4@$NiCo_2O_4$ in-situ growth on nickel foam for high performance supercapacitor electrode [J]. Journal of Alloys and Compounds, 2022, 898: 162791.

[107] Zhang K, Wang H, Du X, et al. Reaction mechanism and structural evolution of tun-

nel-structured KCu_7S_4 nanowires in Li^+/Na^+-ion batteries [J]. Advanced Functional Materials, 2024, 34 (46): 2407105.

[108] Gopal V, Vadivel S, Sujita P, et al. Unveiling the power of hexagon-shaped KCu_7S_4 towards hydrogen evolution reactions and supercapacitor electrodes: a bi-functional approach [J]. Ionics, 2025, 31: 3659-3669.

[109] 兰红波，李涤尘，卢秉恒. 微纳尺度 3D 打印 [J]. 中国科学：技术科学，2015，45 (9)：919-940.

第3章 3D打印KCu_7S_4复合电极及其表征与性能测试

本章主要对书中4～7章涉及的3D打印KCu_7S_4复合电极相关的实验部分进行集中介绍。其中包括使用的实验原材料、仪器设备、油墨组分材料的制备、油墨配制和3D打印成型电极过程、油墨流变性能测试、组分材料与电极的形貌与结构表征、电极与电解液的润湿性能测试以及电极与所组装电容器的电化学性能测试等。

3.1 3D打印KCu_7S_4复合电极

3.1.1 原料与仪器

本书中使用的实验原材料见表3-1。

表3-1 实验原料

序号	原料或试剂（化学式或简称）	规格	生产厂家
1	鳞片石墨粉/C	分析纯	天津致远化学试剂有限公司
2	硝酸钠/$NaNO_3$	分析纯	天津天力化学试剂有限公司
3	浓硫酸/H_2SO_4	分析纯	永飞化学试剂有限公司
4	高锰酸钾/$KMnO_4$	分析纯	天津天力化学试剂有限公司
5	双氧水/H_2O_2	分析纯	天津天力化学试剂有限公司
6	无水氯化钙/$CaCl_2$	分析纯	天津政成化学制品有限公司
7	二水氯化铜/$CuCl_2 \cdot 2H_2O$	分析纯	上海蒂凯姆实业有限公司
8	氢氧化钾/KOH	分析纯	上海蒂凯姆实业有限公司
9	升华硫/S	分析纯	天津天力化学试剂有限公司
10	无水乙醇/EtOH	化学纯	天津天力化学试剂有限公司
11	水合肼/H_6N_2O	分析纯	国药集团
12	聚乙烯醇/$[C_2H_4O]_n$	分析纯	国药集团

续表

序号	原料或试剂（化学式或简称）	规格	生产厂家
13	泡沫镍/Ni	纯度 99.8%	赛博电化学
14	导电银浆/Ag	DJ-F4	香港维修佬
15	PTFE 膜	0.2 μm	Filter
16	多壁碳纳米管/MWCNTs	直径 20～30 nm、长 10～30 μm	昂星新型碳材料
17	硝酸/HNO_3	分析纯	国药集团
18	硝酸银/$AgNO_3$	分析纯	天津达茂化学试剂厂
19	聚乙烯聚吡咯烷酮/PVPP	分析纯	天津达茂化学试剂厂
20	乙二醇/EG	分析纯	天津达茂化学试剂厂
21	聚乙二醇/PEG	分析纯	天津达茂化学试剂厂
22	六水合硝酸镍/$Ni(NO_3)_2 \cdot 6H_2O$	分析纯	天津天力化学试剂有限公司
23	纤维素纳米纤维/CNFs	5%水溶液	北京北方世纪纤维素有限公司
24	氩气/Ar	高纯	太原市泰能气体有限公司

本书中使用的主要实验仪器见表 3-2。

表 3-2 实验仪器

序号	仪器及设备	型号	生产厂家
1	电子天平	ME55	梅特勒
2	鼓风干燥箱	DHG-9070A	上海一恒科学仪器有限公司
3	真空干燥箱	DZF-6055	上海一恒科学仪器有限公司
4	强制机械搅拌器	RW-20	德国 IKA 公司
5	恒温磁力搅拌器	HJ-2A	江苏中大仪器科技有限公司
6	水热反应釜	100 mL	北京吉泰远成科技有限公司
7	小型混匀机	MIX-28	宁波市群安实验仪器有限公司
8	行星式真空脱泡机	MV-300	深圳麦力西科技有限公司
9	超声波细胞粉碎机	JY92-IIDN	宁波新芝生物科技股份有限公司
10	真空冷冻干燥机	10ND	宁波新芝生物科技股份有限公司

续表

序号	仪器及设备	型号	生产厂家
11	恒温水浴锅	HH-S2	巩义予华仪器有限责任公司
12	离心机	TG18G	上海赫田科学仪器有限公司
13	超声波清洗仪	PS-40AL	深圳科杰超声有限公司
14	3D 打印机	定制	定制
15	超低温冰箱	DW-86L348	澳柯玛股份有限公司
16	电化学工作站	CHI660E	上海辰华仪器有限公司
17	管式气氛炉	OTF-1200X	合肥科晶材料技术有限公司

3.1.2 电极材料的制备

3.1.2.1 油墨组分材料的制备

(1) 氧化石墨烯（GO）的制备

本书中制备 3D 打印油墨使用的氧化石墨烯是由改良的 Hummers 法[1]制备的。首先称取 2.5 g 硝酸钠和 5 g 鳞片石墨粉，量取 115 mL 的浓硫酸，将三种原料倒入 1000 mL 烧杯中，在水浴锅中倒入冰水混合物进行水浴，以 400 r/min 转速强制搅拌 45 min；然后缓慢加入 15 g $KMnO_4$，以 620 r/min 转速搅拌 50 min；将水浴温度升至 35 ℃反应 45 min；然后缓慢加入 250 mL 去离子水，水浴升温至 90 ℃反应 15 min；反应结束后，加入 25 mL 双氧水，静置 24 h 后取沉淀液以 10000 r/min 离心 10 min；多次重复离心直至上清液 pH 值接近 7.0；最后，加水超声分散 30 min，以 3000 r/min 转速离心 15 min，使用真空冷冻干燥机进行冷冻干燥，直至溶液变成 GO 干粉，真空保存备用。

(2) KCu_7S_4 的制备

本书中 3D 打印油墨使用的 KCu_7S_4 制备过程见图 3-1（书后另见彩图）。采用典型的水热法制备工艺[2]。具体制备过程为：称量 0.342 g $CuCl_2 \cdot 2H_2O$ 和 20 mL 去离子水置于 100 mL 聚四氟乙烯内衬中，以 800 r/min 的恒定转速磁力搅拌 5 min，得到蓝色 $CuCl_2$ 溶液。随后，将 0.16 g 硫粉缓慢加

入 $CuCl_2$ 溶液中，持续搅拌使硫粉充分分散。将 7 g 片状氢氧化钾继续加入溶液中持续搅拌；再加入 4 mL 无水乙醇搅拌。然后将内衬放入不锈钢外釜中，在 150 ℃下反应 24 h。反应结束后冷却至室温，将底部沉淀物用去离子水和无水乙醇离心洗涤三次；转速为 8000 r/min，每次洗涤 5 min。最后，将洗涤完成的样品在真空干燥箱中 60 ℃条件下干燥 4 h，装瓶保存备用。

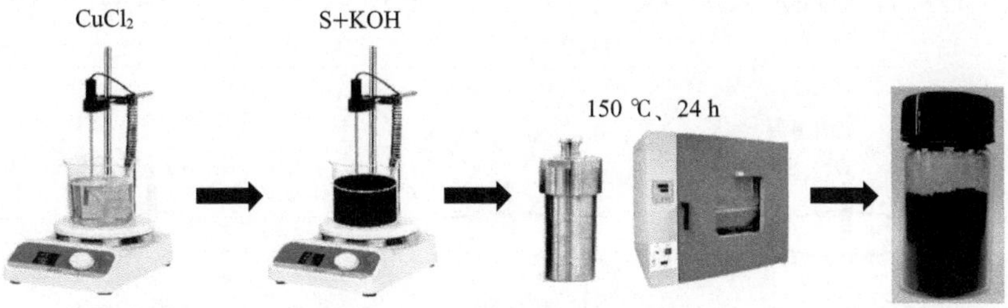

图 3-1　KCu_7S_4 制备过程示意图

(3) 纳米 Ag 颗粒的制备

本书中采用混合还原法[3]制备纳米 Ag 颗粒。具体步骤如下：首先，将 100 mg $AgNO_3$ 和 150 mg 聚乙烯聚吡咯烷酮加入装有 20 mL 乙二醇的圆底烧瓶中。混合物搅拌均匀后加入 20 mL 聚乙二醇，直到充分混合。然后，将混合溶液转移到 60 ℃恒温油浴中，以 200 r/min 的转速持续搅拌 1 h。反应完成后，用无水乙醇洗涤 5 次，并以 8000 r/min 的转速离心 20 min。最后，沉淀产物用无水乙醇离心 5～8 次，清洗干净后在室温下干燥备用，注意避光。

(4) 羧基化多壁碳纳米管的制备

本书中对 MWCNTs 进行羧基化改性的具体步骤为：取 1.5 g 多壁碳纳米管，将其加入浓硫酸（98%）和硝酸（68%）的混合酸（1∶3，体积比）中，在 100 ℃ 回流处理 3 h。然后用蒸馏水稀释混合物，并通过 0.2 mm 孔径的 PTFE 膜过滤，用水一直冲洗至中性。最后，样品在 80 ℃下真空干燥备用。

3.1.2.2 油墨的制备

(1) GO/KCu_7S_4 油墨的制备

采用简单混匀法制备 GO/KCu_7S_4 水性油墨，具体制备过程见图 3-2

（书后另见彩图）。首先，称取一定量的 GO 粉末制备 20 mg/mL GO 水溶液。再将一定量的 KCu_7S_4 超声分散于 20 mL GO 水溶液中，超声功率为 100 W，时间为 30 min。最后，将混合物在真空脱泡机中充分混匀，转速为 1000 r/min，时间为 15 min，即可获得 GO/KCu_7S_4 油墨。其中，KCu_7S_4 质量与干粉总质量的占比为 0%、10%、20%、30%和 40%。五组油墨样品分别标记为 GO、GO/K-1、GO/K-2、GO/K-3 和 GO/K-4。

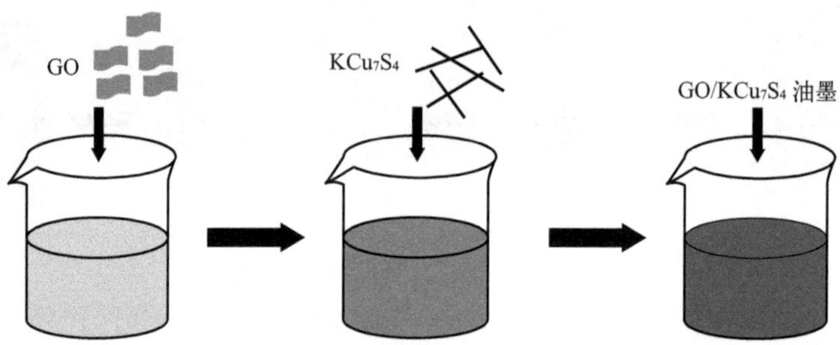

图 3-2　GO/KCu_7S_4 油墨制备过程示意图

(2) Ag/GO/KCu_7S_4 油墨的制备

采用依次渐进式混匀法制备 Ag/GO/KCu_7S_4 油墨，具体制备过程见图 3-3（书后另见彩图）。

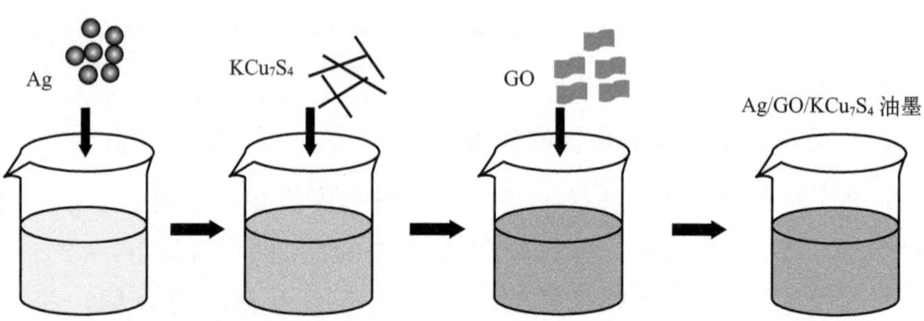

图 3-3　Ag/GO/KCu_7S_4 油墨制备过程示意图

首先，取一定量的纳米 Ag 粉加入 10 mL DI 水中，并加入适当的无水乙醇，超声分散将 Ag 粉与水混合均匀（整个搅拌过程要保证避光）。然后，将 86 mg 的 KCu_7S_4 超声分散于 10 mL 无水乙醇中，再将 KCu_7S_4 溶液加入已分散均匀的 Ag 溶液中，混合液磁力搅拌 120 min 后迅速在真空干燥箱中 80 ℃恒温 60 min，以去除溶液中的无水乙醇，然后在真空脱泡机中充分脱泡混匀，转速为 1000 r/min，时间为 20 min。然后在混合溶液中加入 200 mg 的 GO 粉末，再次使用真空脱泡机混匀，转速不变，时间为 30 min，即可获得 Ag/GO/KCu_7S_4 打印油墨。其中，Ag 加入质量分别为 5 mg、10 mg、15 mg、20 mg。几组油墨样品分别标记为 GO/K-3（作为空白对照样，与第四章标注内容相同）、5-A/GO/K、10-A/GO/K、15-A/GO/K、20-A/GO/K。

(3) MWCNTs/GO/KCu_7S_4 油墨的制备

采用强制混匀法制备 MWCNTs/GO/KCu_7S_4 油墨，具体制备过程见图 3-4。

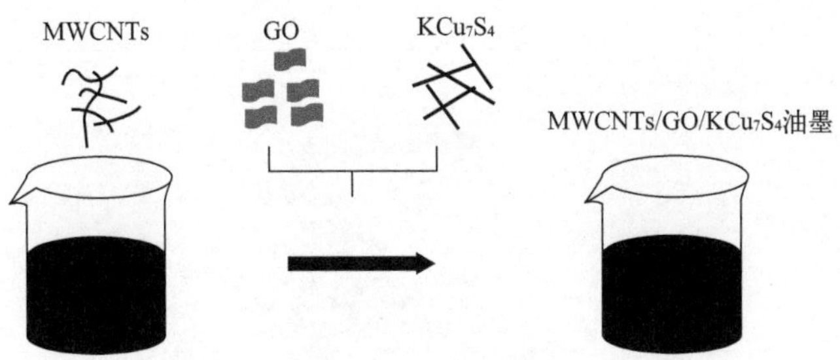

图 3-4 MWCNTs/GO/KCu_7S_4 油墨制备过程示意图

首先，取一定量的羧基化 MWCNTs 加入 100 mL DI 水中，采用 600 W 超声分散 10 h 制备成均匀的 MWCNTs 水溶液。然后在 10 mL MWCNTs 溶液中加入 200 mg 的 GO 粉末，使用微型混匀机强制混匀，在真空脱泡机中继续脱泡搅拌。最后，加入一定量的 KCu_7S_4 粉末，与 GO 粉末混匀方法相同，即可制得 MWCNTs/GO/KCu_7S_4 油墨。其中，GO 的浓度保持在 20 mg/mL；MWCNTs 与 KCu_7S_4 的质量比分别为 1∶1、1∶2 和 2∶1；二者总浓度为 10 mg/mL。油墨命名为 GO、M/GO（不含 KCu_7S_4）、M1/GO/K1、M1/GO/K2 和 M2/GO/K1。例如样品 M1/GO/K2，表示 MWCNTs 与 KCu_7S_4 的固体质量比为 1∶2。

(4) GO/CNFs 油墨的制备

首先，将 5% 的 CNFs 溶液稀释成 1%的水溶液，并采用超声波细胞粉碎机在 300 W 功率下分散 10 min，以保证 CNFs 在溶液中均匀分散。随后，量取 10 mL CNFs 溶液并加入 300 mg GO 粉末，在真空脱泡机中强制混匀，转速为 1000 r/min，时间为 15 min，制得 GO/CNFs 油墨。

3.1.3　3D 打印铜硫酸盐 KCu_7S_4 复合电极的主要步骤

3.1.3.1　3D 打印 rGO/KCu_7S_4 复合电极的主要步骤

3D 打印 rGO/KCu_7S_4 复合电极的具体步骤如下：

① 通过定制打印机（见图 3-5）中的控制单元对打印路径进行编程设置，每层打印的线条平行排列，且相邻线条的间距为 120 μm，上下相邻的两层线条垂直排列，打印面积为 10 mm×10 mm，创建编程文件。定制的 3D 打印设备主要包括气动控制单元、打印系统和编程控制单元。

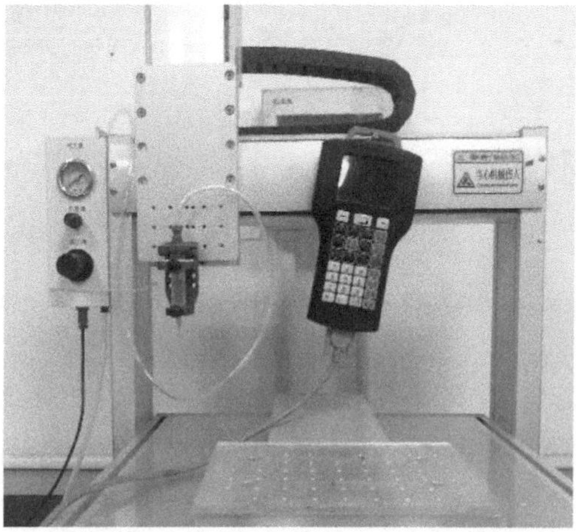

图 3-5　定制的 3D 打印机照片

② 将制备好的 GO/KCu_7S_4 打印油墨注入 5 mL 的美规注射筒中，注射筒进出口封闭，放入离心机中再次脱泡，离心机转速为 3000 r/min，时间为 5 min。

③ 选用合适尺寸的美规针头（内径约为 400 μm），装入注射筒并与气路管连接，选取编程文件，设置打印速度为 8 mm/s，启动打印开关。

④ 打印进行中，根据出料情况，适当调节打印气压（20～40 psi，1 psi=6894.76 Pa），保证油墨顺利连续挤出，将油墨打印在玻璃基板上。

根据设置程序，打印不同层数（4、6、8层）的结构。

⑤ 打印完成后，将结构立即放入超低温冰箱中，在−40 ℃下冷冻12 h。取出后再次放入真空冷冻干燥机中，在−45 ℃下冷冻干燥48 h，彻底去除内部水分并保持原始打印结构。

⑥ 将冷冻干燥后的结构进行还原，采用自制的还原装置，通过水合肼蒸气在90 ℃下还原8 h，然后洗涤并在60 ℃下真空烘干24 h，获得相应电极，分别命名为rGO、rGO/K-1、rGO/K-2、rGO/K-3和rGO/K-4。图3-6为3D打印制备rGO/KCu_7S_4复合电极示意图（书后另见彩图）。

图3-6　3D打印制备rGO/KCu_7S_4复合电极过程示意图

3.1.3.2　3D打印Ag/rGO/KCu_7S_4复合电极的主要步骤

采用3.1.3.1所述打印步骤制备Ag/rGO/KCu_7S_4复合电极。打印工艺参数不同，具体为：打印针头内径为400 μm；打印速度为6 mm/s；打印气压为30～50 psi。打印后还原时间为12 h。对照油墨命名方式，电极分别命名为rGO/K-3（作为空白对照样，与第四章相同）、5-A/rGO/K、10-A/rGO/K、15-A/rGO/K、20-A/rGO/K。

3.1.3.3　3D打印MWCNTs/rGO/KCu_7S_4复合电极的主要步骤

采用3.1.3.1所述打印步骤制备MWCNTs/rGO/KCu_7S_4复合电极。打印工艺参数为：打印针头内径为400 μm；打印速度为8 mm/s；打印气压为30～50 psi；打印后还原时间为12 h。对照油墨命名方式，复合电极分别命名为M/rGO、M1/rGO/K1、M1/rGO/K2和M2/rGO/K1。

3.1.3.4　rGO/CNFs@$Ni(OH)_2$复合电极的制备

rGO/CNFs@$Ni(OH)_2$复合电极的制备方法（见图3-7，书后另见彩图）分为以下几个步骤。

(1) 3D 打印 GO/CNFs 结构

采用前述 3.1.2.2 中的方法制备 GO/CNFs 油墨，经直写 3D 打印成型 GO/CNFs 结构。打印工艺参数为：22G 美规针头（内径 400 μm）；打印速度为 8～10 mm/s；打印气压为 20～30 psi；打印底面积为 10 mm×10 mm，高度为 8 层结构。打印结束后，将三维结构立即放入超低温冰箱中，在−40 ℃下冷冻过夜。然后放入真空冷冻干燥机中，在−45 ℃下冷冻干燥 72 h，备用。

(2) 高温还原法制备 rGO/CNFs 基底

将干燥的 GO/CNFs 结构放入管式气氛炉中进行高温还原。工艺条件为：在高纯 Ar 气氛下，以 2 ℃/min 的速率升温至 700 ℃，保温 4 h，然后以 3 ℃/min 的速率降到室温，取出备用。

(3) 电沉积法制备 rGO/CNFs@ $Ni(OH)_2$ 电极

采用阴极电沉积法在 rGO/CNFs 基底表面沉积 $Ni(OH)_2$，具体为：制备 0.1 mol/L 的 $Ni(NO_3)_2$ 溶液和 0.1 mol/L 的 $NaNO_3$ 溶液，取相同体积两种溶液混合形成 50 mL 沉积液。沉积前，将 rGO/CNFs 基底在沉积液中浸泡 30 min。在三电极体系下采用恒电位法在−1 V 电压条件下室温沉积一定时间。完成后用去离子水冲洗几次，最后再置于真空干燥箱中 60 ℃干燥 12 h，即可得到 rGO/CNFs@$Ni(OH)_2$ 电极。电沉积时间分别为 20 min、30 min、60 min、90 min、120 min。

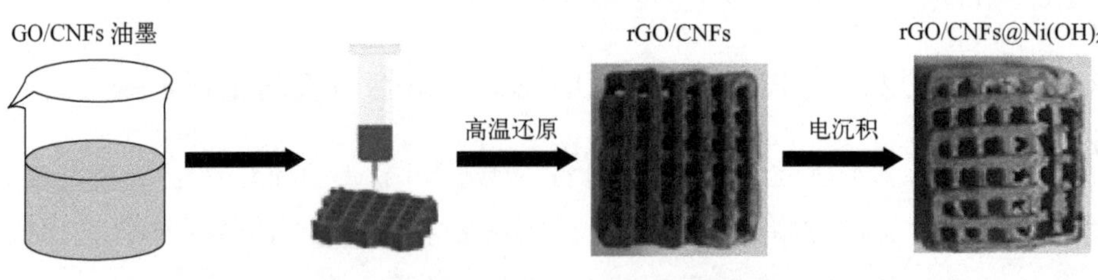

图 3-7 rGO/CNFs@$Ni(OH)_2$ 复合电极制备过程示意图

3.2 复合电极的表征分析

本书中涉及材料表征与分析的设备见表 3-3。

表 3-3 材料表征与分析设备

序号	设备	型号	生产厂家
1	X 射线衍射分析仪	Smart lab 9 kW	日本理学
2	激光共焦显微拉曼光谱仪	TM-Qontor	英国雷尼绍
3	X 射线光电子能谱仪	Thermo Scientific K-Alpha	美国赛默飞
4	扫描电子显微镜	JEOL 7200	日本电子
5	场发射透射电子显微镜	FEI Tecnai G2 F20	美国 FEI
6	红外光谱分析仪	IR-435	安捷伦
7	紫外可见光吸收光谱仪	U-3900	日立
8	热重分析仪	Q600	美国 TA

3.2.1 X 射线衍射表征分析

对制备油墨所需组分材料和各种打印电极的物相组成及晶体结构进行 X 射线衍射表征分析（XRD）。测试条件：Cu-Kα 射线，工作电压 40 kV，扫描范围 5°～80°，扫描速率 2°/min。

3.2.2 拉曼光谱表征分析

对 GO 及相关打印电极还原前后的无序度及结构进行拉曼表征分析。测试条件：波长 532 nm，扫描范围 100～3200 cm^{-1}。

3.2.3 X 射线光电子能谱表征分析

对制备油墨所需组分材料和各种打印电极的表面电子状态和元素进行

X射线光电子能谱表征分析（XPS）。对涉及元素的宽谱和精细谱进行测试表征，利用 Avantage 软件进行分峰拟合处理。

3.2.4 扫描电子显微镜表征分析

采用 SEM 分析手段对制备油墨所需组分材料和各种 3D 打印电极的表面微观形貌与结构进行表征。同时，采用附带的牛津 X-Max 能谱探测系统进行面扫描 EDS 分析，以进一步观察材料的元素分布情况和结构信息。

3.2.5 透射电子显微镜表征分析

对组分材料及各种 3D 打印电极的内部形貌和结构进行 TEM 表征分析。测试条件：加速电压 200 kV。同时，采用附带的 X 射线能谱仪对相关元素进行表征分析。

3.2.6 傅里叶变换红外光谱表征分析

多壁碳纳米管羧基化改性前后进行 FT-IR 表征，以确定羧基官能团是否成功接枝到碳纳米管表面。光谱范围为：4000～600 cm^{-1}。对第 7 章沉积前后的样品进行比较分析，判定与 Ni 相关的特定吸收峰，以确定 $Ni(OH)_2$ 沉积是否成功，以及其与基底的连接作用情况。

3.2.7 紫外-可见光吸收光谱表征分析

对纳米 Ag 及含 Ag 相关材料和打印电极进行 UV-Vis 表征分析，以确定 Ag 在电极中的分布情况。测试条件：扫描范围 200～800 cm^{-1}。

3.2.8 热重表征分析

对打印基底 GO/CNFs 进行热重分析测试，以确定高温还原所需温度。测试条件：高纯 Ar 气氛，温度范围 0～800 ℃，升温速率为 2 ℃/min。

3.3 油墨及复合电极性能测试

3.3.1 电解液与凝胶电解质的制备方法

本书中在测试电极和电容器的电化学性能时，均使用 3 mol/L 的 KOH 水性电解液，称重制备即可。

本书第 4 章组装微型超级电容器时使用 6 mol/L PVA/KOH 凝胶电解质，其制备方法为：首先，将 6 g PVA 粉末与 60 mL 去离子水在 90 ℃下搅拌混合 2 h，制备透明的 PVA 溶液。同时将 3 g KOH 和 20 mL 去离子水混均。然后，将两种溶液混合并快速搅拌 30 min，即得到所需 PVA/KOH 凝胶，在真空烘箱中保存防止干燥。

3.3.2 油墨流变性能测试

本书中关于各性能测试的主要设备见表 3-4。

表 3-4　性能测试设备

序号	设备	型号	生产厂家
1	Zeta 电位分析仪	Zeta PALS	美国布鲁克
2	流变仪	AR2000	美国 TA
3	接触角测试仪	JC2000C1	上海中晨
4	电化学工作站	CHI 660E	上海辰华

3.3.2.1 油墨组分 Zeta 电位测试

对制备油墨的各组分材料的 Zeta 电位进行测试，以确定各组分材料表面电荷性质，为顺利调配油墨提供参考。

3.3.2.2 油墨流变性能测试

对制备的各种油墨的流变性能进行综合评价，主要研究油墨的表观黏度、模量（储能模量 G' 和损耗模量 G''）与剪切速率、应力之间的关系。测试条件：圆形平板夹具（直径 20 mm），测试温度 25 ℃，剪切速率范围 10^{-2}～10^{2} s^{-1}，剪切应力范围 10^{-1}～10^{3} Pa，恒定频率 1 Hz。

3.3.3 复合电极性能测试

3.3.3.1 润湿性能测试

对各 3D 打印成型的复合电极与电解液之间的接触角进行测试，分析电解液与打印电极的润湿程度，作为判断 3D 打印电极电化学性能的参考。

3.3.3.2 电极与微型超级电容器电化学性能测试

(1) 3D 打印复合电极电化学性能测试

本书中采用三电极体系对各 3D 打印复合电极的电化学性能进行测试。其中，电解液为 3 mol/L KOH 水溶液，对电极为铂片电极（10 mm×10 mm×1.5 mm），参比电极为 Hg/HgO 电极，工作电极为各 3D 打印复合电极。测试前，用导电银浆将电极牢固粘贴在泡沫镍条（10 mm×10 mm×30 mm）上，并于电解液中浸泡 12 h。整个体系密闭在 200 mL 的玻璃电解池中防止污染。

电化学性能测试主要有如下几种方法。

① 循环伏安测试（cyclic voltammetry，CV）：在固定电压窗口区间内，施加恒定扫描速率后，测试随时间变化的电压电流之间的关系。通过关系曲线可研判电极反应的可逆程度、是否有新相产生等与电化学反应相关的机理、动力学过程等信息。具体电压区间及扫描速率见各章分析介绍。

② 恒流充放电测试（galvanostatic charge and discharge，GCD）：在预定的电压窗口下，施加恒定电流时，电极或电容器进行反复充放电循环，设备记录电位与充放电时间之间的变化关系。具体电压区间及电流密

度见各章介绍。

本书中根据 GCD 曲线计算电极材料的三种比电容，具体计算公式如下：

$$C_m = \frac{I \times \Delta t}{\Delta U \times m} \tag{3-1}$$

$$C_A = \frac{I \times \Delta t}{\Delta U \times A} \tag{3-2}$$

$$C_V = \frac{I \times \Delta t}{\Delta U \times V} \tag{3-3}$$

式中 C_m——单个电极的质量比电容，F/g；

C_A——面积比电容，F/cm^2；

C_V——体积比电容，F/cm^3；

I——放电电流，A；

Δt——放电时间，s；

ΔU——放电电压，V；

m——单个电极的质量，g；

A——单个电极的工作面积，cm^2；

V——单个电极的体积，cm^3。

③ 交流阻抗谱测试（electrochemical impedance spectroscopy，EIS）：当施加一个小振幅的且频率不同的交流扰动信号时，测试交流信号电压与电流的比值（比值即为阻抗）随正弦波频率 ω 的变化。EIS 测试可以分析研判电极材料内阻、电极表面的电子转移电阻、物质扩散过程等信息。本书 EIS 测试条件：频率范围为 $10^{-2} \sim 10^5$ Hz，振幅为 5 mV/s。

④ 循环稳定性测试：本书中 3D 打印复合电极的循环稳定性采用 GCD 法进行测试，设定一定的充放电循环次数，然后根据相关比电容的计算公式得到比电容数值，并计算评价比电容的衰减变化，从而反映电极循环稳定性的优劣。

(2) 微型超级电容器组装方法及电化学性能测试

本书中第 4～第 6 章主要以打印电极组装的微型对称电容器为研究对象。其中第 4 章中全固态微型对称超级电容器的主要组装步骤为：将两个相同打印电极在 6 mol/L PVA/KOH 凝胶电解质中浸泡 12 h，然后将两个电极和 PVA/KOH 凝胶电解质组装成三明治结构的对称电容器器件。待凝胶电解质中的水蒸发干燥后，用导电银浆将两块电极分别连接到两条铜导线上，最后用 PET 薄膜将整个器件包裹，待测。

第 5、第 6 章为全水系微型对称超级电容器。其主要组装步骤为：选取性能最佳的两块相同质量的 3D 打印复合电极作为电容器正负极，使用电极夹将正负两极夹持后浸泡在 3 mol/L KOH 电解液中直接进行两电极体系测试。测试前，正负电极必须在电解液中浸泡 1 h 以上，以确保电极充分浸润电解液；二者要面对面并相隔一定距离，防止短路。

本书中采用上海辰华的电化学工作站（CHI 660E）对电容器的电化学性能进行两电极体系测试。电容器的电容采用 GCD 测试并计算，计算公式与前述电极计算方法相同，但公式中相关参数表示的意义不同，主要区别在于三个参数 m、A 和 V，这里分别代表整个对称电容器的质量（g）、工作面积（cm^2）和体积（cm^3）。其他参数的意义与电极测试相同。

对电容器器件工作性能进行评价，还需要两个重要的指标，即能量密度和功率密度，它们可以客观评价电容器储存电荷以及充放电的能力。本书主要关注电容器的面积能量密度（E_A，mW·h/cm^2）和面积功率密度（P_A，mW/cm^2），具体计算公式如下所示：

$$E_A = \frac{1000}{2 \times 3600} C_A U^2 \tag{3-4}$$

$$P_A = \frac{3600 E_A}{t} \tag{3-5}$$

式中　C_A——器件的面积比电容，F/cm^2；

U——器件的工作电压，V；

t——器件的放电时间，s。

参考文献

[1] 唐兴伟．高连通石墨烯基气凝胶的制备及其电化学性能研究［D］．上海：上海交通大学，2018.

[2] Dai S，Xi Y，Hu C，et al. MnO_2@KCu_7S_4 NWs hybrid compositions for high-power all-solid-state supercapacitor［J］. Journal of Power Sources，2015，274：477-482.

[3] 王华．不同形貌银纳米材料的可控制备和物性研究［D］．合肥：中国科学技术大学，2018.

第4章 3D打印rGO/KCu_7S_4复合电极的结构、性能与应用

氧化石墨烯水溶液可作为油墨黏合剂满足直写3D打印的需要，且打印后经还原处理可得到具有优异导电性能的还原氧化石墨烯[1]。其独特的超薄二维平面还能为其他活性材料（如金属氧化物或硫化物）提供包裹，减缓活性材料的相变过程，保证活性材料的电化学循环稳定性[2,3]。KCu_7S_4 具有独特的导电性能及一维刚性结构特征，既充当赝电容材料又可作为打印结构的支撑骨架。本章统筹两种材料的内在优点，制备油墨并通过直写3D打印结合化学还原法制备 rGO/KCu_7S_4 复合电极，系统研究油墨流变性能对打印工艺的影响；不同 rGO/KCu_7S_4 复合电极的微观结构形貌、物相组成及对电解液润湿性能的影响；研究组分配比、打印层数、打印结构对电极电化学性能的影响以及微型超级电容器的电化学性能，为成功实现 KCu_7S_4 经3D打印成型微型超级电容器电极进行初步技术探索。

4.1 油墨组分材料形貌结构表征

4.1.1 GO形貌结构表征

对所制备的GO进行形貌与结构表征，见图4-1。从XRD图谱［图4-1（a）］中可以发现，GO在10.6°左右显示明显的特征衍射峰，对应于（001）晶面[1]。同时，从TEM图［图4-1（b）］中也可以清楚地观察到在铜网上分布的GO薄片。几层GO薄片重叠分布并呈现褶皱状。片层平均直径为1～2 μm，这种大片尺寸对于GO的打印成型具有一定的促进作用[4]。

4.1.2 KCu_7S_4 形貌结构表征

对采用水热法制备的 KCu_7S_4 进行表征分析，具体见图4-2（书后另见彩图）。

从图4-2（a）中可以看出，所测试的衍射峰峰型尖锐，说明样品晶型

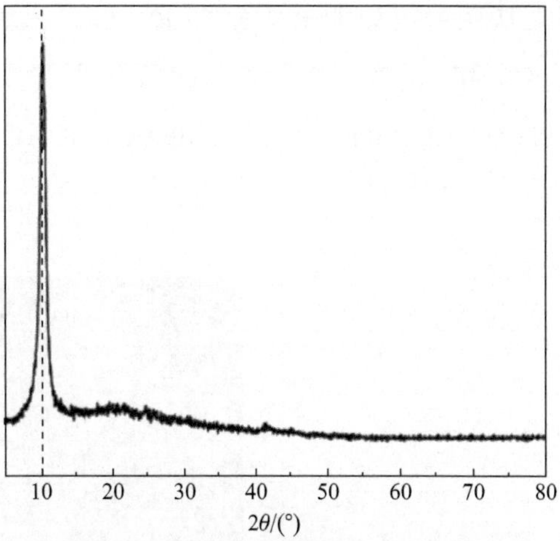

(a)XRD图

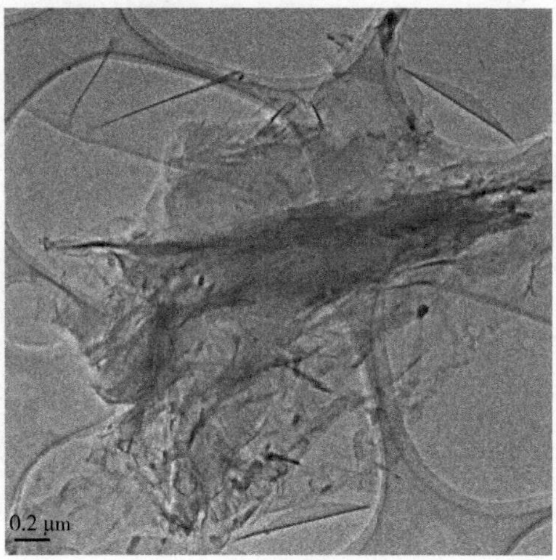

(b)TEM图

图 4-1　GO 结构表征图谱

较为规整；并且各衍射峰与 KCu_7S_4 标准图谱（No. 47-1334）中面心四方晶系保持一致，说明 KCu_7S_4 被成功制备。在图 4-2（b）中可以清晰观察到 KCu_7S_4 的一维棒状结构。表面纯净光滑，尺寸均匀，直径约为 500 nm，长度为几百微米，长径比值较大。对样品进行 mapping 扫描［见图 4-2（c）］，可以观察到 K、Cu、S 三种元素均匀分布于 KCu_7S_4 结构中。通过 EDS 计算可知 K、Cu、S 三种原子的质量分数为 8.63%、57.79%、33.58%，计算得到的对应原子比例为 1∶6.69∶3.89，与化学分子比例基本相同。对 KCu_7S_4 进行 XPS 全谱［见图 4-2（d）］和 Cu 2p 窄谱［见

图 4-2（e）］分析，从图中可以明显观察到 K、Cu、S 三种元素的轨道特征峰。其中，Cu $2p_{3/2}$ 和 Cu $2p_{1/2}$ 的结合能值分别为 932.3 eV 和 952.2 eV，表明 Cu 元素价态主要为 Cu^{+}[5]，因此可以判定 KCu_7S_4 中的 Cu 主要为 Cu^{+}。

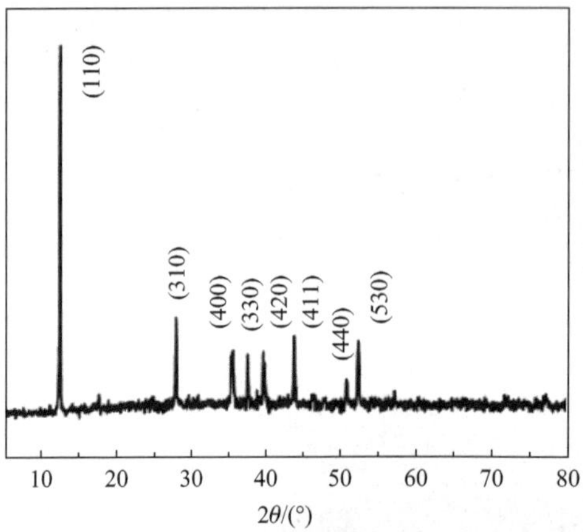

(a)XRD图谱

(b)SEM图

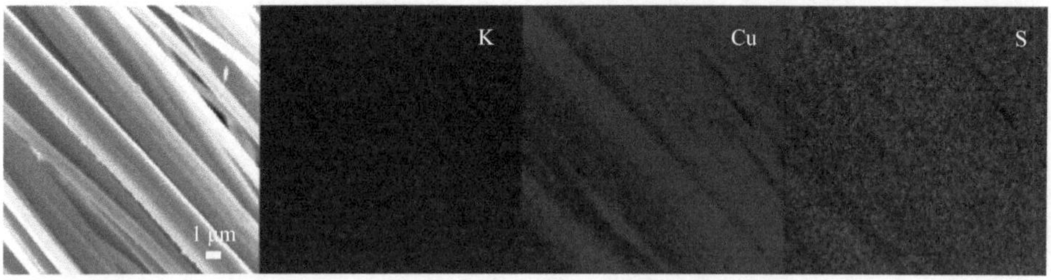

(c)EDS能谱

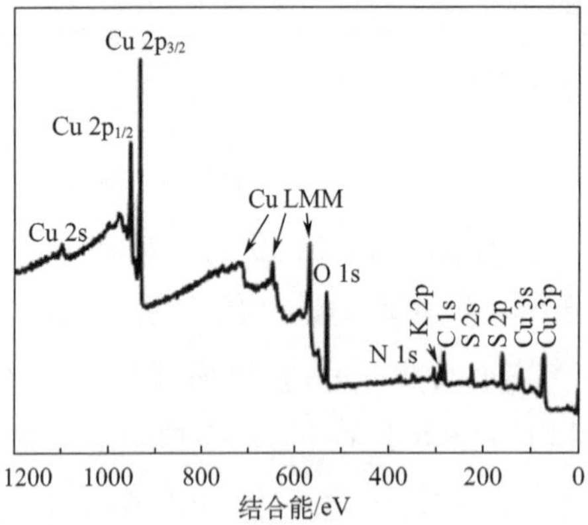

(d)XPS全谱图

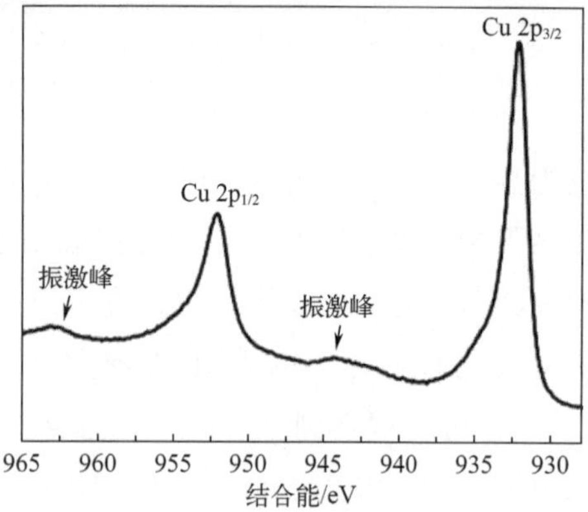

(e)Cu 2p精谱图

图 4-2　KCu_7S_4 结构表征图谱

4.2 GO/KCu_7S_4 油墨的流变性能

4.2.1 油墨组分的 Zeta 电位

为了制备满足打印所需水性油墨，组成油墨的各个组分表面在水溶液中要具有电荷性质相同的 Zeta 电位[6]。当 Zeta 电位保持相同电荷性质时，组分之间才能在溶液中保持一定的静电排斥作用，不会发生吸引、团聚等现象。因为组分一旦团聚，油墨在打印过程中便会发生固液分离，无法保证工艺的连续和稳定，从而导致打印失败。

图 4-3 为中性条件下 GO/KCu_7S_4 油墨各组分水分散液的 Zeta 电位图。从图中可以看出，GO 水分散液和 KCu_7S_4 水分散液的 Zeta 电位分别为 −47.9 mV、−36.8 mV。这说明两组分表面都带有很强的负电荷，二者在水溶液中能够独立分散，互相排斥，有利于形成 GO 和 KCu_7S_4 均匀分散的打印油墨。

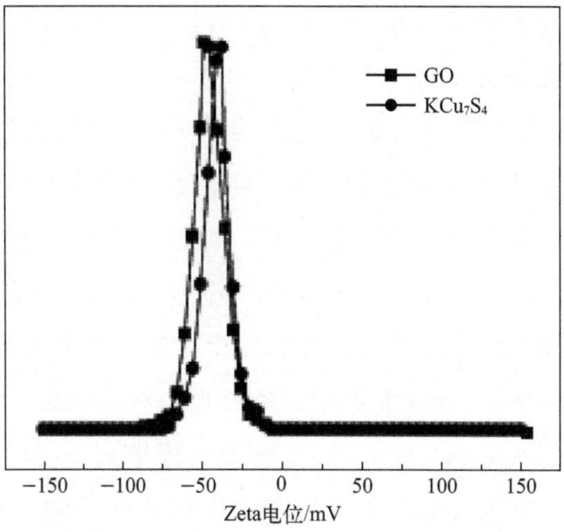

图 4-3 油墨各组分水分散液的 Zeta 电位图

4.2.2 油墨配比对流变性能的影响

GO 和 KCu_7S_4 机械混合制备一系列不同比例的 GO/KCu_7S_4 油墨，见图 4-4（书后另见彩图）。从图中可以看出，所有油墨都呈现黏膏状，具有一定的光泽度。随着 KCu_7S_4 含量的不断增加，油墨的稠度明显增加，颜色不断加深，由黄棕色逐渐变成黑棕色，光泽度稍有下降。当用药匙挖取并呈一定角度放置时，除 GO 油墨会有稍许滑动与变形外，其余添加 KCu_7S_4 的油墨均保持原始状态。观察发现，随时间延长 GO/KCu_7S_4 油墨不发生变形，说明所制备的 GO/KCu_7S_4 油墨具有良好的稳定性。

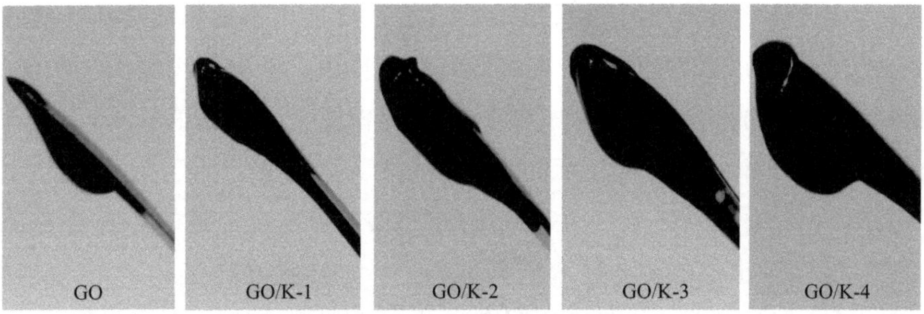

图 4-4 不同配比 GO/KCu_7S_4 油墨的照片

GO 能作为 3D 打印的常见材料，主要原因是 GO 薄片表面含有丰富的含氧官能团，表现出良好的亲水性，可以与水充分润湿并溶解。并且 GO 表面的负电荷能保证胶体之间产生巨大的排斥力，通过强 π-π 键和范德华力的协同作用避免胶体粒子聚集，产生良好的油墨稳定性和一定的黏性[7]。为保证 GO 油墨成功实现 3D 打印，其必须具有优异的流变性能。通过研究 GO 水溶液在动态和稳态剪切（即滑动变形）下的变形行为（见图 4-5，书后另见彩图），即可全面了解 GO 水分散体系的流变性能。

研究表明，GO 水分散体系的流变性能有如下几个主要特征：

① 在动态剪切应力条件下，即保持频率（ω）不变，对试样施加不断增大的应力，见图 4-5（a）。由于 π-π 键和范德华力协同作用的存在，在动态剪切达到临界应变前，GO 水溶液表现出黏弹性行为。这个区域称为线性黏弹性区域（linear viscoelastic region，LVR）。在这个区域内，储能模

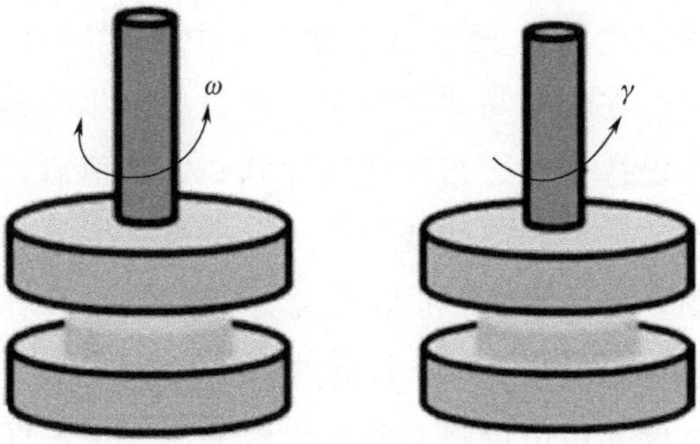

图 4-5　流变性能测量示意图

量（G'）和损耗模量（G''）的值与施加的应变无关，G' 一直大于 G''。当动态剪切达到临界应变时，氧化石墨烯薄片网络开始断裂，G' 与 G'' 开始交叉，此时表现出高度应变敏感的特性，即随着应变的增加两种模量会迅速下降，分散体系失去黏弹性特性，表现出从类固体向类液体的转变[7]。随着黏弹性 GO 网络的破裂，G'开始随着应力的增加而降低，最终穿过 G''，进入类液体区域。同时发现，分散体系浓度越高，G' 与 G'' 的交叉越容易发生。从图 4-6（b）中任一颜色的两条虚实曲线能够观察到体系随动态剪切应力的增加，G' 与 G'' 由平行到交叉最后穿越的过程。

② 在动态频率扫描条件下，GO 水分散体系的流变行为强烈依赖于自身浓度的高低。对于极低浓度的 GO 水溶液，分散体系表现出典型的流体特征，即 GO 颗粒之间不相互作用，两种模量随频率的增加而增加。在中等浓度条件下，分散体系表现出介于类流体和类凝胶之间的行为反应，即在低频范围内，G' 和 G'' 与频率无关，G' 大于 G''，对应于 GO 典型的弹性类固体行为。但在较高频率范围内，G'和 G'' 又会随着频率增大而急剧增大，比较依赖于频率变化，表明 GO 结构的破裂和进入类似液体的行为状态。当浓度超过 1.23%（体积分数）时，分散体系表现出典型的凝胶状态，即 G' 和 G'' 在所有频率范围内都与频率无关，G' 和 G'' 均表现为一条较为平直稳定的直线。图 4-6（c）中 GO 油墨的两条模量点线表明，G' 和 G'' 随着动态频率的变化，G' 基本大于 G''，体现出明显的凝胶状态。

③ 在稳态剪切条件下，即对试样不断施加剪切速率（γ），测试其黏度的变化，见图 4-5（b）。曲线可以帮助人们更好地理解分散在液体介质

中的材料如何在剪切作用下定向排列。研究发现，在稳定剪切条件下，氧化石墨烯水溶液随浓度变化表现出牛顿或非牛顿流体行为。在低浓度时，分散体系的表观黏度在低和高剪切速率下均表现出牛顿行为，即黏度随剪切速率的变化基本保持不变。当浓度增加到一定数值后，分散体系表现出典型的非牛顿流体特征，即剪切变薄行为，表观黏度随着剪切速率的增加而迅速下降［见图 4-6（a）GO 油墨曲线］。

总之，GO 水溶液的浓度对于其流变性能的影响至关重要。根据动态剪切行为，按照浓度大小可以将 GO 水溶液分成四种不同形式：一是黏弹性液体；二是从黏弹性液体到黏弹性软固体的过渡状态；三是黏弹性软固体（在屈服应力以下表现为固体，超过屈服应力后发生流动行为）；四是黏弹性凝胶。其中，只有 GO 浓度达到黏弹性软固体或者凝胶状态，才能保证实现 3D 打印顺利挤出。通过诸多学者的实验研究发现，当 GO 水溶液的浓度达到 13 mg/mL 以上，即可达到凝胶状态，直写 3D 打印能连续实施[8]。综合考虑，我们确定 GO 水溶液浓度为 20 mg/mL，这样既能满足 GO 油墨的单独打印需求，也能为 KCu_7S_4 的制备留出一定的操作空间。

图 4-6 揭示了不同 GO/KCu_7S_4 油墨的流变性能曲线、打印结构内部定向排列的示意图以及打印结构的照片。从图中可以发现，在稳态剪切条件下［见图 4-6（a）］，当剪切速率从 0.01 s^{-1} 增加到 100 s^{-1} 时，所有 GO/KCu_7S_4 油墨的表观黏度均表现出下降的趋势，说明在整个剪切速率区间内所有油墨均呈现剪切稀化的特性，均属于典型的非牛顿流体，说明这些油墨都能满足直写 3D 打印工艺的需求。当油墨处于针管中时，随着所施加的挤出压力的不断增大，油墨的表观黏度逐渐变小，流动性增强，才能保证从针头中顺利挤出。一旦油墨离开针头，施加压力消失，油墨的黏度立即恢复静态数值，打印线条能够固化保持形状。图 4-6（f）的打印结构照片即揭示了这一观点（书后另见彩图）。当加压挤出时，油墨连续流出，一旦离开针头，打印线条就在玻璃基板上沿设计路线固化并层层堆积产生三维结构。由于油墨具有高黏度，当把玻璃板沿烧杯以一定角度竖立时，三维结构依然保持原有形状，线条和结构均不会发生变形。并且观察发现，在同一剪切速率下，各油墨的表观黏度基本随着 KCu_7S_4 比例的增加而增大。当 KCu_7S_4 配比达到 40％时，GO/K-4 的表观黏度明显要大

于其余油墨，达到数量级增长。图 4-6（d）左侧纵坐标显示各油墨的静态表观黏度（指在静止状态，即未施加剪切速率时）的大小。随着 KCu_7S_4 比例的增加，油墨的静态表观黏度逐渐增加，达到一定值后逐渐降低。

在受到动态剪切应力作用时［见图 4-6（b）］，各 GO/KCu_7S_4 油墨均存在 LVR 区，G' 大于 G''。当达到某一临界应力时，G'' 会反超 G'，各油墨均表现出弹性向黏性的转变，这也符合 3D 挤出打印的工艺要求[8]。但观察发现，加入 KCu_7S_4 后，油墨的线性黏弹性区相对 GO 基本保持不变，说明 KCu_7S_4 的加入不会降低油墨的黏弹性。并且在 LVR 范围内，除 GO/K-1 外，随着 KCu_7S_4 的比例增加，各油墨的 G' 和 G'' 均保持增大的趋势，这与图 4-6（a）所示的黏度变化趋势保持一致。G' 与 G'' 的交叉点即对应挤出时各油墨的最小压力点［见图 4-6（d）右侧纵坐标］，可以发现随着 KCu_7S_4 比例增加，油墨的最小挤出压力逐渐增加，达到一定值后逐渐降低。

由动态频率扫描曲线［见图 4-6（c）］可知，在整个频率变化区间内，GO/K-1 与 GO/K-2 油墨的 G' 和 G'' 基本与 GO 相当，甚至在部分低频区间，GO/K-1 的两种模量数值会低于 GO。这可能是配料过程中有部分物料发生团聚。随着 KCu_7S_4 配比增加，GO/K-3 和 GO/K-4 的两种模量数值会明显高于 GO。但从整个角频率变化范围观察，所有油墨的储能模量 G' 均基本大于损耗模量 G''，说明五种油墨在各种体系中均表现出良好的分散稳定性，呈现典型的凝胶态。

具有良好分散稳定性的油墨在打印过程中能保证连续均匀挤出，不会发生堵塞、时断时续的状况，为三维结构的连续堆积创造条件，保证结构的力学性能，为后期的还原处理等奠定良好基础。综合比较，GO/K-4 虽表观黏度、模量等数值最大，流变性能表现最佳，但在实际直写 3D 打印过程中油墨较为黏稠，工艺操作较为困难，如打印压力较大且难以调控、油墨制备难度较大等。综合分析，当 KCu_7S_4 含量为 30% 时，油墨 GO/K-3 的流变性能与实际打印工艺表现均最佳。

从 GO 定向排列的角度分析，人们认为其黏度不断降低的原因是，随着剪切速率的增加，GO 分散体系由一种高的絮凝体系逐渐破碎成更小的絮凝体，最终（在足够高的剪切速率下）演变成完全分散的氧化石墨烯薄片，见图 4-7。

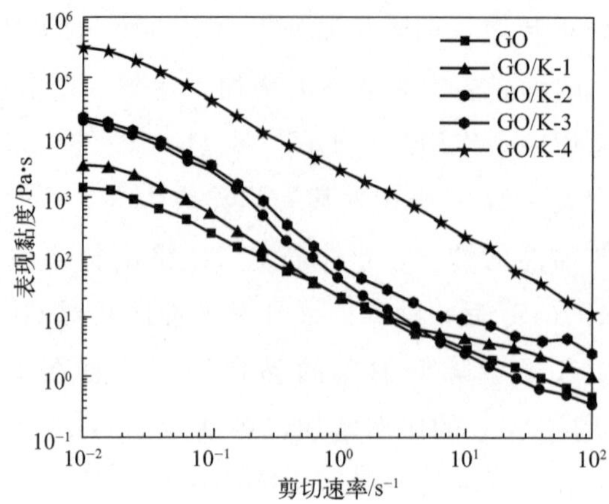

(a)表观黏度变化规律

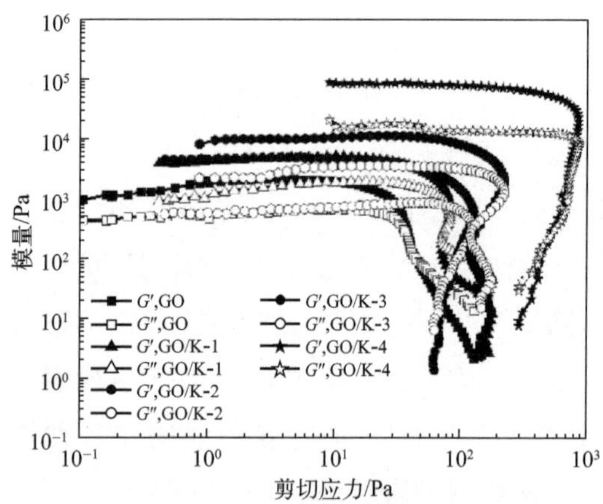

(b) 储能模量(G')和损耗模量(G'')随剪切应力的变化曲线

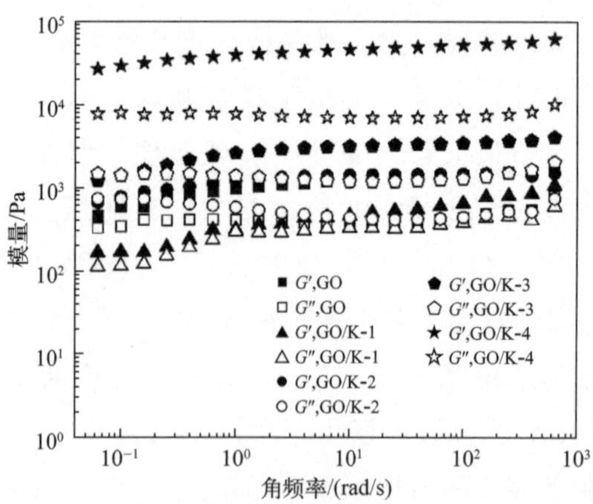

(c) 储能模量(G')和损耗模量(G'')随角频率的变化曲线

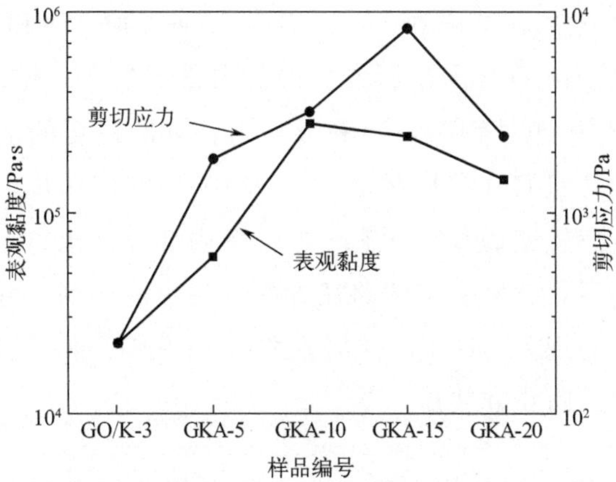

(d)静态表观黏度与临界剪切应力

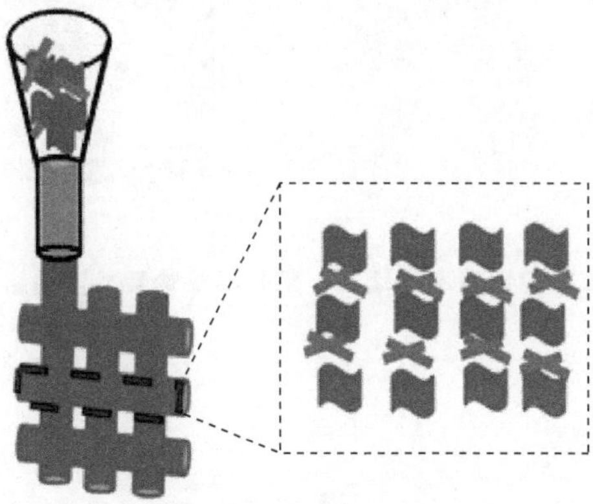
(e)打印结构内部定向排列示意图

(f)打印结构的照片

图 4-6　GO/KCu_7S_4 油墨流变性能曲线、打印结构内部定向排列示意图及打印结构的照片

在打印过程中，GO薄片会在剪切稀化时，沿作用力方向（即挤出方向）流动并同时发生定向排列[8]。结合此流动规律，可以分析得出GO/KCu_7S_4油墨在直写3D打印中所发生的定向排列过程，见图4-6（e）（书后另见彩图）。在打印过程中，当混合均匀、分散稳定的油墨受到挤压作用时，油墨中的片状GO和棒状KCu_7S_4均发生剪切作用，片状和棒状材料由混乱的絮凝态转变成零散状态，在针头内部随挤出方向发生偏转。油墨离开针头喷嘴后，就沿着打印路径方向发生定向排列，并且片与棒之间会保持互相堆垛的现象，GO片会覆盖在KCu_7S_4表面，同时棒状KCu_7S_4则分隔GO片层，防止其团聚。

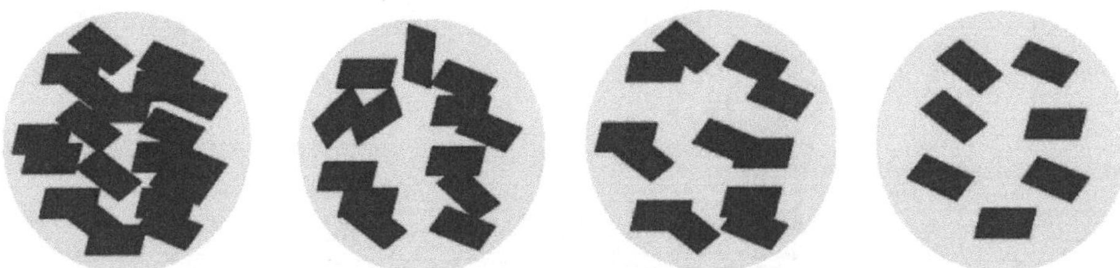

图4-7　随着剪切速率的增加，氧化石墨烯絮凝体网络变化示意图

4.3 3D打印rGO/KCu_7S_4复合电极的结构及其对润湿性能的影响

4.3.1　形貌结构表征

3D打印结合化学还原制备的rGO/KCu_7S_4复合电极实物见图4-8（书后另见彩图）。从图中可以看到，3D打印的rGO/KCu_7S_4复合电极结构非常规整，线条分布流畅均匀，上下层之间孔洞分明。电极均未发生严重尺寸变形，且可轻易在花朵上放置。

图 4-8　各 rGO/KCu_7S_4 复合电极的实物照片

首先，对单纯 GO 油墨的打印结构进行 SEM 扫描分析，见图 4-9。从图 4-9（a）可以清晰地观察到 GO 表面特有的金黄色光泽（书后另见彩图）。GO 油墨具有优异的流变特征，打印线条连续光滑，上下层表现出明显的经纬交汇。经化学还原后，rGO 结构［见图 4-9（b）～（d）］经纬

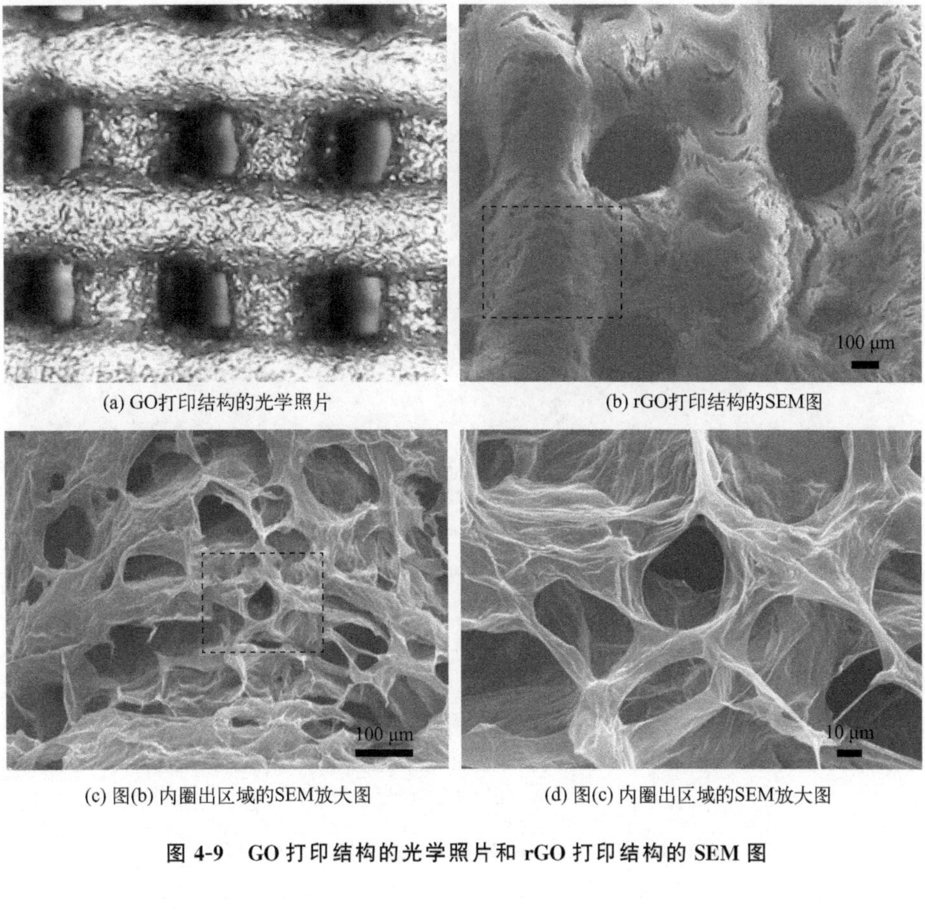

(a) GO打印结构的光学照片　(b) rGO打印结构的SEM图

(c) 图(b) 内圈出区域的SEM放大图　(d) 图(c) 内圈出区域的SEM放大图

图 4-9　GO 打印结构的光学照片和 rGO 打印结构的 SEM 图

线依然保持稳定，但线条表面产生明显的孔洞结构。随着扫描倍数的增大，在线条表面可观察到清晰的分级多孔结构，呈现连通贯穿状态；rGO片层轻薄且互相交错搭接。这种结构有利于电解液在内部的穿梭，可提高导电速率。

同时，对3D打印rGO/KCu_7S_4复合电极进行SEM扫描分析，见图4-10。在低扫描倍数（400 μm）下，从每组电极的顶部向下观察，经纬线上下交错排列整齐，中间孔洞清晰可见。同时发现每组电极的线条宽度

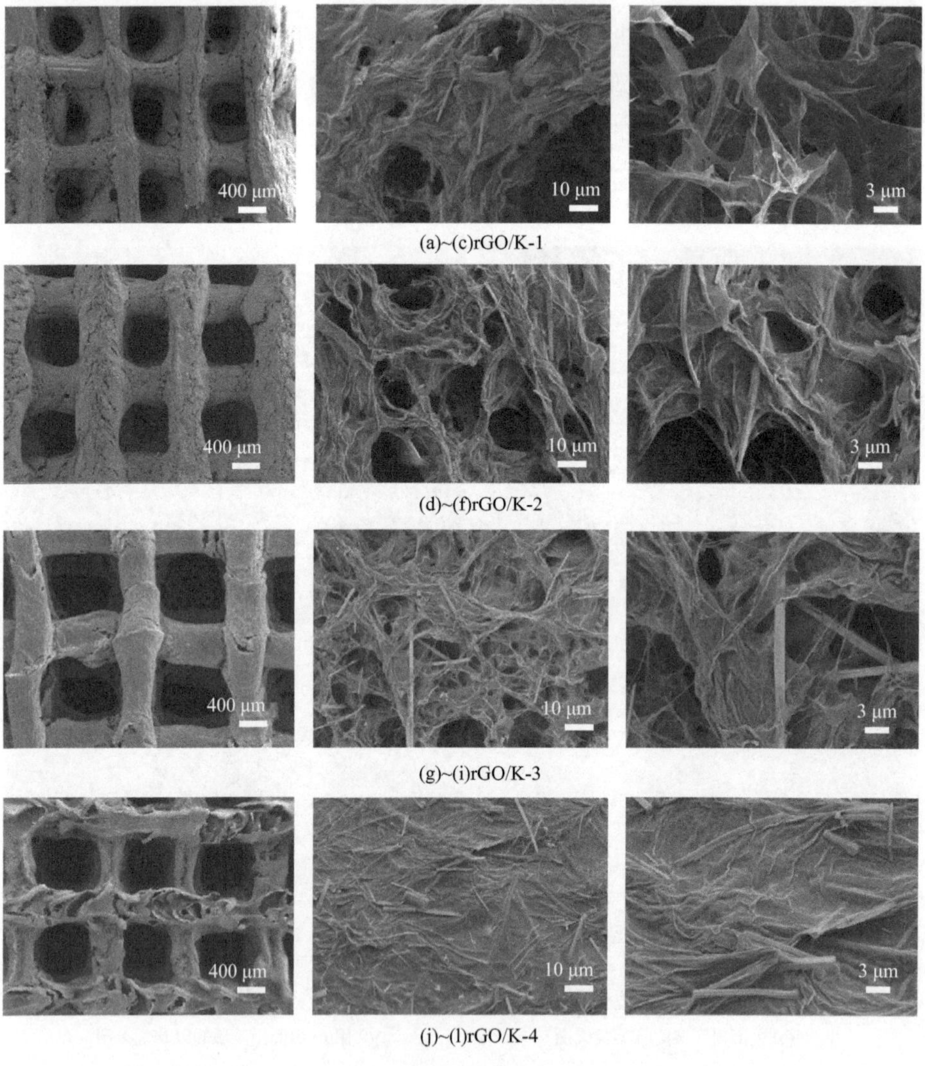

(a)~(c)rGO/K-1

(d)~(f)rGO/K-2

(g)~(i)rGO/K-3

(j)~(l)rGO/K-4

图4-10 rGO/KCu_7S_4电极不同放大倍数的SEM图

均比打印针头内径（410 μm）略大，这是黏性物质挤压喷射形成线条的典型特征[9]。每组打印电极的线条都呈现出随针头移动方向的挤出痕迹（尖状平行裂痕），其中 rGO/K-4 尤为明显，线条表面裂痕较宽大，与其黏稠度急剧增加有很大关系（见图 4-6 流变性能曲线）。四组样品中 rGO/K-3 的线条表面虽存在竹节状形貌，但整体相对较为光滑，说明该比例对应油墨比较适宜挤出打印，从前期流变性能也得以证实。随着扫描倍数增大，可以看到 rGO 薄片与 KCu_7S_4 交错布置，rGO 薄片覆盖 KCu_7S_4，体现出油墨挤压产生的定向排列特征［见图 4-6（e）］。同时，随着 KCu_7S_4 比例的不断增加，孔洞分级更为明显，分级结构更加丰富。其中 rGO/K-3 的梯级孔洞结构最为明显。但 rGO/K-4 中孔洞结构有所下降，分析有两个原因：一是该电极对应油墨黏稠度急剧增大［见图 4-6（a）］，挤出过程中需要的较大气压会使油墨发生黏聚，内部水分被挤出，导致孔洞减少；二是 KCu_7S_4 自重较大，导致 KCu_7S_4 与 GO 在结构中堆积程度加剧，导致孔洞减少。

为进一步了解 rGO/K-3 电极的结构，单独对其进行 SEM 和 TEM 表征分析，见图 4-11（书后另见彩图）。图 4-11（a）显示 rGO/K-3 电极 4、6、8 层的侧面和顶部光学照片，可以看到三种结构均非常规整。从图 4-11（b）TEM 图像中可清晰看到棒状 KCu_7S_4 被褶皱状的 rGO 薄片包覆，这种还原氧化石墨烯薄片的褶皱形状是化学还原的典型特征[7]。图 4-11（c）也反映出大面积的包覆行为。长短不一的 KCu_7S_4 交错排布，被 rGO 薄片覆盖。对其进行 mapping 扫描［见图 4-11（d）］，可以看出 C、

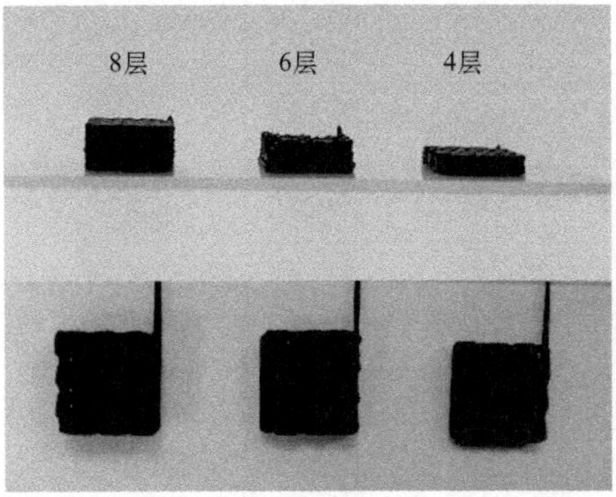

(a)rGO/K-3不同层数实物照片

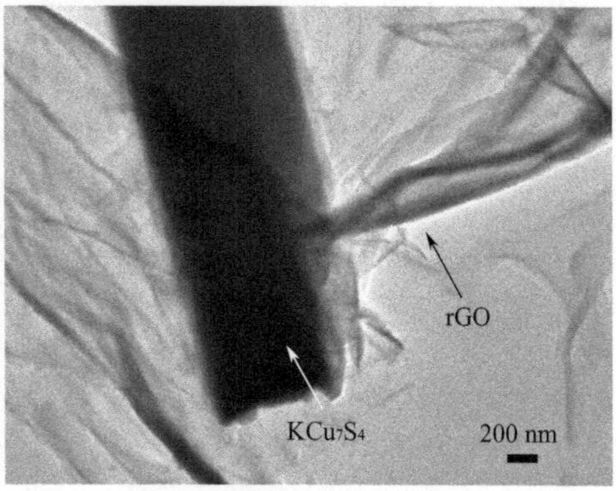

(b)rGO/K-3的TEM图

图 4-11

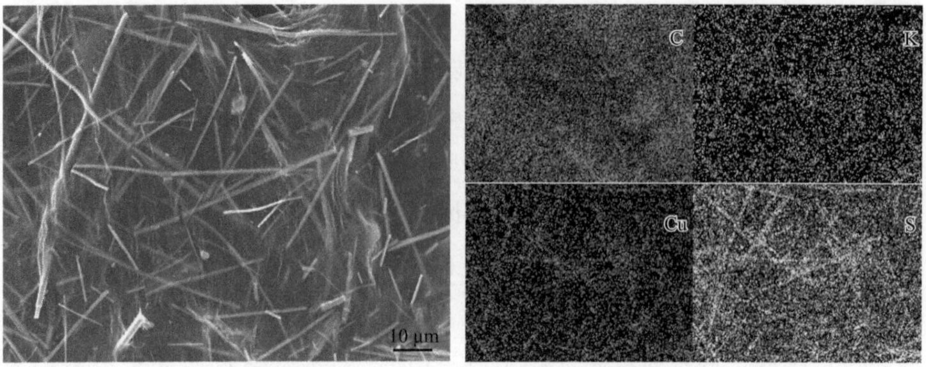

(c)rGO/K-3的SEM图　　(d)与图(c)对应的EDS能谱图

图 4-11　rGO/K-3 的结构表征

K、Cu、S 元素均匀分布在电极结构中。通过采集计算可知 K、Cu、S 三种原子的质量分数为 8.26%、58%、33.74%，对应的原子比例为 1∶7.02∶4.08，基本满足 1∶7∶4 的关系，证实棒状结构为 KCu_7S_4 无误，还原过程对结构不产生损坏。

4.3.2　物相分析

4.3.2.1　XRD 表征分析

对各复合电极的晶体结构进行 XRD 表征分析，见图 4-12。从图中可

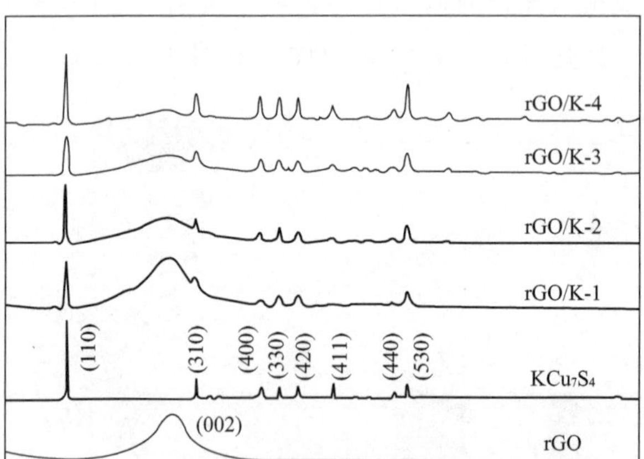

图 4-12　各样品和电极的 XRD 图谱

以看出，经水合肼还原后，所有电极中均未出现 GO 的特征峰（对照图 4-1），说明 GO 已彻底被还原成 rGO。同时发现还原后 KCu_7S_4 衍射峰形状清晰，位置未发生变化，表明还原过程中 KCu_7S_4 结构未受到破坏。这说明简便化学还原法便可达到制备该复合电极的目的。

4.3.2.2 拉曼光谱表征分析

以 KCu_7S_4 质量分数为 30% 的电极为例，对还原前后样品进行拉曼光谱表征分析，具体见图 4-13。

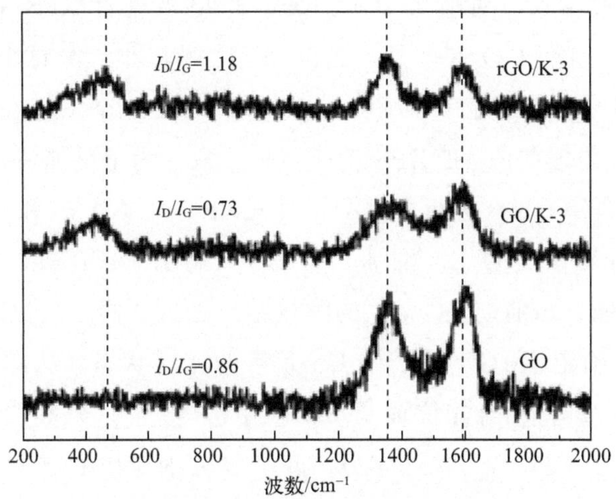

图 4-13 还原前后打印电极的拉曼图谱

在三个样品的拉曼图谱中，在 1350 cm^{-1} 和 1580 cm^{-1} 处出现的两个宽峰分别为石墨烯的 D 峰和 G 峰。其中，D 峰源于结构中的碳缺陷和不规则排布引起的振动，主要表征结构缺陷或部分无规的石墨区域；而 G 峰对应的是石墨化碳，代表石墨的有序排列。人们通过 D 峰与 G 峰的相对强度比（I_D/I_G）表征石墨烯结构的缺陷和无序程度[10]。GO 样品对应的 I_D/I_G 值为 0.86，即 D 峰相比 G 峰的强度比较弱，表明 GO 中原子的有序性较高。这与 GO 对应 XRD 特征尖峰结果对应。同时，两个峰的宽度都较大，这是 Hummers 法高温制备 GO 的典型特征[1]。当加入 KCu_7S_4 后，GO/K-3 的 I_D/I_G 值为 0.73，略有下降。并且 D 峰和 G 峰的宽度也明显增大，这与配料过程中 GO 进一步吸水和搅拌振动有关。有序度的增加也与 3D 挤出过程的定向排列有关。经还原后，rGO/K-3 的 I_D/I_G 值升为 1.18，说

明样品中 sp^3 C 原子比 sp^2 C 原子多，表面缺陷增加，这与前期还原氧化石墨烯的很多研究结论一致[7]。由于 Cu-S 的晶格振动，在 470 cm^{-1} 处均出现一条较宽的谱带[11,12]，且还原后位置没有变化，进一步表明 KCu_7S_4 的结构在还原后没有发生变化，与前述 XRD 表征结果一致。

4.3.2.3 XPS 表征分析

对电极进行 XPS 表征分析，以便分析相应电极的化学组成变化，见图 4-14（书后另见彩图）。图 4-14（a）中，GO 经还原后，O1s 峰值明显下降，C/O 比明显增大。对所有 rGO/KCu_7S_4 电极进行 XPS 全谱分析［见图 4-14（b）］，除 rGO/K-1 外（KCu_7S_4 比例较小，测试曲线不明显），均可以观察到 Cu 2p 的显著特征峰。Cu $2p_{3/2}$ 和 Cu $2p_{1/2}$ 峰在 932.3 eV 和 952.2 eV 处，与之前图 4-2 XPS 表征结果一致。为了更加清晰地观察峰值特征，单独对 rGO/K-3 进行全谱测量［见图 4-14（c）］和 Cu 2p 的精确峰测量［见图 4-14（d）］。图 4-14（c）中显示了 Cu 3p、Cu 3s、S2p、S2s 峰的结合能，与前期 KCu_7S_4 的测量结果一致。同时通过对 Cu 2p 峰进行分峰拟合，确定了 rGO/K-3 中 Cu 元素的化学状态。从图 4-14（d）观察发现两个 Cu $2p_{3/2}$ 结合能位置（932.3 eV、933.4 eV）和两个 Cu $2p_{1/2}$ 结合能位置（952.3 eV 和 954.1 eV），两个峰分别对应 Cu^+ 和 Cu^{2+}[12]。分析 Cu 元素化学状态的部分变化原因，可能在油墨制备过程中，KCu_7S_4（自身具有部分晶体空位缺陷）与 GO 发生部分电荷作用，经过化学还原后，Cu 价态发生变化，但对于 KCu_7S_4 的整体结构未产生实质性的影响。

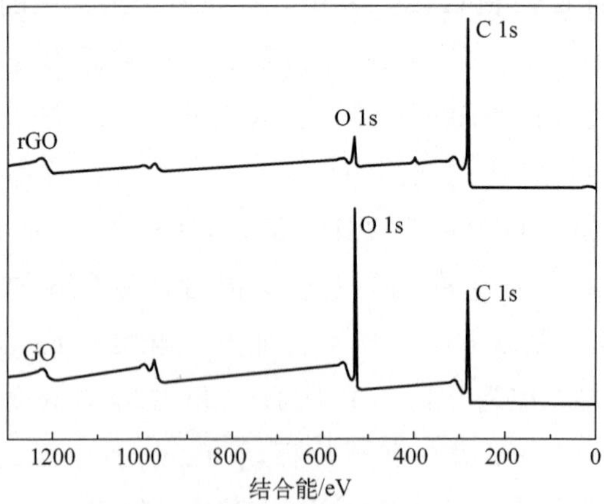

(a) GO和rGO的全谱图

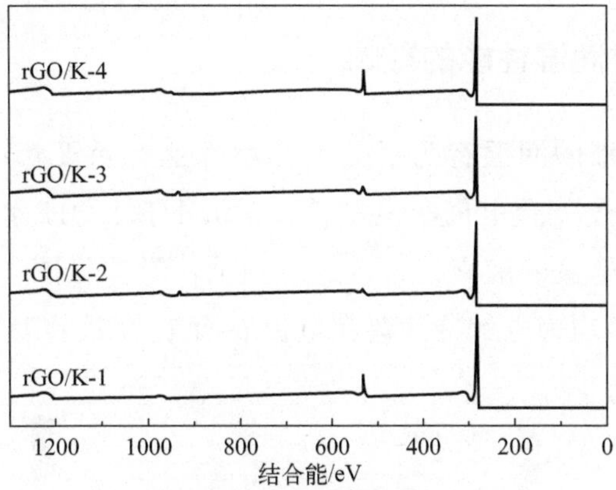

(b)不同电极的全谱图

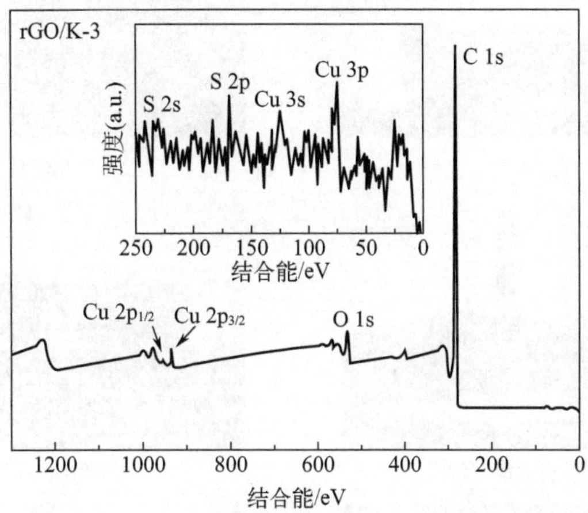

(c) rGO/K-3全谱图

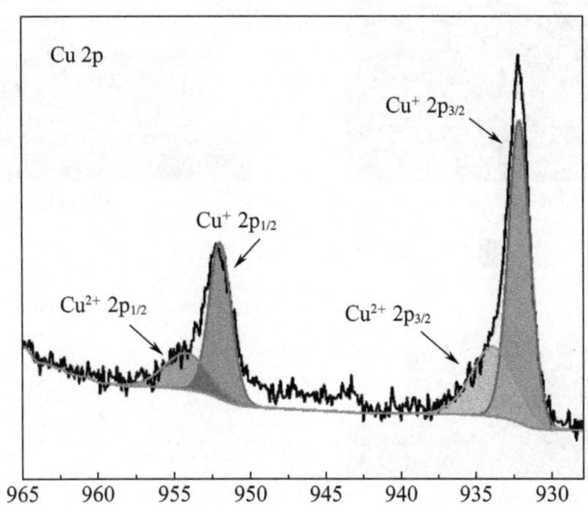

(d)rGO/K-3中的Cu 2p精谱图

图 4-14 复合电极的 XPS 图谱

4.3.3 结构对润湿性能的影响

电极与电解液的润湿行为对其电化学性能有重要影响。为了研究 3D 打印 rGO/KCu_7S_4 复合电极与电解液（3 mol/L KOH 水溶液）的润湿性能，对电解液与电极的液固接触角进行测试，具体见图 4-15（书后另见彩图）。所测接触角均为电解液滴落在电极表面 10 s 时的瞬时接触角。

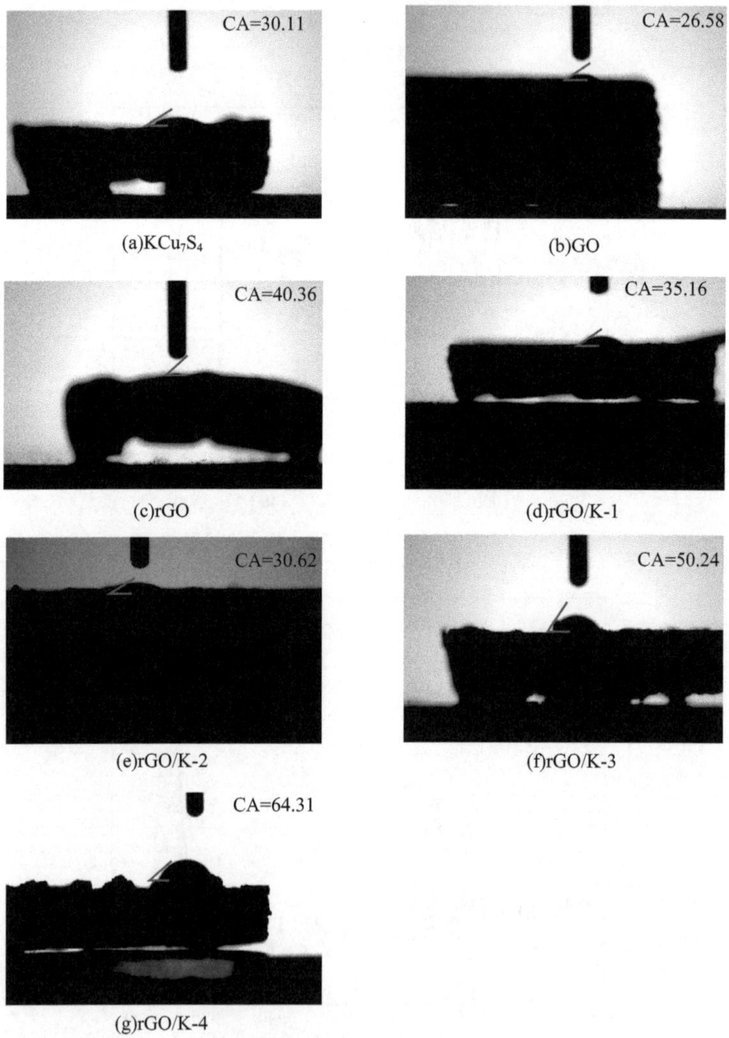

图 4-15　各组分材料与复合电极的接触角测试图

从图中可以看出，所有复合电极接触角均小于 90°，说明电极与 KOH 电解液均具有良好的润湿行为，这对电极导电性有促进作用。但观察发现，随着 KCu_7S_4 比例的不断增加，接触角越来越大，润湿性能相对下降。这与电极表面结构有关系，随着 KCu_7S_4 的增多，“线—面”定向排列导致表面结构粗糙程度增加，这些粗糙的结构能够在电解液与电极之间形成一层很薄的空气膜，阻碍二者的直接接触，润湿性呈现下降趋势。同时发现，KCu_7S_4 对 KOH 溶液具有良好的润湿性，接触角为 30.11°。GO 因其特殊的亲水官能团结构，表现出优异的润湿性能，接触角最小，为 26.58°。

4.4 3D 打印 rGO/KCu_7S_4 复合电极的电化学性能

对不同 KCu_7S_4 配比、电极层数等对 3D 打印 rGO/KCu_7S_4 复合电极电化学性能的影响进行系统研究。首先，对每个复合电极的质量、尺寸等进行测量，测量三次取平均值，其中每个电极的长与宽均归为 1 cm × 1 cm，其余数值见表 4-1。

表 4-1 打印电极的质量、尺寸数值

样品名-层数	厚度/cm	质量/g	样品名-层数	厚度/cm	质量/g
rGO-4	0.190	0.0033	rGO/K-2-8	0.452	0.0091
rGO-6	0.280	0.0045	rGO/K-3-4	0.210	0.0046
rGO-8	0.370	0.0062	rGO/K-3-6	0.266	0.0054
rGO/K-1-4	0.246	0.0039	rGO/K-3-8	0.380	0.0094
rGO/K-1-6	0.330	0.0076	rGO/K-4-4	0.150	0.0051
rGO/K-1-8	0.350	0.0095	rGO/K-4-6	0.240	0.0062
rGO/K-2-4	0.210	0.0032	rGO/K-4-8	0.350	0.0092
rGO/K-2-6	0.300	0.0049			

4.4.1 循环伏安特性

图 4-16 为不同 3D 打印 rGO/KCu_7S_4 复合电极在三电极体系测试下的 CV 曲线图。从图 4-16（a）中可以看出，扫描速率为 5 mV/s 时，rGO 的 CV 曲线近似呈矩形，表现出典型的双电层电容特性[13]。当加入 KCu_7S_4 后，rGO/KCu_7S_4 电极出现氧化还原峰，这是 KCu_7S_4 典型的可逆赝电容反应[12]。图中的 A/A_1 和 B/B_1 峰显示了 Cu^+、Cu^{2+} 和 Cu^{3+} 的转变。随着电极层数和扫描速率的增加［见图 4-16（b）］，8 层 rGO 的 CV 曲线依然呈矩形，但 rGO/KCu_7S_4 电极的 CV 曲线发生扭曲，未出现氧化还原峰。主要有几方面原因：一是还原氧化石墨烯的导电性由于自身缺陷而受到限

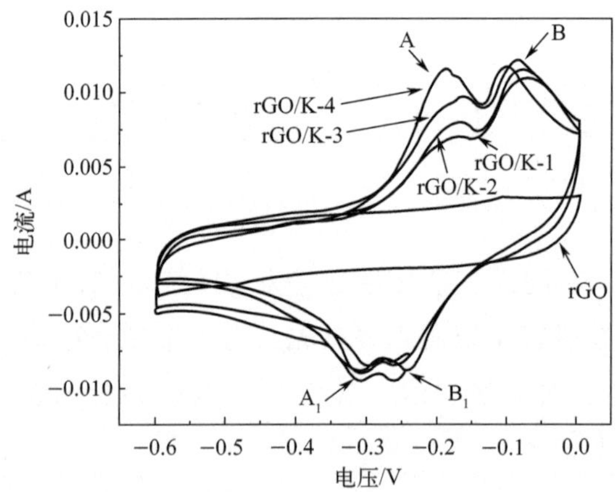

(a)4层电极5 mV/s时的CV曲线

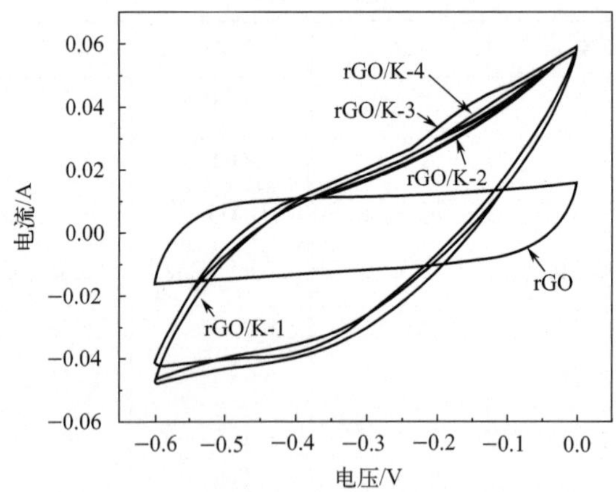

(b)8层电极50 mV/s时的CV曲线

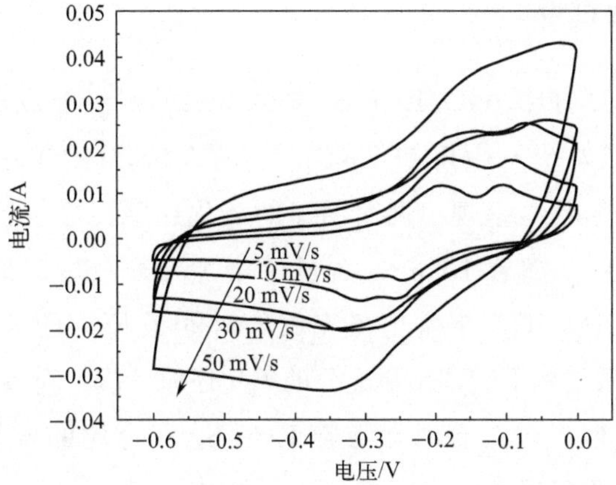

(c)4层rGO/K-3电极在不同扫描速率下的CV曲线

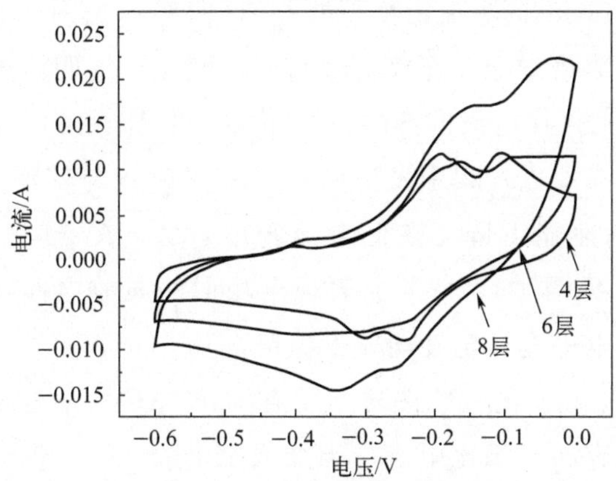

(d)不同层数rGO/K-3在5mV/s时的CV曲线

图 4-16　复合电极的 CV 曲线图

制；二是 KCu_7S_4 表面包覆 rGO，随着扫描速率的增加，没有足够的时间进行反应，因此没有产生明显的氧化还原电流；三是随着层数的增加，电极厚度明显增加，内部电解液供应不足。以 4 层 rGO/K-3 电极为例，研究了不同扫描速率下的 CV 曲线，也可以观察到这一规律［见图 4-16（c）］。研究不同层数的 rGO/K-3 在同一扫描速率（5 mV/s）下的 CV 曲线［见图 4-16（d）］，可以发现随着电极层数的增加，曲线闭合范围不断增大，电容不断增加；氧化还原峰逐渐减弱。

4.4.2 充放电性能

图 4-17 为 3D 打印 rGO/KCu_7S_4 复合电极的恒流充放电曲线与计算比电容值。从图 4-17（a）中可知，KCu_7S_4 加入后，GCD 曲线偏离 rGO 理想的对称三角形形状，呈现出两对明显的氧化还原反应平台，与图 4-16 中的 CV 曲线相对应。随着 KCu_7S_4 含量的增加，充放电时间呈现先增大后减小的趋势。其中，rGO/K-3 电极充放电时间最长，且平台表现最明显，说明该电极在 4 层结构下表现出最充分的氧化还原反应，充放电性能最好。

当电流密度为 0.5 A/g 时，随着 KCu_7S_4 配合比的增加，8 层结构的 rGO/KCu_7S_4 电极充放电变化规律与 4 层结构一致［见图 4-17（b）］。观察 rGO/K-3 电极在不同电流密度下的 GCD 曲线［见图 4-17（c）］发现，随着电流密度的成倍增加，充放电时间下降明显，说明该电极的倍率性能较弱。这与 KCu_7S_4 在电极内部的位置相关（见图 4-10）。部分 KCu_7S_4 裸露在孔洞中，在充放电过程中发生相变，而 rGO 未与其覆盖接触起到延缓作用，导致倍率性能下降。在低电流密度（0.5 A/g）下，不同层数的 rGO/K-3 电极［见图 4-17（d）］表现出相似的充放电曲线规律。这说明随着层数变化，电极充放电性能较为稳定。

图 4-17（e）、（f）的柱状图显示了各 rGO/KCu_7S_4 复合电极的质量比电容、面积比电容和体积比电容。当加入 KCu_7S_4 后，各电极的比电容数值比 rGO 明显增大，说明 KCu_7S_4 的加入对于电极电容的增加具有促进作用。并且，不同复合电极的三种比电容数值均随着层数的增加而增加。当电流密度为 0.5 A/g 时，rGO/K-3 的质量比电容值最大，4 层电极可达 737.9 F/g，相应 8 层电极为 815.8 F/g。8 层 rGO/K-3 的面积比电容和体积比电容分别达到 7.3 F/cm^2 和 27.7 F/cm^3。随着 KCu_7S_4 比例的增加，三种比电容值总体呈上升趋势。但 rGO/K-4 的比电容值却低于 rGO/K-3，这可能与 rGO/K-4 的结构有关。从图 4-10 中可以看出，rGO/K-4 的孔结构不丰富，电解液离子穿梭阻碍增大，反应不充分，可能是其比电容值下降的主要原因。同时发现，在相同 KCu_7S_4 比例下，电极质量比电容值随着层数的增加而增大，但不是成倍增加，因为电极的内阻随着厚度的增加而增加，这与很多 3D 打印电容器电极的研究结果相似[14]。

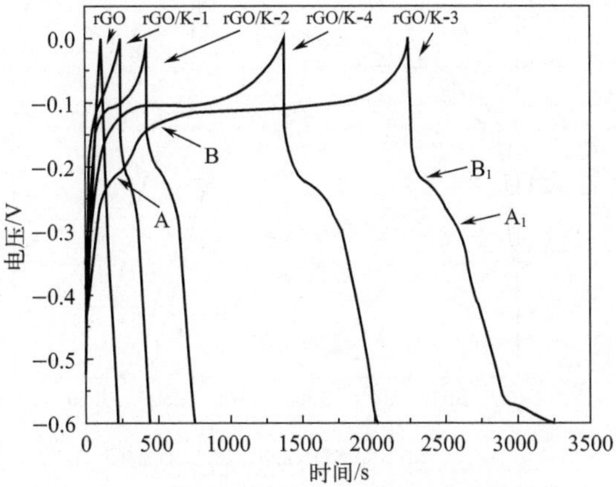

(a)4层电极在0.5 A/g时的GCD曲线

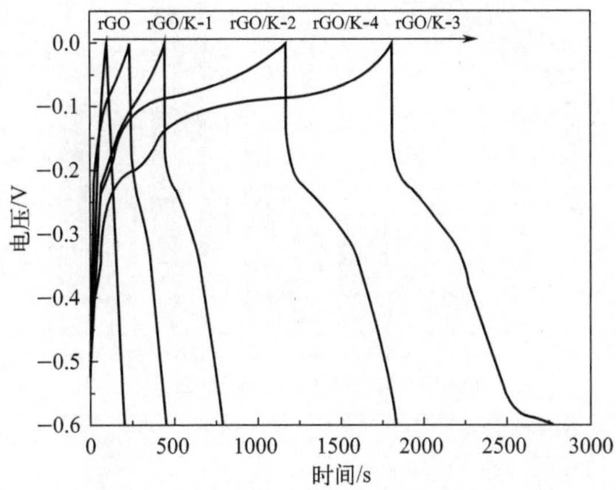

(b)8层电极在0.5 A/g时的GCD曲线

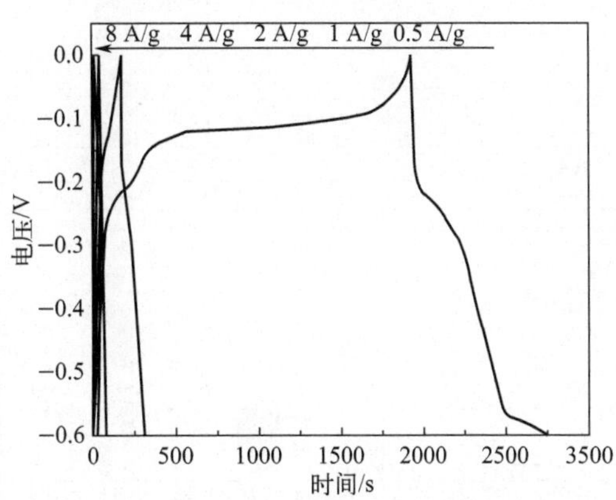

(c)4层rGO/K-3电极的GCD曲线

图 4-17

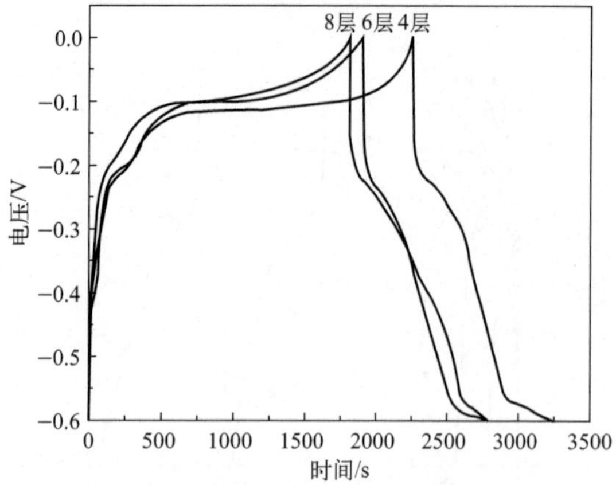

(d)不同层数rGO/K-3的GCD曲线

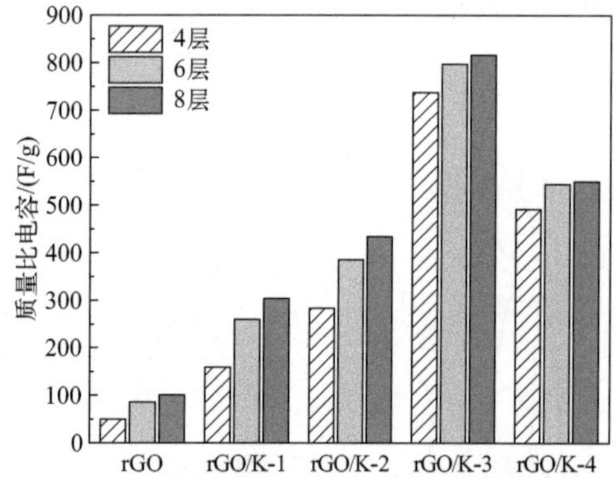

(e)不同层数电极在0.5 A/g时的质量比电容

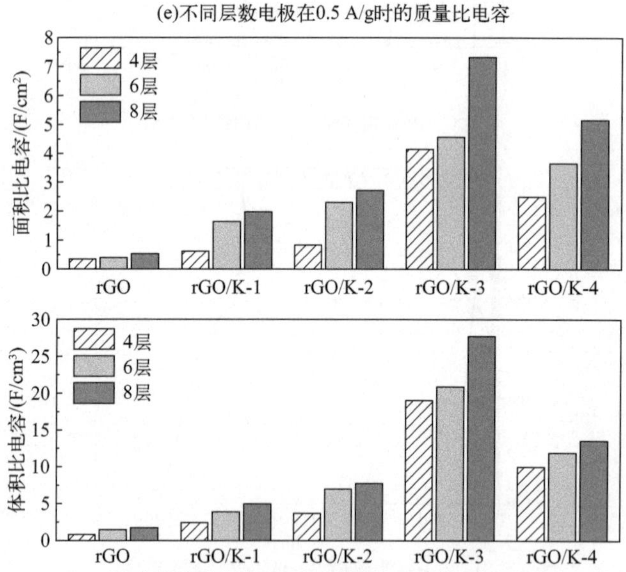

(f)不同层数电极在0.5 A/g时的面积比电容、体积比电容

图 4-17　复合电极的 GCD 曲线和比电容

4.4.3 交流阻抗特性

交流阻抗（EIS）是现阶段研究电极电化学行为的一个重要实验手段。通过阻抗谱图，人们可以获取关于电极的动力学信息及界面结构信息，从而从根本上了解所研究电极的结构与性能之间的关系。图 4-18 为 rGO/KCu_7S_4 复合电极的部分 EIS 曲线及相应等效电路图和模拟的元件阻抗数值。

从图 4-18（a）和图 4-18（b）中可以看出，每条 Nyquist 曲线由三部分组成，半圆代表高频部分，斜线代表低频部分，中间是 Warburg 型部分。其中，半圆主要受电荷转移过程控制。半圆与实轴之间的截距表示等效串联电阻（ESR），包含材料的内阻、电极与电解质之间的接触电阻以及赝电容材料表面的法拉第过程。半圆直径反映了电荷的迁移阻抗。直径越小，阻抗越低。Warburg 型线的宽度反映了多孔材料的孔隙结构特征。Warburg 型区域越窄，孔隙结构越丰富。斜线反映了离子在电极表面迁移时的扩散阻抗。曲线斜率越大，表明扩散速率越快，电化学电容越高[15]。

rGO 电极的 ESR 低于其他 rGO/KCu_7S_4 电极，这与 KCu_7S_4 表面的法拉第过程有关，氧化还原反应会增大等效串联电阻［见图 4-18（a）］[12]。但所有 rGO/KCu_7S_4 电极的高频半圆都小于 rGO 电极，说明 KCu_7S_4 的加入会降低电荷转移电阻。Warburg 型区域越窄，rGO/KCu_7S_4 电极的空穴越多，离子扩散效率越高。随着 KCu_7S_4 比例的增加，Warburg 型区域的宽度会变小，甚至直接过渡到低频区域。其中 rGO/K-3 的区域宽度最小，说明 rGO/K-3 电极结构中孔洞较多，离子更容易穿梭。同时观察发现，rGO/K-3 的低频区斜线斜率最大，表明 rGO/K-3 电极表面离子的扩散阻抗较低，电容性能较好。这已被图 4-17（e）、（f）所列的比电容值所证实。在相同 KCu_7S_4 含量（rGO/K-3）的情况下［见图 4-18（b）］，发现随着电极层数的增加，低频区斜率会显著降低，说明随着厚度的增加，表面离子的扩散阻抗会增加，这也解释了 8 层电极比电容与 4 层的比较为什么不能翻倍的原因，与诸多研究结果相似[16]。

同时还拟合了各电极的等效电路图［见图 4-18（c）］，拟合发现等效电路图主要由三部分串联构成：一是电解液的综合内阻 R_s；二是工作电极

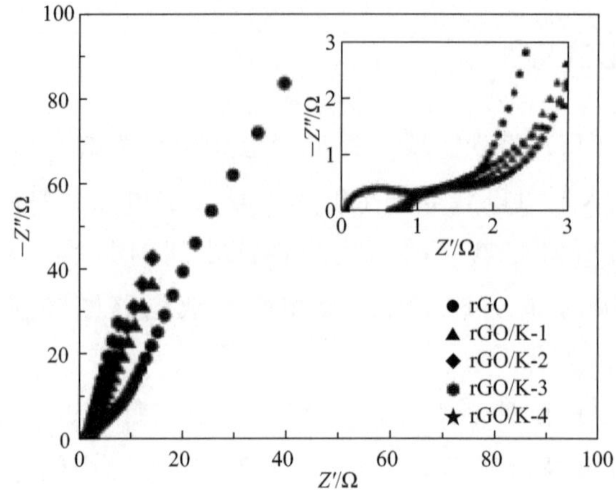

(a)4层电极的EIS曲线

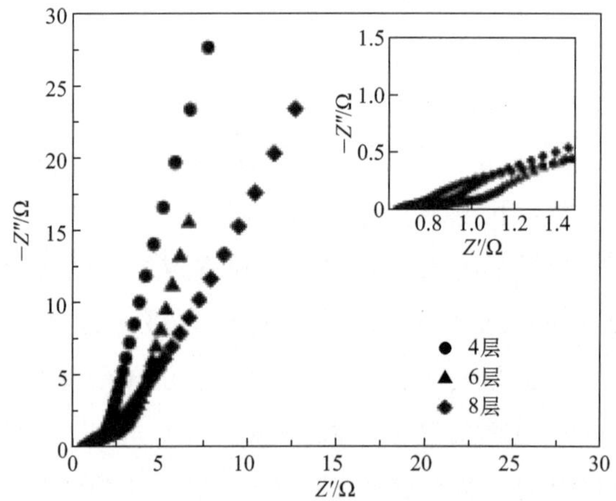

(b)不同层数rGO/K-3的EIS曲线

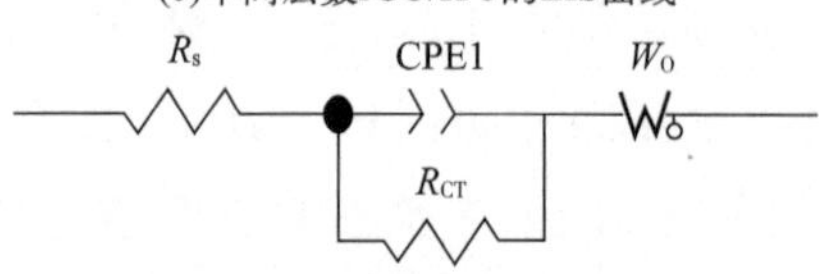

(c)等效电路图

样品	R_s/Ω	CPE1	R_{CT}/Ω	W_O
rGO	0.11	2.67	0.25	3.64
rGO/K-1	0.75	0.78	1.15	0.62
rGO/K-2	0.75	0.64	1.89	1.22
rGO/K-3	0.66	0.72	0.96	0.47
rGO/K-4	0.78	0.65	3.45	0.24

(d)元件阻抗值

图 4-18　复合电极的 EIS 曲线及等效电路图

的双电层电容 CPE1 和电子转移电阻 R_{CT} 并联模块；三是 Warburg 扩散 W_O。并将各元件值以列表显示［见图 4-18（d）］。从表中可以发现，rGO/K-3 的 R_s 值和 R_{CT} 值明显小于其他三种样品，表明 rGO/K-3 的电荷迁移阻力最小，导电性能最佳。

4.4.4 循环稳定性

对各复合电极在 2 A/g 电流密度条件下进行 2000 次充放电循环测试，见图 4-19。图 4-19（a）所示为 4 层各复合电极的循环稳定性。可以发现，经过 2000 次充放电循环后，所有电极的电容保持率均超过 80%。rGO/K-1 的电容保持率最大，为 92.1%，大于 rGO。这是由于含量较低的 KCu_7S_4 能被 rGO 充分包覆，减少了 KCu_7S_4 在充放电过程中的相变粉化缺陷[12]。然而，随着 KCu_7S_4 含量的增加，大量的 KCu_7S_4 积累在 rGO 表面，在充放电过程中，自身体积膨胀，导致循环稳定性下降。但 4 层 rGO/K-3 的电容保持率为 83.4%，依然性能良好。同时研究了不同层数 rGO/K-3 的循环稳定性［见图 4-19（b）］，发现 6 层 rGO/K-3 电极在连续循环 2000 次后电容保持率可达 92.2%。

为了更好地研究 3D 打印 rGO/KCu_7S_4 复合电极的电化学性能，将综合性能表现最佳的 8 层 rGO/K-3 电极的比电容值与文献报道的部分 3D 打印电极进行对比，见表 4-2。

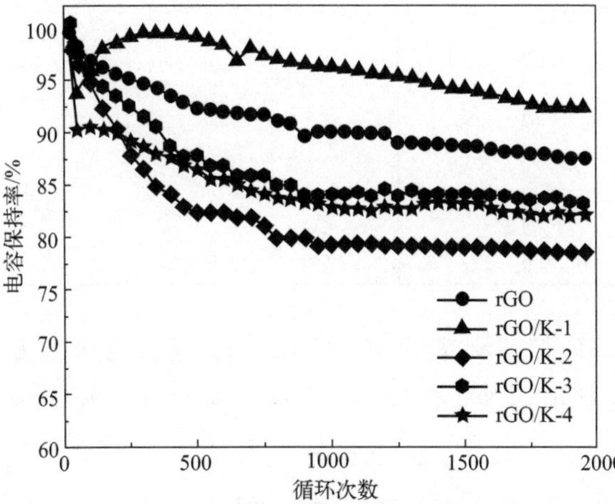

(a)4层电极在2 A/g时的循环稳定性曲线

图 4-19

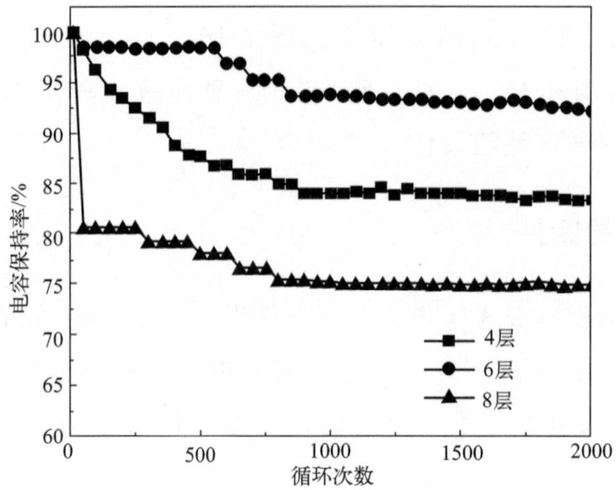

(b)不同层数rGO/K-3循环稳定性曲线

图 4-19 复合电极的循环稳定性曲线

表 4-2 本章工作与相关报道的 3D 打印电极比电容值列表

主要材料	比电容值			测试条件	层数或厚度	参考文献
	C_m /（F/g）	C_A /（F/cm²）	C_V /（F/cm³）			
AC/CNT/rGO	161	9.16	41.3	10 mV/s	10 层	[17]
rGO/PAA	55.5	0.94	1.7	0.3 A/g	8 层	[18]
PANI/rGO	423	—	—	0.8 A/g	300 μm	[19]
PPy/ rGO	540			0.1 A/g		[20]
rGO/MnO_2	249	44.13	110	0.5 mA/cm²	4 mm	[21]
SWCNTs/CNFs	148.4	6.8	—	1 A/g	9 层	[22]
MoS_x@3D-PE	—	0.132	—	0.18 mA/cm²	—	[23]
rGO/α-MnO_2	422	—	—	0.1 A/g	3 层	[24]
rGO/KCu_7S_4	815.8	7.3	27.7	0.5 A/g	8 层	本章工作

比较发现，3D 打印制备的 rGO/KCu_7S_4 复合电极质量比电容明显优于近年来许多文献报道的 DIW 打印电极，并且面积比电容和体积比电容值也较高。其中 rGO/MnO_2 的三种比电容值虽然较高，但其制备主要通过打印 rGO 气凝胶后再次进行电化学沉积 MnO_2 而实现目的，与本研究比较制备过程较为烦琐。

4.4.5 导电机理

由前述分析可知，3D 打印 rGO/KCu_7S_4 复合电极具有优异的电化学性能。究其原因，主要与打印成型的三维结构有关。以电化学性能表现最佳的 rGO/K-3 电极为例，创建该电极的三维结构模型，见图 4-20（书后另见彩图）。

其中，图 4-20（a）为 3D 打印电极宏观结构模型图。通过设定适宜的打印直径、路径等工艺条件，制备出纵横排布、上下交错的三维网络结构。由于组分黏性和自身重量的原因，上下层线条紧密粘连，且形成交叉贯通的宏观孔洞。清晰丰富的孔洞为电解液的穿梭提供有效空间，直接缩短离子的扩散路径，提高扩散效率。图 4-20（b）、（c）为打印线条横截面的结构模型和实际 SEM 形貌表征。从图中可以看出，二维 rGO 片层在立体空间内交错排布，形成高度连通的分级孔洞。一维棒状 KCu_7S_4 交错搭接分布于孔洞内部，多数与 rGO 片层平行排布［见图 4-6（f）］；少量近似垂直支撑于片层之间，充当 rGO 孔洞的刚性骨架。充放电过程中，K^+ 在 KCu_7S_4 特殊的隧道内不断进出，并通过 rGO 表面进行传输，达到导电效果。两种维度材料相互作用且互为补充，KCu_7S_4 的支撑可有效缓解 rGO 片层的二次重叠；rGO 分层包裹并覆盖 KCu_7S_4 可延缓 KCu_7S_4 的充放电衰变，提升材料的电化学循环稳定性。二者形成的“线-面”协同网络结构为电解液离子在每根打印线条间的穿梭提供更广阔的空间，使离子更为快速高效地到达活性材料的表面，极大提高了电极的电导率。3D 打印为 rGO/KCu_7S_4“线-面”型复合电极的结构设计提供了全新的思路，所构建的分级网络电极表现出优异的电化学性能。

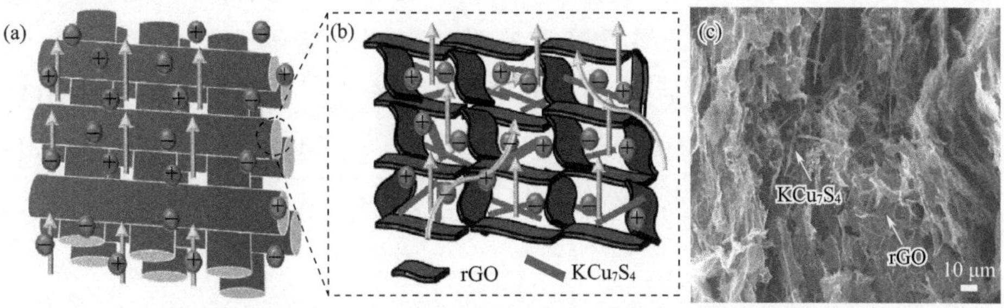

图 4-20　（a）复合电极的宏观打印结构模型图；（b）打印线条横截面的结构模型图；（c）打印线条横截面的 SEM 图

4.5 微型对称超级电容器的电化学性能

为进一步研究 3D 打印 rGO/KCu_7S_4 复合电极的电化学性能，选取综合性能表现最佳的 8 层 rGO/K-3 电极，并组装成全固态微型对称超级电容器，对其电化学性能进行测试研究，具体见图 4-21。图 4-21（c）中内嵌小图为器件组装示意图。图 4-21（a）和图 4-21（b）为器件在 1.2 V 电压窗口下的 CV 曲线和 GCD 图。观察发现，当扫描速率增大时，CV 曲线会产生极化变形。在低测试条件下，即较低的扫描速率和电流密度下，器件表现出典型的氧化还原峰，这与前面电极电化学性能的研究结果相似。同时，该器件在 1 A/g 下循环 5000 次后电容保持率达到 83.2%，表现出良好的循环稳定性［见图 4-21（c）］。对其进行交流阻抗测试［见图 4-21（d）］，拟合显示该器件的 R_s 约为 0.03 Ω，内阻较小；低频区几乎垂直的直线反映出器件具有优异的离子迁移能力，电化学性能良好。

结合 4.4.4 部分内容，对器件的比电容值和能量密度、功率密度进行计算。当电流密度为 0.1 A/g 时，该器件的质量比电容为 79.1 F/g，面积比电容为 1.4 F/cm^2。即使电流密度增加到 2 A/g，两比电容值仍达到 39.0 F/g 和 0.7 F/cm^2［见图 4-21（e）］。最后，我们重点研究了该器件的面功率密度和面能量密度。由图 4-21（f）可知，功率密度为 2.2 mW/cm^2 时，其能量密度可达 286.0 μW·h/cm^2；10.9 mW/cm^2 时可达 128.0 μW·h/cm^2。与许多报道的 3D 打印对称电容器性能进行比较，例如，GO/PAA 油墨打印后还原的 rGO 对称电容器[25]、单纯的 CA（rGO）对称电容器[18]、MXene-rGO[26]、PPy-石墨[20]、VO_x/rGO[16] 等。该 3D 打印 rGO/KCu_7S_4 对称电容器的功率密度和能量密度均表现良好。

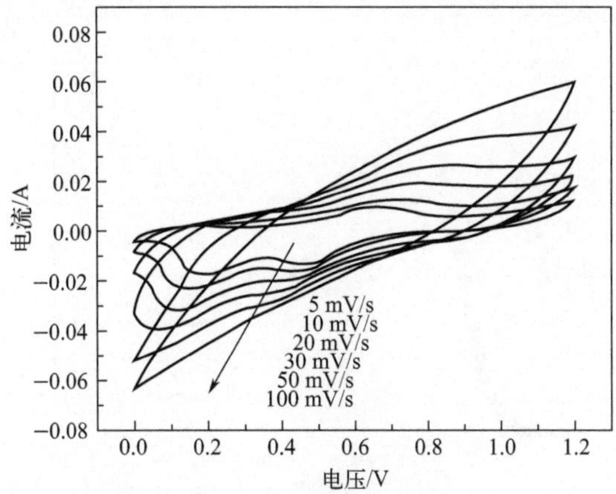

(a)电容器的CV曲线

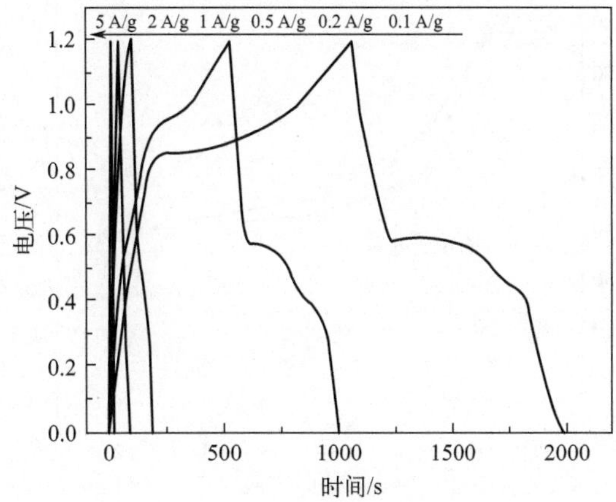

(b)电容器的GCD曲线

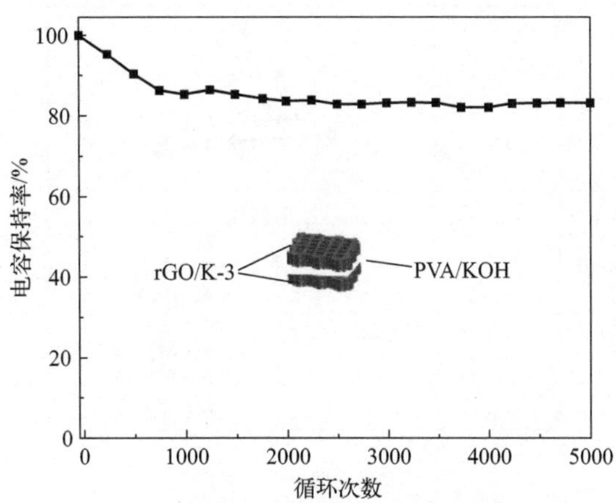

(c)1 A/g时的循环性能（插图为器件组装示意图）

图 4-21

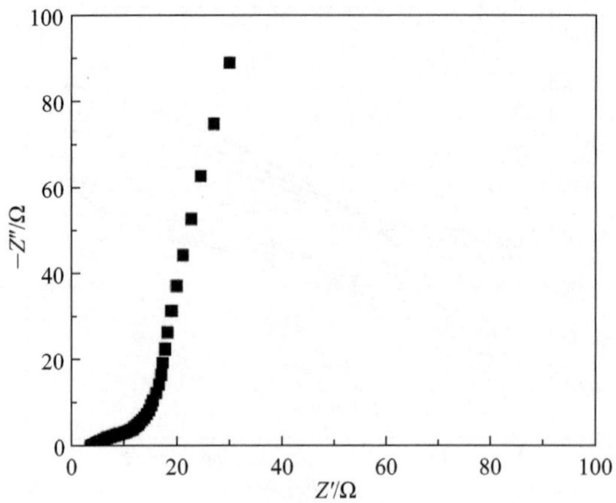

(d)电容器的EIS曲线

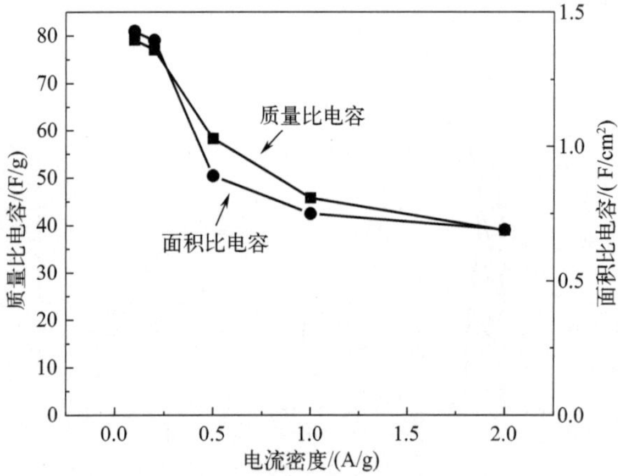

(e)电容器的比电容值

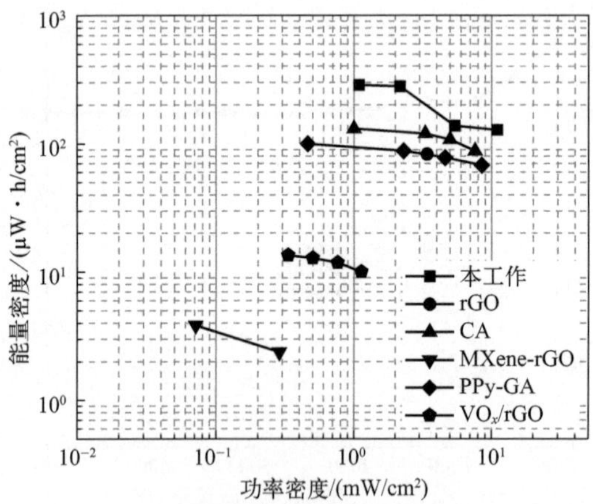

(f)部分对称电容器能量比较图

图 4-21　电容器的电化学性能

4.6 rGO/KCu_7S_4 微型超级电容器的应用

本章以具有黏合作用的二维氧化石墨烯为主料，以具有优良隧道穿梭导电性能的一维纳米棒 KCu_7S_4 为辅料，通过简单混合制备打印油墨，然后直写 3D 打印并结合化学还原制备 rGO/KCu_7S_4 复合电极，并组装成微型对称超级电容器。主要结论如下：

① 简单混合可顺利制备 GO/KCu_7S_4 水性油墨。KCu_7S_4 的加入能显著增强 GO 油墨的流变性能。当 KCu_7S_4 质量分数为 30％时，该油墨具有最佳的流变性能和打印成型能力。

② 对于不同 KCu_7S_4 质量分数的 rGO/KCu_7S_4 复合电极，当 KCu_7S_4 质量分数为 30％时，该电极具有良好的润湿性能和最佳的电化学性能。随着 3D 打印层数的增加，该电极的比容量逐渐增大。当打印层数为 8 层、电流密度为 0.5 A/g 时，该电极的质量、面积和体积比电容可达到 815.8 F/g、7.3 F/cm^2 和 27.7 F/cm^3，电化学性能优良。

③ 由最佳电极组装成的微型对称超级电容器，当电流密度为 0.1 A/g 时，器件的质量比电容和面积比电容分别为 79.1 F/g 和 1.4 F/cm^2；当功率密度为 2.2 mW/cm^2 时，其能量密度可达到 286.0 μW · h/cm^2。

④ 3D 打印 rGO/KCu_7S_4 复合电极具有的宏观孔洞和由“线—面”协同构建的内部三维分级网络结构，可显著提高内部电解液离子的迁移穿梭效率，从而提高电极的电化学性能。

随着柔性电子、可穿戴设备和物联网技术的快速发展，微型超级电容器因其高功率密度、快速充放电能力和长循环寿命成为研究热点。然而，传统 MSCs 受限于电极材料性能不足和制造工艺的局限性，难以满足高能量密度、可定制化结构及极端环境应用的需求。近年来，3D 打印技术与新型复合材料的结合为解决这些问题提供了新思路。

还原氧化石墨烯（rGO）与金属硫化物（如 KCu_7S_4）的复合材料因

其独特的电化学特性成为研究焦点。rGO 作为二维碳材料，具有高导电性、大比表面积和优异的机械柔性，是理想的电极基底材料。而 KCu_7S_4 作为一种新型金属硫化物，具有丰富的氧化还原活性位点和较高的理论比电容。两者的复合可通过以下机制协同增效：a. 电子传输优化，rGO 的导电网络加速电荷传输，可以弥补 KCu_7S_4 本征导电性不足的缺陷；b. 结构稳定性增强，rGO 的层状结构可抑制 KCu_7S_4 在充放电过程中的体积膨胀，提升循环稳定性；c. 界面效应，rGO 与 KCu_7S_4 的强耦合界面促进电荷离域，增强质子吸附能力，从而提升储能性能。

通过 3D 打印构建的 rGO/KCu_7S_4 复合电极，具有分层多孔结构，能显著提升电极的质量负载，同时保持高效的离子传输通道。同时，rGO 的机械支撑作用有效抑制了 KCu_7S_4 在循环中的结构坍塌，从而促使 3D 打印 rGO/KCu_7S_4 微型超级电容器具有高的能量密度和功率密度，以及优异的循环稳定性。

3D 打印 rGO/KCu_7S_4 微型超级电容器凭借其高储能能力、结构可设计性和环境适应性，在柔性电子、医疗健康和极端环境储能等领域展现出广阔前景。例如，在柔性可穿戴电子设备领域，3D 打印 rGO/KCu_7S_4 微型超级电容器可集成至智能衣物或电子皮肤中，器件还可直接嵌入运动监测传感器中，提供持续能量。在植入式医疗器件方面，生物相容性优化后，3D 打印 rGO/KCu_7S_4 微型超级电容器可为心脏起搏器或神经刺激器供能。在极端环境储能领域，通过调控电解质（如使用离子液体凝胶等），3D 打印 rGO/KCu_7S_4 微型超级电容器可进一步拓展至适应高温或高湿度环境，适用于石油勘探或军事装备。如果进一步改进打印工艺，如实现 rGO/KCu_7S_4 微型超级电容器的 3D 打印微晶结构和异形结构设计，可直接在芯片上集成微型电容器，从而适配物联网传感器的储能需求。

尽管面临材料均一性和成本等挑战，但随着纳米合成技术与先进 3D 打印工艺的不断突破，对 3D 打印 rGO/KCu_7S_4 微型超级电容器进一步开展研究，并深入挖掘其广阔的应用潜力，可为推动下一代微型储能系统的革新奠定基础。

参考文献

[1] 唐兴伟. 高连通石墨烯基气凝胶的制备及其电化学性能研究 [D]. 上海：上海交通大

学，2018.

[2] Nazar S, Yang J, Thomas B S, et al. Rheological properties of cementitious composites with and without nano-materials: A comprehensive review [J]. Journal of Cleaner Production, 2020, 272: 122701.

[3] Iqbal M F, Ashiq M N, Zhang M. Design of metals sulfides with carbon materials for supercapacitor applications: A review [J]. Energy Technology, 2021, 9 (4): 2000987.

[4] Garcia-Tunon E, Feilden E, Zheng H, et al. Graphene oxide: An all-in-one processing additive for 3D printing [J]. ACS Applied Materials & Interfaces, 2017, 9 (38): 32977-32989.

[5] Shen W, Zang J, Hu H, et al. Controlled synthesis of KCu_7S_4/rGO nanocomposites for electrochemical energy storage [J]. Materials & Design, 2020, 195: 108992.

[6] Saito K, McGehee K, Manabe K, et al. Facile fabrication of self-assembled nanostructures of vertically aligned gold nanorods by using inkjet printing [J]. RSC Advances, 2021, 11 (36): 22376-22380.

[7] Huang X M, Liu L Z, Zhou S, et al. Physical properties and device applications of graphene oxide [J]. Frontiers of Physics, 2020, 15 (3): 1-70.

[8] Wang F, Jiang Y, Liu Y, et al. Liquid crystalline 3D printing for super strong graphene microlattices with high density [J]. Carbon, 2020, 159: 166-174.

[9] Yao B, Chandrasekaran S, Zhang J, et al. Efficient 3D printed pseudocapacitive electrodes with ultrahigh MnO_2 loading [J]. Joule, 2019, 3 (2): 459-470.

[10] Zhu Y, Murali S, Cai W, et al. Graphene and graphene oxide: Synthesis, properties, and applications [J]. Advanced Materials, 2010, 22 (35): 3906-3924.

[11] Shen W X, Xu J M, Dai S G, et al. A porous and conductive graphite nanonetwork forming on the surface of KCu_7S_4 for energy storage [J]. Frontiers in Chemistry, 2018, 6: 555.

[12] Xue Y, Zhang Y, Yang R, et al. In-situ synthesis of KCu_7S_4 nanowires array on nickel foam for high performance supercapacitor [J]. Functional Materials Letters, 2021, 14 (01): 2151005.

[13] Li W, Li Y, Su M, et al. Printing assembly and structural regulation of graphene towards three-dimensional flexible micro-supercapacitors [J]. Journal of Materials Chemistry A, 2017, 5 (31): 16281-16288.

[14] Lai F, Yang C, Lian R, et al. Three-phase boundary in cross-coupled micro-mesoporous networks enabling 3D-printed and ionogel-based quasi-solid-state micro-supercapacitors [J]. Advanced Materials, 2020, 32 (40): 2002474.

[15] Tang K, Ma H, Tian Y, et al. 3D printed hybrid-dimensional electrodes for flexible mi-

cro-supercapacitors with superior electrochemical behaviours [J]. Virtual and Physical Prototyping, 2020, 15 (supl): 511-519.

[16] Shen K, Ding J, Yang S. 3D printing quasi-solid-state asymmetric micro-supercapacitors with ultrahigh areal energy density [J]. Advanced Energy Materials, 2018, 8 (20): 1800408.

[17] Wang Y, Zhang Y, Liu J, et al. Boosting areal energy density of 3D printed all-solid-state flexible microsupercapacitors via tailoring graphene composition [J]. Energy Storage Materials, 2020, 30: 412-419.

[18] Yuan S, Fan W, Wang D, et al. 3D printed carbon aerogel microlattices for customizable supercapacitors with high areal capacitance [J]. Journal of Materials Chemistry A, 2021, 9 (1): 423-432.

[19] Wang Z, Zhang Q, Long S, et al. Three-dimensional printing of polyaniline/reduced graphene oxide composite for high-performance planar supercapacitor [J]. ACS Applied Materials & Interfaces, 2018, 10 (12): 10437-10444.

[20] Qi Z, Ye J, Chen W, et al. 3D-printed, super elastic polypyrrole-graphene electrodes with ultrahigh areal capacitance for electrochemical energy storage [J]. Advanced Materials Technologies, 2018, 3 (7): 1800053.

[21] Yao B, Chandrasekaran S, Zhang J, et al. Efficient 3D printed pseudocapacitive electrodes with ultrahigh MnO_2 loading [J]. Joule, 2019, 3 (2): 459-470.

[22] Kang W, Zeng L, Ling S, et al. 3D printed supercapacitors toward trinity excellence in kinetics, energy density, and flexibility [J]. Advanced Energy Materials, 2021, 11 (12): 2100020.

[23] Ghosh K, Pumera M. Free-standing electrochemically coated MoS_x based 3D-printed nanocarbon electrode for solid-state supercapacitor application [J]. Nanoscale, 2021, 13 (11): 5744-5756.

[24] Zhao X, Liu B, Pan P, et al. Fabrication of reduced graphene oxide/manganese oxide ink for 3D-printing technology on the application of high-performance supercapacitors [J]. Journal of Materials Science, 2021, 56 (13): 8102-8114.

[25] Li W, Li Y, Su M, et al. Printing assembly and structural regulation of graphene towards three-dimensional flexible micro-supercapacitors [J]. Journal of Materials Chemistry A, 2017, 5 (31): 16281-16288.

[26] Yue Y, Liu N, Ma Y, et al. Highly self-healable 3D micro supercapacitor with MXene-graphene composite aerogel [J]. ACS Nano, 2018, 12 (5): 4224-4232.

第5章 3D打印$Ag/rGO/KCu_7S_4$复合电极的结构、性能与应用

Ag 作为一种性能优异的导电材料，在 3D 打印能源器件领域应用较早。早期，使用 Ag 的导电浆料并通过丝网印刷、IJP 等技术制备集流体，如 Ag-PET[1]、Ag NWs[2] 等。后期，打印无集流体电极结构，如 Ag NWs/SWCNTs/AC[3]、Ag NWs/PEDOT/PSS[4]、rGO/Ag NWs[5]、Ag@PPy[6]、Ag@PPy@MnO_2[7]、Ag/$Co(OH)_2$[8]、MWCNTs/Ag/SPANI[9] 等。近几年来，利用 Ag 复合活性材料通过 DIW 打印微型超级电容器的报道也逐步出现。如 Fe_2O_3/石墨/Ag[10] 直接挤出并组装固态 MSCs 器件。研究发现，Ag 与金属硫化物的结合可显著改善 MSCs 的电性能，如 Ag 粒子包覆 $Ni_{0.67}Co_{0.33}S$[11]、Ag@CuS[12]、Ag@MoS_2[13]、Ag@MoS_2/WO_3[14] 等。

为了进一步改善第 4 章 rGO/KCu_7S_4 复合电极的导电性能，本章充分利用纳米 Ag 的高效导电性和优异的油墨适配性能，通过与 1D KCu_7S_4 纳米棒、2D GO 纳米片混合制备适宜 3D 打印的油墨，打印成型后结合化学还原法制备“点-线-面”交错结构的 Ag/rGO/KCu_7S_4 复合电极，并组装成微型对称超级电容器。采用多种测试手段对打印材料组分、油墨和电极的结构形貌、物相成分、流变性能、润湿性能等进行详细分析，对电极和组装的微型器件的电化学性能进行系统研究。

5.1 纳米 Ag 颗粒结构表征

对制备的纳米 Ag 颗粒进行 TEM 和 XRD 表征分析，见图 5-1。从图 5-1（a）中可以清楚地看到单质 Ag 呈现不规则粒状结构，粒径平均为 5～10 nm。对其进行 XRD 表征［见图 5-1（b）］，在 38.3°、44.3°、64.3° 和 77.4° 出现四个清晰的特征衍射峰，与立方金属 Ag 标准图谱 JCPDS 89-3722 对应[12]。

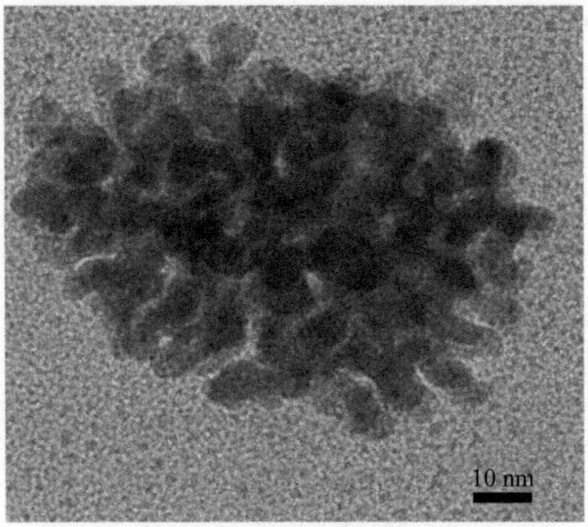

(a)TEM图

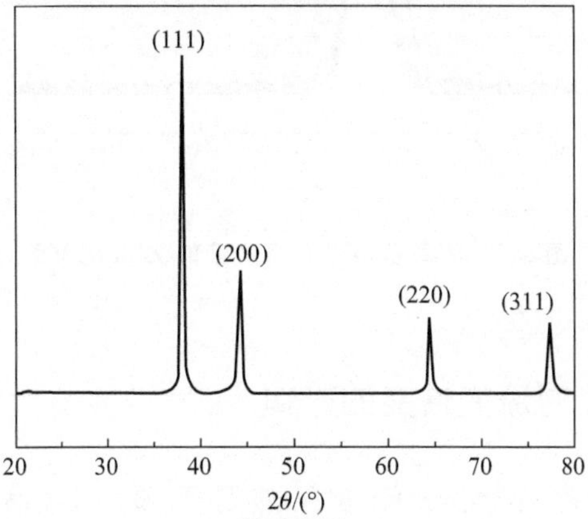

(b)XRD图

图 5-1　纳米 Ag 粉表征

5.2 Ag/GO/KCu_7S_4 复合油墨的流变性能

5.2.1　油墨组分的 Zeta 电位

图 5-2 为 Ag、GO 和 KCu_7S_4 三种组分在中性水溶液中的 Zeta 电位。从图中可以看出，Ag、GO 和 KCu_7S_4 的 Zeta 电位分别为 −35.2 mV、

-47.9 mV 和 -36.8 mV。三个 Zeta 电位均为负值。三种不同维度组分在水溶液中能形成稳定的排斥力，可构建均匀分散的稳定油墨体系。

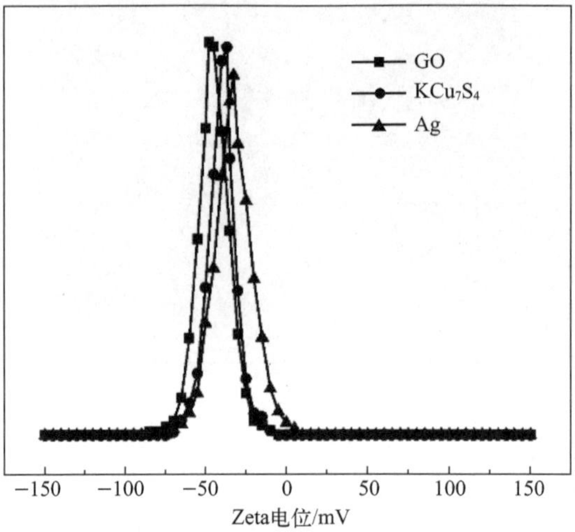

图 5-2　油墨各组分水分散液的 Zeta 电位图

5.2.2　油墨配比对流变性能的影响

本章制备的各种 Ag/GO/KCu_7S_4 油墨见图 5-3（书后另见彩图）。从图中可以看出，五种油墨均呈现黏膏状且具有一定的光泽度，但加入 Ag 粉后油墨整体光泽度会略有下降。将药匙倾斜放置时，所有油墨均保持原有形状，不会滑动或掉落，且油墨随时间延长基本不发生变形。观察发现，随着 Ag 粉含量的不断增加，油墨的稠度明显增加。其中，20-A/GO/K 稠度最高，实际油墨制备过程较为困难。

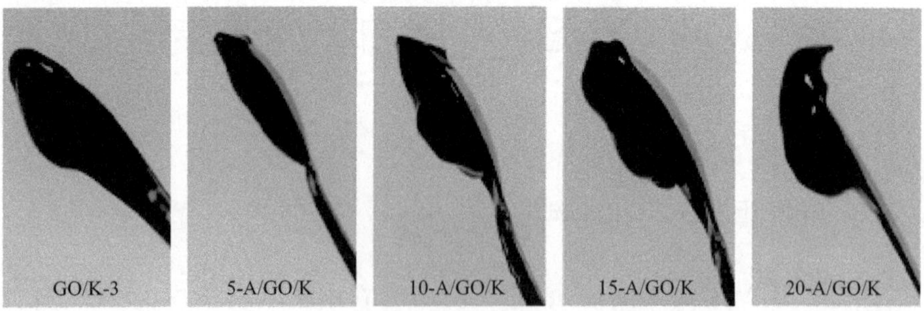

图 5-3　不同配比 Ag/GO/KCu_7S_4 油墨照片

对 $Ag/GO/KCu_7S_4$ 油墨的流变性能进行综合评价，见图 5-4。由图 5-4（a）可知，所有油墨都呈现出非牛顿流体特征，均适宜直写 3D 打印。当加入纳米 Ag 之后，油墨的表观黏度均急剧增大。随着 Ag 掺入量的增加，油墨黏度呈现先增大后减小的趋势，其中 15-A/GO/K 达到最大值。在静止状态时［见图 5-4（d）］，10-A/GO/K 的初始表观黏度最高。随着应力增加，15-A/GO/K 与 20-A/GO/K 出现明显的黏度突然增大现象，主要是由油墨配料不匀导致。在后期整个剪切变化中，15-A/GO/K 黏度均保持最大，20-A/GO/K 反而低于 15-A/GO/K，说明当 Ag 添加量达到一定程度后，油墨的黏性反而会降低。这在实验过程中也可以观察到，当用药匙搅拌 20-A/GO/K 油墨时，可明显感觉其稠度增大但黏滞力有所降低。主要原因是纳米 Ag 数量增多，其在油墨中的“滑珠”效应

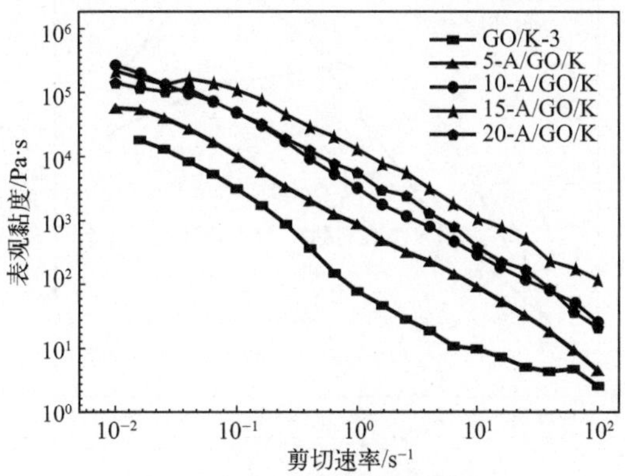

(a)表观黏度变化规律

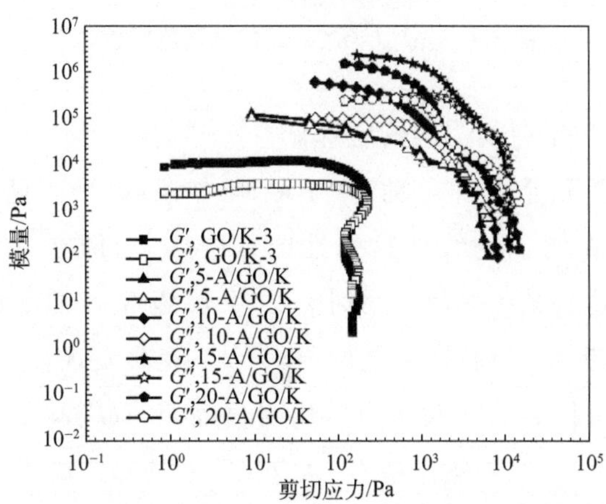

(b)储能模量(G′)和损耗模量(G″)随剪切应力的变化曲线

图 5-4

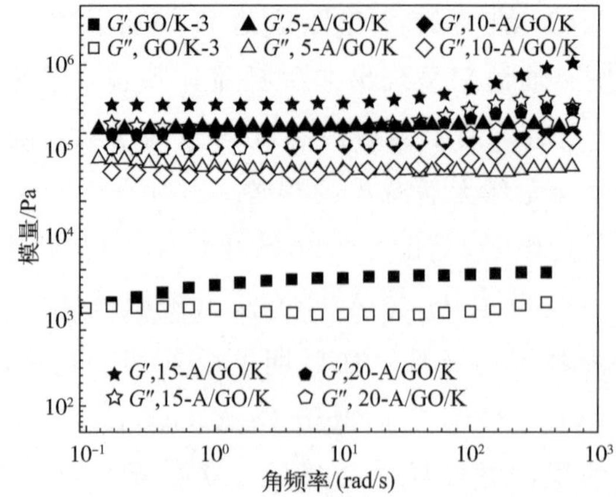

(c)储能模量(G')和损耗模量(G'')随角频率的变化曲线

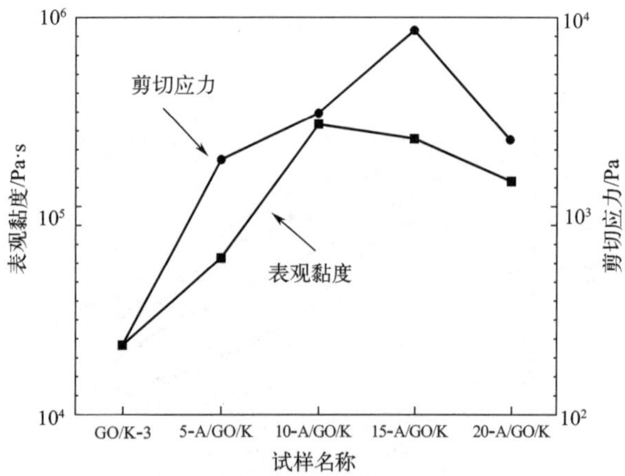

(d)油墨静态表观黏度与临界剪切应力

图 5-4　$Ag/GO/KCu_7S_4$ 油墨的流变性能

表现突出，油墨对于剪切力的响应降低[13]。

如 4.3.2 部分所述，在动态剪切应力条件下［见图 5-4（b）］，GO/K-3 油墨存在明显的线性黏弹性区（LVR），即在一定应力范围内，G' 大于 G''。当达到某一临界应力时，G'' 会反超 G'，油墨均表现出弹性向黏性转变，达到直写 3D 打印工艺的要求[15]。观察发现，一旦加入 Ag，四种油墨的 LVR 区相对 GO/K-3 油墨均明显缩短，G' 与 G'' 随着应力增加基本保持下降趋势，但依然保持 G' 大于 G'' 的趋势，应力达到一定数值时［见图 5-4（b）］，二者位置互换。由动态频率扫描曲线［见图 5-4（c）］可知，在整个角频率变化区间内，加入 Ag 后，四种油墨的 G' 和 G'' 均明显大于 GO/K-3 的两种模量，这与图 5-4（b）结论相符合。从整个角频率变化范围观察，所有油墨的储能模量 G' 均基本大于损耗模量 G''，说明五种油墨在各种体系中均保持优异的分散稳定性。这能保证油墨在整个打印过程中连续均匀挤出，不会发生堵塞、时断时续的状况。同时发现，15-A/GO/K 的储能模量和损耗模量明显高于其他几种油墨，这个规律与图 5-4（a）和图 5-4（b）相同。综合黏度、动态变化等信息可知，纳米 Ag 颗粒含量为 15 mg，即油墨中 Ag 的浓度为 1.5 mg/mL 时，Ag/GO/KCu_7S_4 打印油墨具有最佳的流变性能和打印能力。

5.3 3D 打印 Ag/rGO/KCu_7S_4 复合电极的结构及其对润湿性能的影响

5.3.1 形貌结构表征

首先，对 3D 打印 Ag/rGO/KCu_7S_4 复合电极进行 SEM 扫描，见图 5-5。从图中可以看到，当纳米 Ag 含量为 15 mg 时，15-A/rGO/K 电极中 Ag 的分散均匀，Ag 与 rGO、KCu_7S_4 紧密接触，充当二者的媒介。同时，Ag 与 KCu_7S_4 均被 rGO 覆盖。在 400 μm 的低倍数下（每组 1 号图片，从左往右），各个电极经纬线条清楚可见，线条宽度比针头内径略大，这是黏性物质挤压成线条的典型特征。观察发现，10-A/rGO/K 线条的孔洞最为丰富，20-A/rGO/K 的表面孔洞较少。扫描倍数进一步增大（每组 2 号图片），发现随着 Ag 含量的增加，三种材料在电极结构内部堆叠程度逐步加剧，20-A/rGO/K 尤为明显，其中 rGO 互相堆垛形成较厚的扭曲状态，将 KCu_7S_4 紧密包裹其中，这是 20-A/rGO/K 表面孔洞较少的主要原因。具体机制为，Ag 的大量掺入导致油墨的稠度增大；打印过程中油墨组分在针管内流动时挤压作用较为明显，形成较厚堆积，干燥后孔洞难以大量形成。

观察图 5-5 每组 3、4 号图片，可以看到 Ag 与 KCu_7S_4 紧密贴合，rGO 薄片覆盖二者上部，但部分 Ag 仍存在一定的团聚现象，这是纳米 Ag 团聚严重的典型反映[16]。比较发现，15-A/rGO/K 中 Ag 的分散情况较为良好。在 15-A/rGO/K 和 20-A/rGO/K 结构中还可以看到 Ag 吸附在 KCu_7S_4 表面，20-A/rGO/K 尤其明显。发生这种现象的主要原因是 Ag 具有极佳的导电性，而 KCu_7S_4 具有优异的半导体性质，二者在一定的环境条件下能够相互吸引。同时，KCu_7S_4 带有一定的晶体缺陷。这些缺陷会使部分 KCu_7S_4 表面携带正电荷，对于呈现负电荷的 Ag 具有一定的吸附性[12]。这种结构对于金属硫化物导电性可产生积极作用，但相反也会导致 Ag 在其他区域的分散程度进一步下降[17]，对油墨制备的均匀性和打印工艺带来部分不利影响。

为了更好地掌握各元素的分布情况，对 15-A/rGO/K 和 20-A/rGO/K 结构进行了 EDS 表征分析，见图 5-6（书后另见彩图）。其中，图 5-6（a）、（b）分别为 15-A/rGO/K 和 20-A/rGO/K 的 EDS 元素映射。图中都可以清楚观察到与三种原料相关各元素的分布情况。从图 5-6（b）可明显看到 Ag 包裹吸附在 KCu_7S_4 表面。两图中当 Ag 吸附表面后，金属 Cu 的元素映射不明显。图 5-6（c）、（d）是二者的 EDS 元素分布图，二者中 Cu 与 S 的原子比基本保持在 1.75 左右，说明 KCu_7S_4 结构没有发生变化。

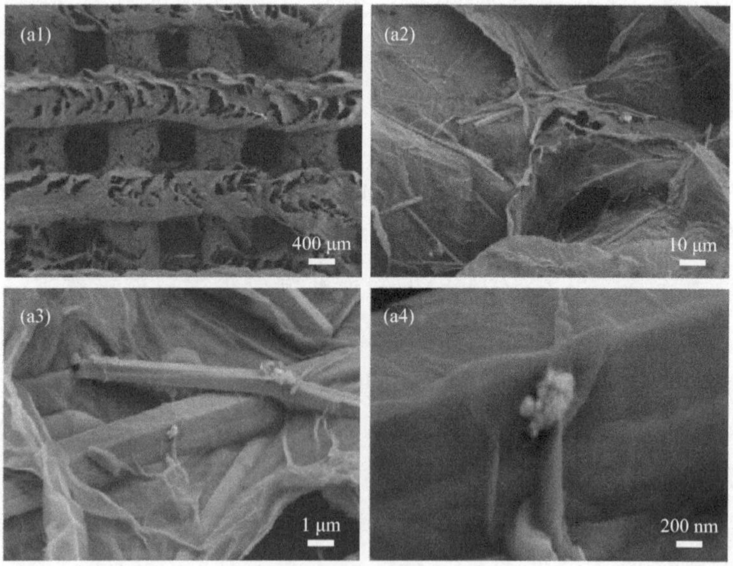

(a)5-A/rGO/K

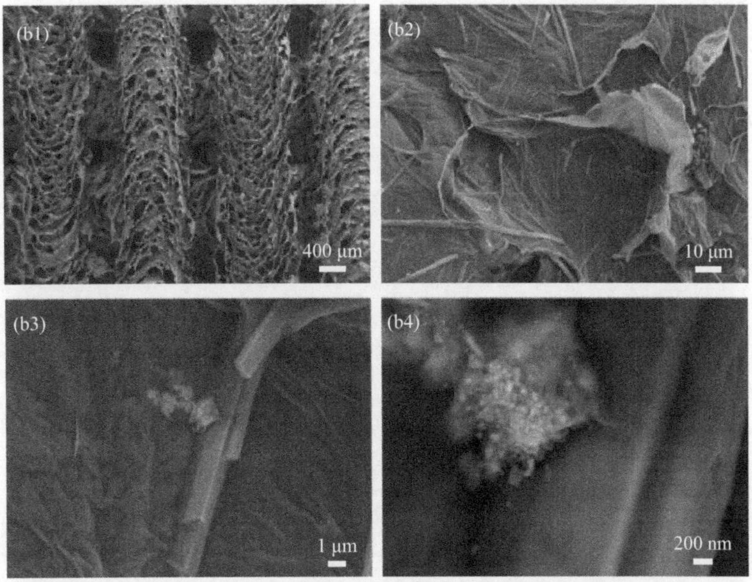

(b)10-A/rGO/K

(c)15-A/rGO/K

图 5-5

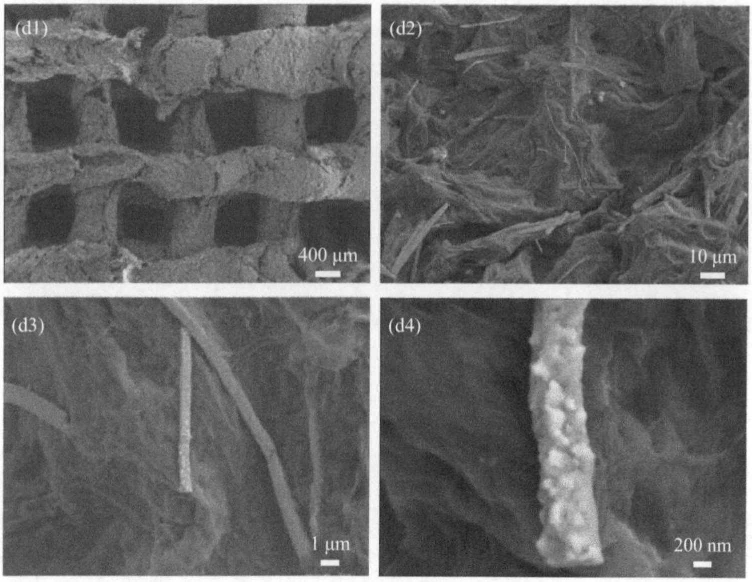

(d)20-A/rGO/K

图 5-5　复合电极的 SEM 图

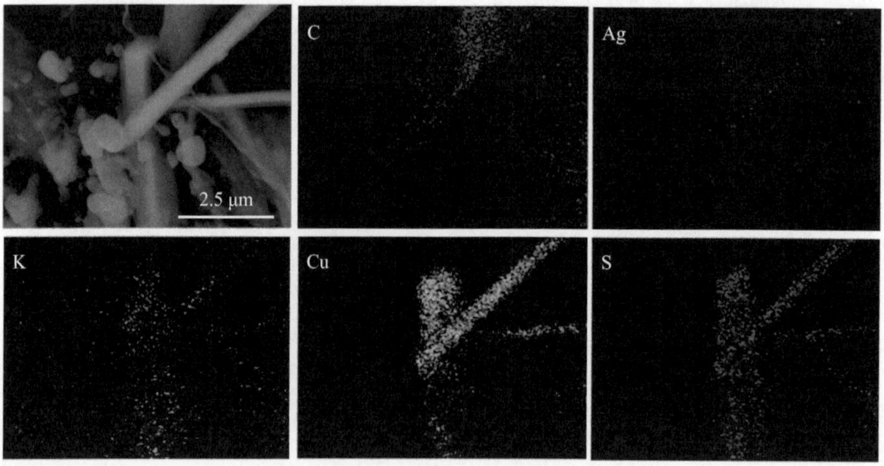

(a)15-A/rGO/K EDS元素映射

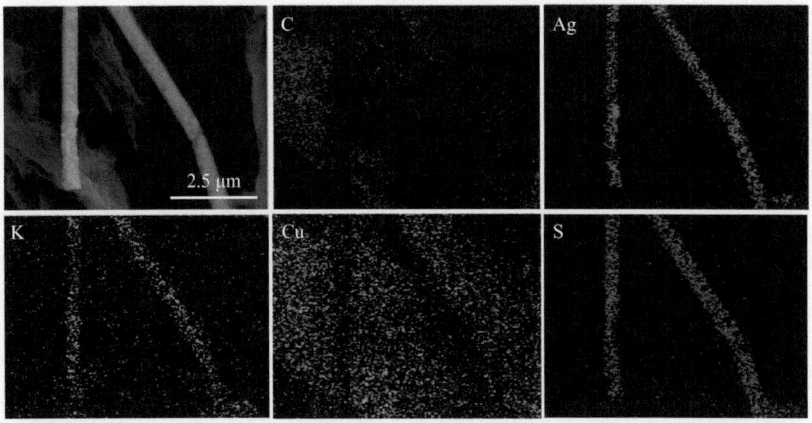

(b)20-A/rGO/K EDS元素映射

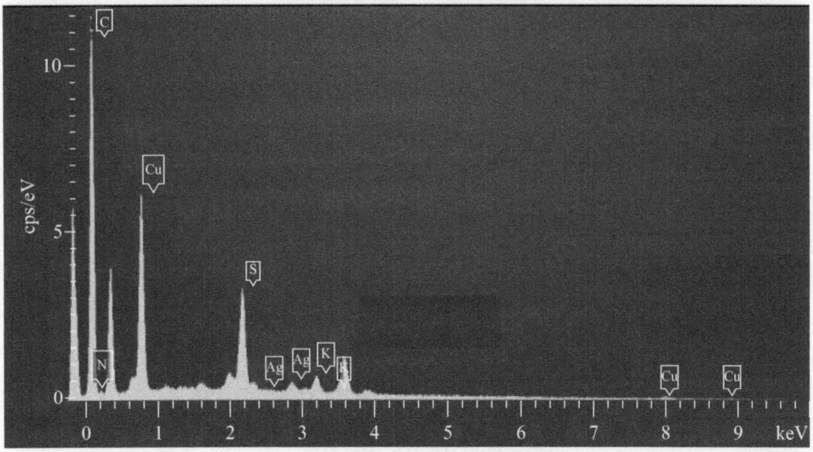

(c)15-A/rGO/K元素分布图总数谱图

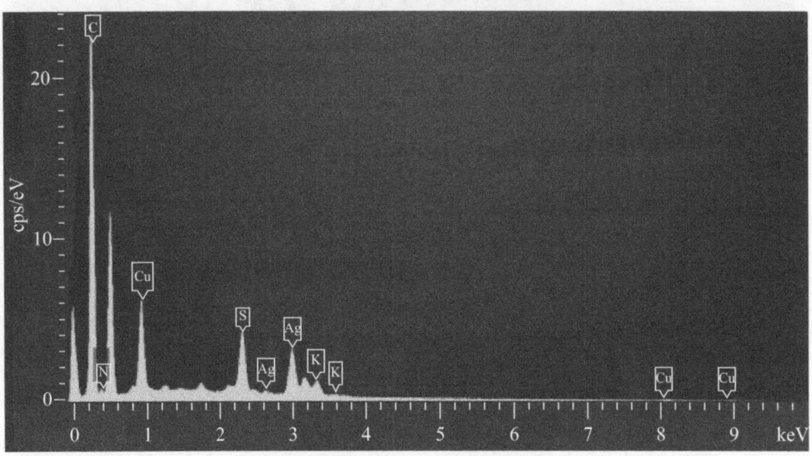

(d)20-A/rGO/K元素分布图总数谱图

图 5-6　15-A/rGO/K 和 20-A/rGO/K 电极的 EDS 表征

5.3.2 物相分析

5.3.2.1 XRD 表征分析

对 3D 打印 $Ag/rGO/KCu_7S_4$ 复合电极进行 XRD 表征分析，见图 5-7。从图 5-7（a）可知，随着纳米 Ag 掺入量的增加，XRD 图谱中逐步显现出 Ag 的微弱峰。峰型不明显的主要原因是单个测试电极中分布的 Ag 含量相对较少，并且 rGO 和 KCu_7S_4 的峰值较高，对其显现有影响。为了更清楚地观察，对 Ag 掺量最多的 20-A/rGO/K 电极进行单独显示。在图 5-7

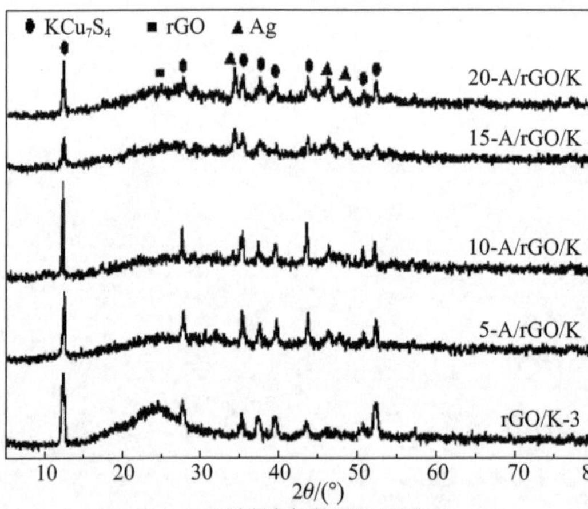

(a)所有电极的XRD图谱

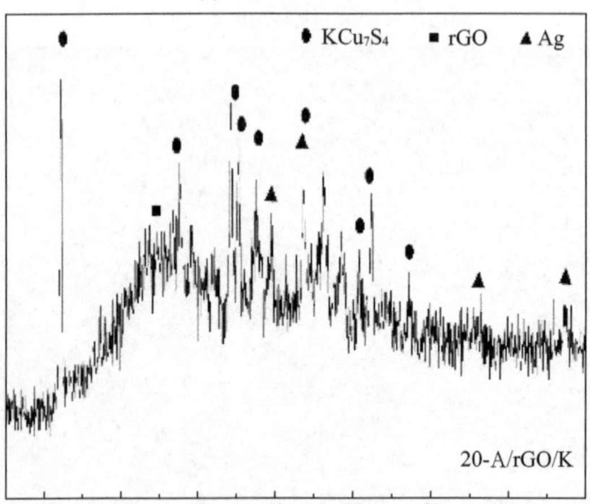

(b)20-A/rGO/K电极的XRD图谱

图 5-7 复合电极的 XRD 图谱

(b) 中可以清楚地看到 KCu_7S_4 以及单质 Ag 的特征峰，具体与图 5-1 对照。这说明 Ag 的掺入不会改变其他两种组分的化学性质。

5.3.2.2 UV-vis 光谱表征分析

将 3D 打印 Ag/rGO/KCu_7S_4 复合电极及部分原料分散在乙醇溶液中进行 UV-vis 表征分析，见图 5-8。

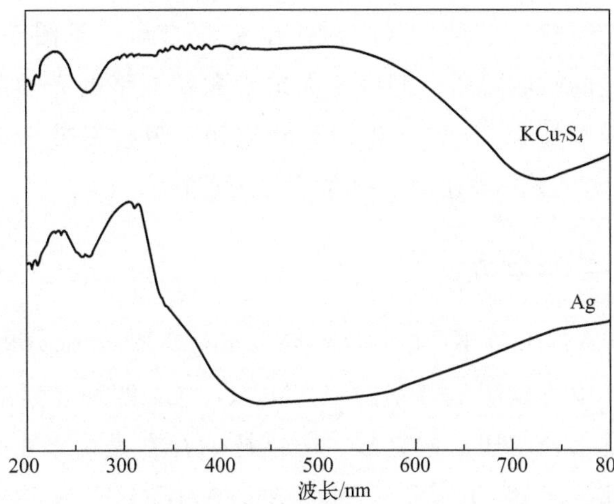

(a)Ag和KCu_7S_4的UV-vis图谱

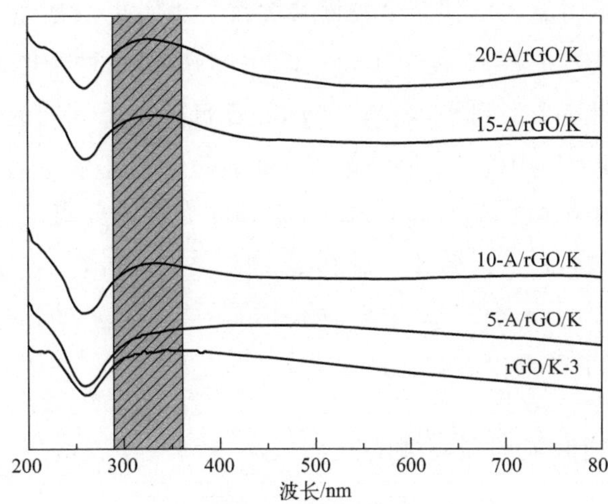

(b)所有电极的UV-vis图谱

图 5-8 电极的 UV-vis 图谱

样品粒子在紫外-可见光光谱的特定波长内会产生表面等离子体共振

效应（SPR），并反映出每种粒子独特的吸收峰，这是物质进行 UV-vis 表征的主要原理。从图 5-8（a）中可以看到，Ag 在 200～300 nm 和 300～350 nm 范围内都有一处较强的吸收宽峰，这是纳米 Ag 的典型吸收峰，并且可以看出纳米 Ag 的粒径较小。因为 SPR 的位置会随着样品粒径的变化而变化，粒径越小，吸收峰位置越靠左。同时，从 Ag 的多峰状态以及较宽的吸收峰也可以看出，纳米银的粒径分布不均，尺寸范围较大[18]。而 KCu_7S_4 则是在可见光区出现宽广的吸收带，这是由于其半导体属性以及粒径尺寸较大的缘故[19]。当 rGO 与 KCu_7S_4 复合后［见图 5-8（b）］，样品没有出现明显的吸收峰带，归因于大纳米颗粒网络的光学散射。当加入银以后，可以看到随着 Ag 掺入量的不断增加，吸收峰带越来越明显（灰色标识带），证实 Ag 未被还原，以单质形式存在。

5.3.2.3 XPS 表征分析

对 3D 打印 Ag/rGO/KCu_7S_4 复合电极进行 XPS 表征分析，见图 5-9。

图 5-9（a）中可以明显观察到 C、N、O、Cu 四种元素的谱峰，其中 N 元素的引入是水合肼还原的缘故。O 谱峰的存在是由于水合肼还原 GO 不能彻底去除部分基团 O。而 Ag 元素在 5-A/rGO/K 和 10-A/rGO/K 两个电极中显示不明显，与其含量较低有关系。为了更清楚地显示 Ag 的谱峰，在图 5-9（b）中将 15-A/rGO/K 和 20-A/rGO/K 两个电极的全谱峰再次显示，可以明显观察到 Cu 2p 和 Ag 3d 各自两个不同的光谱峰。图 5-9（c）是 15-A/rGO/K 中的 Ag 3d 精细谱。在 367.2 eV（Ag $3d_{5/2}$）和 373.2 eV（Ag $3d_{3/2}$）处的两个主峰产生了约 6 eV 的自旋轨道分离，这是单质银中 Ag 存在的典型特征[12]。另外，对其 Cu 2p、S 2p 和 C 1s 分峰拟合处理［见图 5-9（d）、（e）、（f）］，结果与本书 4.3.2.3 部分的结论一致，说明 Ag 未与其他原子产生化学结合。

5.3.3 结构对润湿性能的影响

图 5-10 为 3D 打印 Ag/rGO/KCu_7S_4 复合电极与 KOH 电解液 10 s 接触角测试图（书后另见彩图）。从图中可以看到，电解液在四种电极表面的接触角均低于 60°，说明 Ag/rGO/KCu_7S_4 复合电极与电解液均具有良好

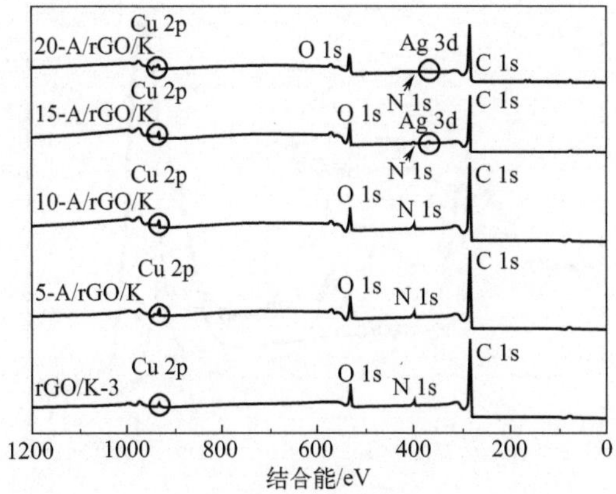

(a)所有电极的全谱图

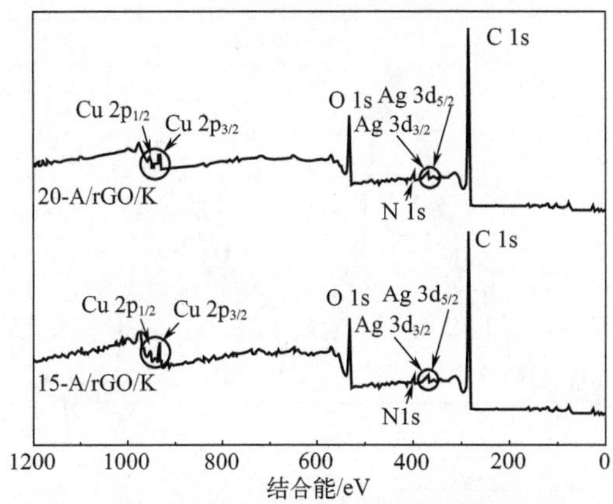

(b)15-A/rGO/K 和 20-A/rGO/K的全谱图

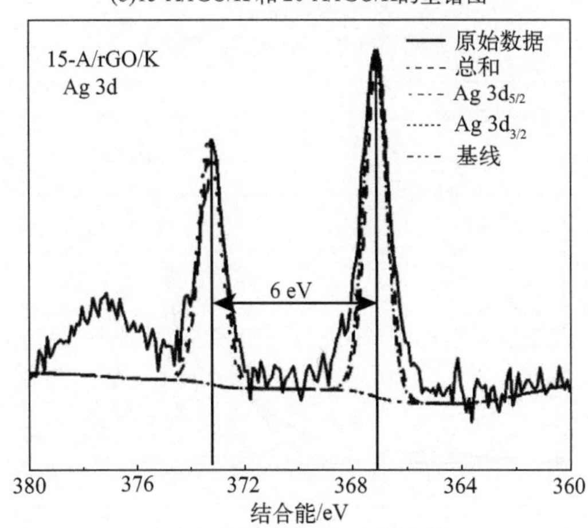

(c)15-A/rGO/K中的Ag 3d精细谱

图 5-9

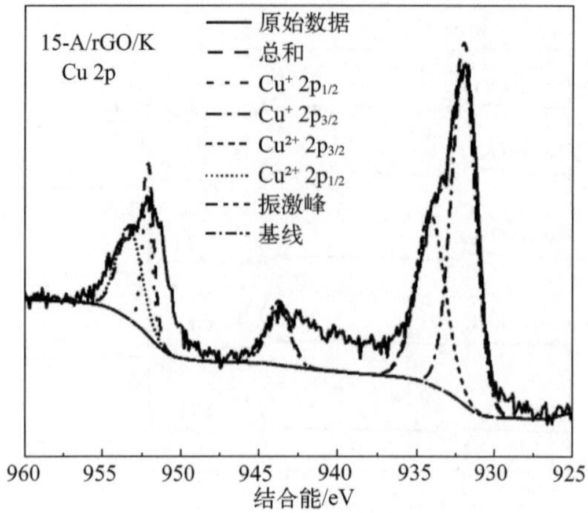

(d)15-A/rGO/K中的Cu 2p精细谱

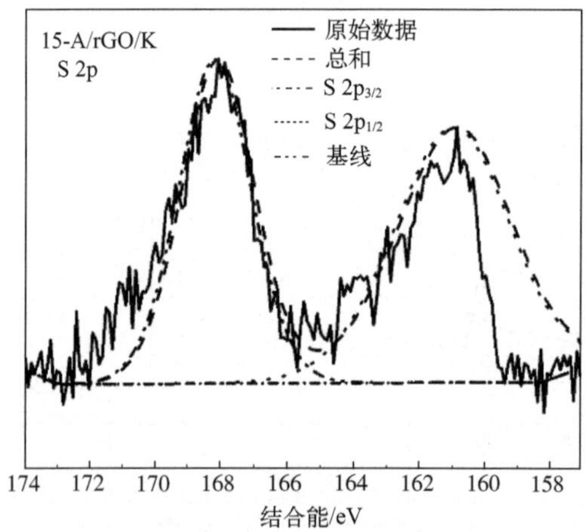

(e)15-A/rGO/K中的S 2p精细谱

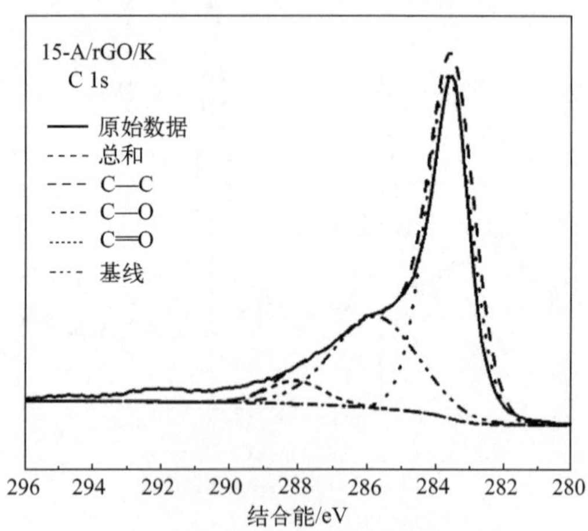

(f)15-A/rGO/K中的C 1s精细谱

图 5-9　电极的 XPS 图谱

的润湿行为，对电解液中离子在电极表面扩散有促进作用。同时，接触角的变化与图 5-5 中各电极表面的孔洞结构相关，10-A/rGO/K 与 KOH 水溶液的浸润性能最佳，接触角仅为 27.6°。而 20-A/rGO/K 由于表面孔洞结构较少，与 KOH 水溶液的浸润性能下降，接触角最大，对电极导电性会产生部分不利影响。

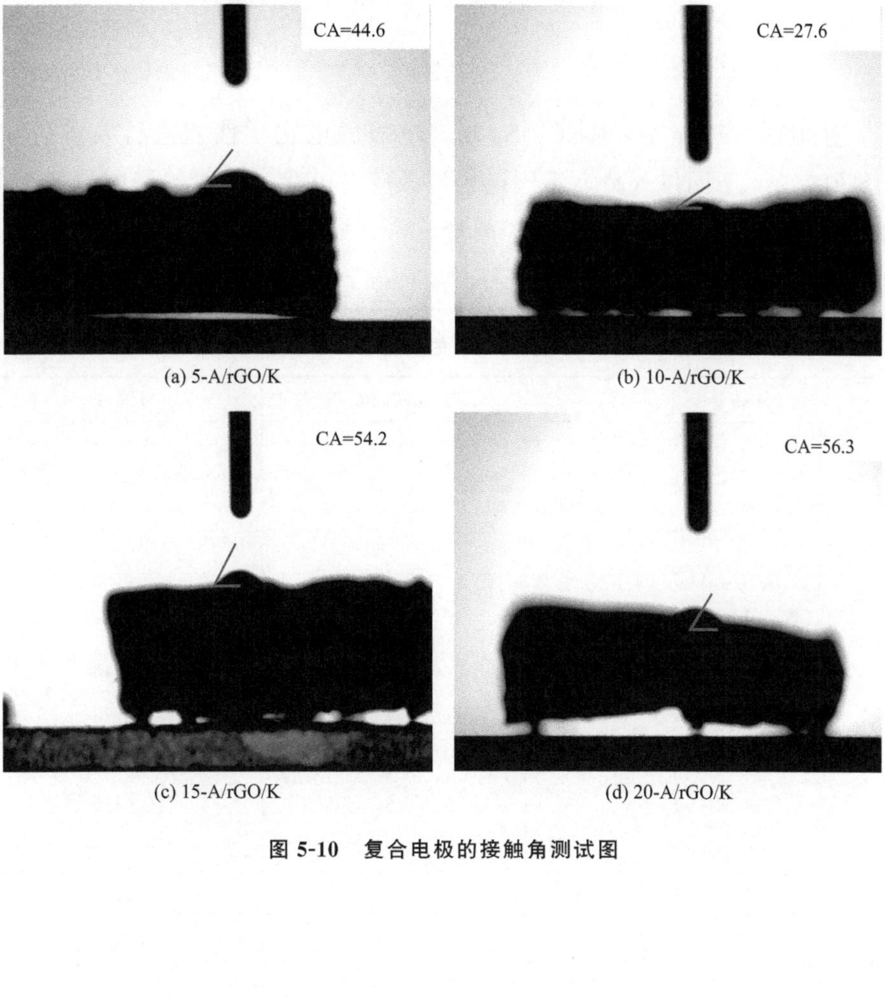

(a) 5-A/rGO/K (b) 10-A/rGO/K (c) 15-A/rGO/K (d) 20-A/rGO/K

图 5-10　复合电极的接触角测试图

5.4 3D 打印 $Ag/rGO/KCu_7S_4$ 复合电极的电化学性能

对 3D 打印 $Ag/rGO/KCu_7S_4$ 复合电极的电化学性能进行系统研究，主要研究 Ag 不同掺入量、不同电极层数等对电化学性能的影响。对每个打印电极的质量、尺寸等进行了测量，每个数值均为测量三次取平均值，其中每个电极的长与宽均归为 1 cm × 1 cm，其余数值见表 5-1。

表 5-1 打印电极的质量、尺寸数值

样品名-层数	厚度/cm	质量/g
5-A/rGO/K-4	0.17	0.0057
5-A/rGO/K-6	0.25	0.0062
5-A/rGO/K-8	0.34	0.0098
10-A/rGO/K-4	0.14	0.0063
10-A/rGO/K-6	0.21	0.0087
10-A/rGO/K-8	0.33	0.0113
15-A/rGO/K-4	0.15	0.0078
15-A/rGO/K-6	0.26	0.0092
15-A/rGO/K-8	0.36	0.0125
20-A/rGO/K-4	0.2	0.0084
20-A/rGO/K-6	0.24	0.0102
20-A/rGO/K-8	0.34	0.0155

5.4.1 循环伏安特性

在三电极体系下，对 $Ag/rGO/KCu_7S_4$ 复合电极进行循环伏安测试，见图 5-11。从图 5-11（a）、（b）、（c）中可以看出，与空白试样 rGO/K-3

相比，加入 Ag 后，CV 曲线的氧化还原峰较为突出，且电压范围也明显增大。这说明银的添加确实提高了 rGO/KCu_7S_4 的导电能力。在同样的扫描速率下，加入纳米 Ag 的电极，其 KCu_7S_4 的赝电容反应更加充分。当扫描速率为 10 mV/s，相同层数复合电极的 CV 曲线环形面积随 Ag 掺入量的增加呈现先增大后减小的趋势。其中，15-A/rGO/K 的环形面积相对最大。20-A/rGO/K 虽然 Ag 的添加量最大，但 CV 曲线面积整体甚至低于 10-A/rGO/K，这或许与其打印结构有关（见图 5-5），与其他三个电极相比，20-A/rGO/K 结构中的孔洞较少，会严重阻碍电解液中离子的穿梭，导致导电性能下降。图 5-11（d）为 15-A/rGO/K 电极不同层数的 CV 曲线。可以观察到，6 层电极的氧化还原峰最为明显。对 8 层的 15-A/rGO/K

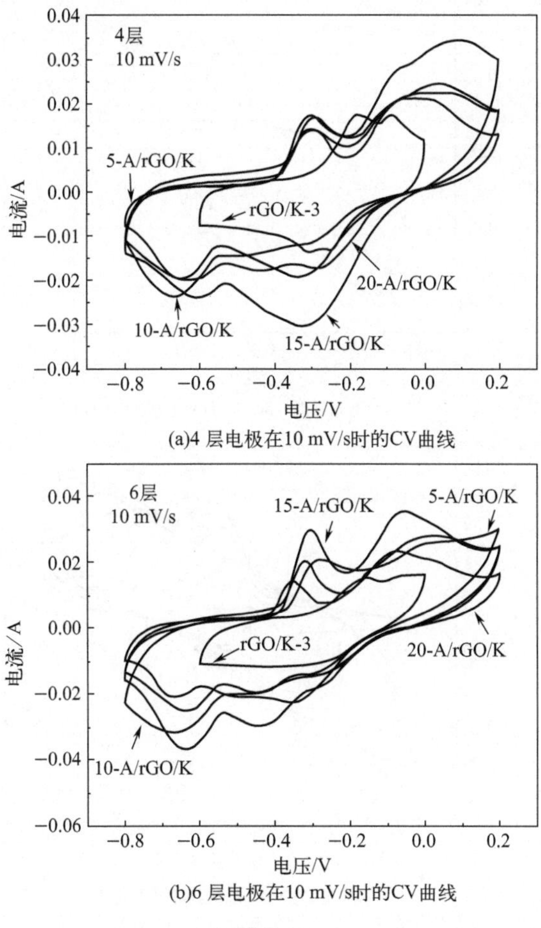

(a)4 层电极在10 mV/s时的CV曲线

(b)6 层电极在10 mV/s时的CV曲线

图 5-11

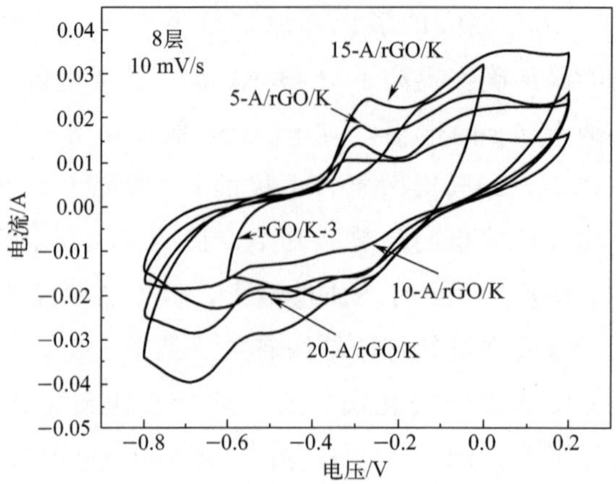

(c)8层电极在10 mV/s时的CV曲线

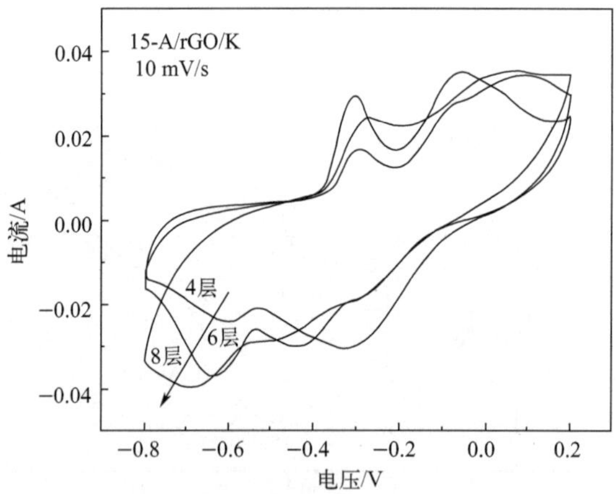

(d)不同层数 15-A/rGO/K电极的CV曲线

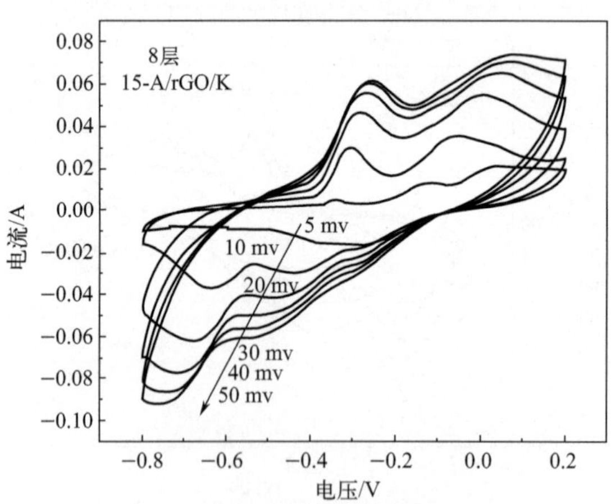

(e)8层15-A/rGO/K电极的CV曲线

图 5-11　复合电极的 CV 曲线图

电极［见图 5-11（e）］进行不同扫描速率的 CV 测试，随着扫描速率的增加，CV 曲线面积逐步增大，电压增大而曲线形状基本保持不变，这说明 15-A/rGO/K 电极的循环稳定性较好。

5.4.2 充放电性能

图 5-12 为 3D 打印 $Ag/rGO/KCu_7S_4$ 复合电极的恒电流充放电曲线与计算比电容值。从图 5-12（a）、（b）、（c）中可知，当电流密度为 5 mA/cm^2 时，相同层数的电极比较，15-A/rGO/K 电极的充放电时间明显大于其余电极。同一电极比较，随着层数的增加，其充放电时间也明显增大，见图 5-12（d）。图 5-12（e）为 8 层 15-A/rGO/K 电极在不同电流密度下的 GCD 曲线。可以看到随着电流密度的减小充放电时间不断增加，具有典型的电极储能特征。图 5-12（f）显示，当电流密度为 5 mA/cm^2 时，空白样品 rGO/K-3 不同层数的放电时间均低于含纳米 Ag 的电极。

以电流密度 5 mA/cm^2 为准，依据 GCD 曲线计算各电极的比电容值，如图 5-12（g）、（h）所示。比较数据发现，掺入纳米 Ag 后，复合电极的面积比电容和体积比电容明显比未掺入电极的数值大。这说明纳米 Ag 充分分散在打印电极内部，可以为电子传输提供更加充足的导通活性表面，充分挖掘材料的电化学反应，电容性能得以改善。随着打印层数的增加，所有电极的面积比电容都逐渐增大。其中 8 层含 Ag 15 mg 复合电极的面积比电容能够达到 9.6 F/cm^2，明显优于 rGO/K-3 的最大值（4.1 F/cm^2）。6 层 15-A/rGO/K 电极的质量比电容最大，为 906.5 F/g，对应面积比电容为 8.3 F/cm^2。从不同打印层数观察，随着纳米 Ag 掺入量的增加，无论质量比电容、面积比电容还是体积比电容，均呈现先增大后减小的趋势，其中含 Ag 15 mg 的复合电极 15-A/rGO/K 的电容性能表现最佳。20-A/rGO/K 复合电极虽然含 Ag 数量最多，但电容性能却有所下降，与其电极结构有关。如前所述，该电极由于油墨黏稠度太高，在打印挤出过程中材料堆叠严重，导致结构中孔洞不丰富，电解液与活性材料的接触面减少，电化学性能下降。

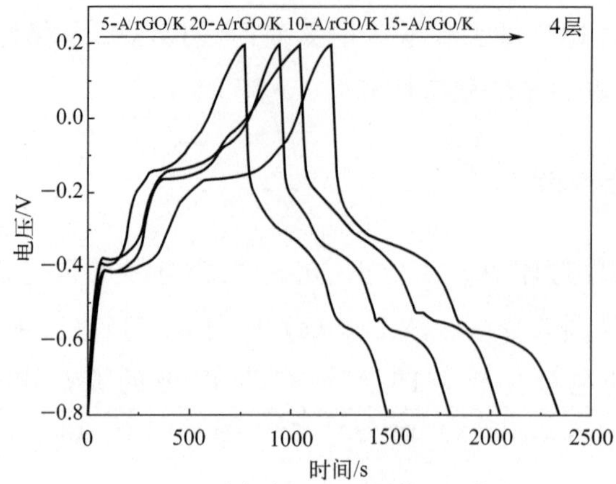

(a)4层电极在5 mA/cm²时的GCD 曲线

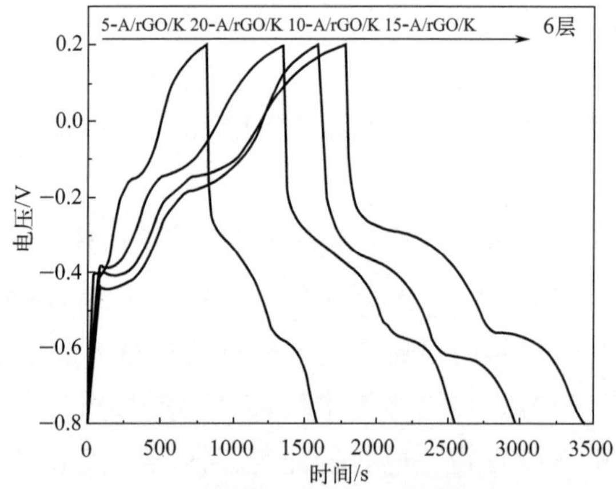

(b)6层电极在5 mA/cm²时的GCD曲线

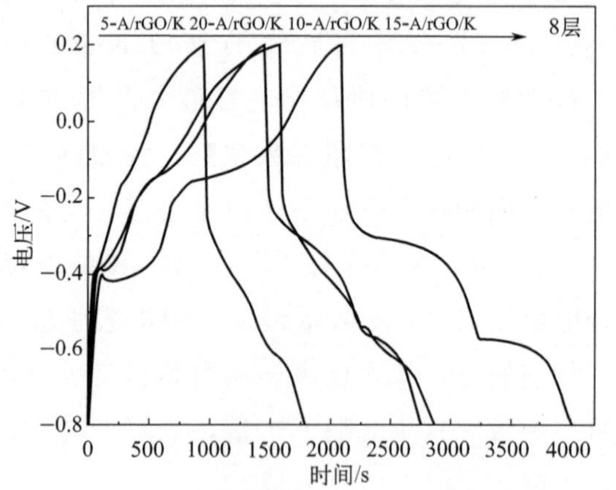

(c)8层电极在5 mA/cm²时的GCD曲线

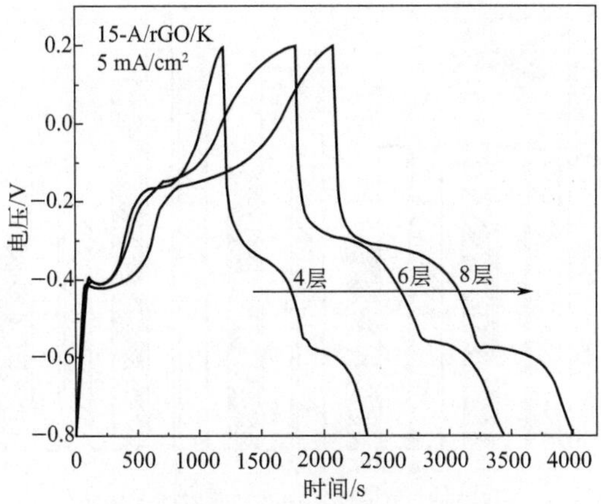

(d)不同层数15-A/rGO/K的GCD 曲线

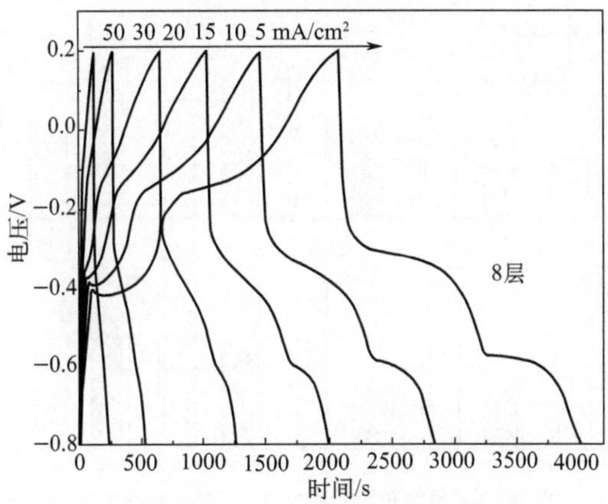

(e)8层 15-A/rGO/K电极的GCD 曲线

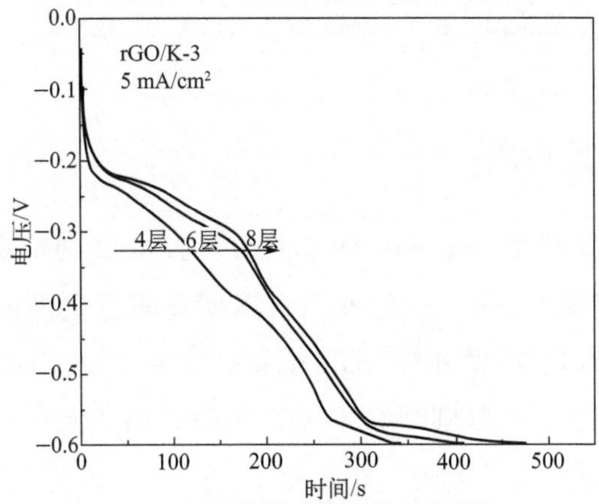

(f)不同层数rGO/K-3的GCD 曲线

图 5-12

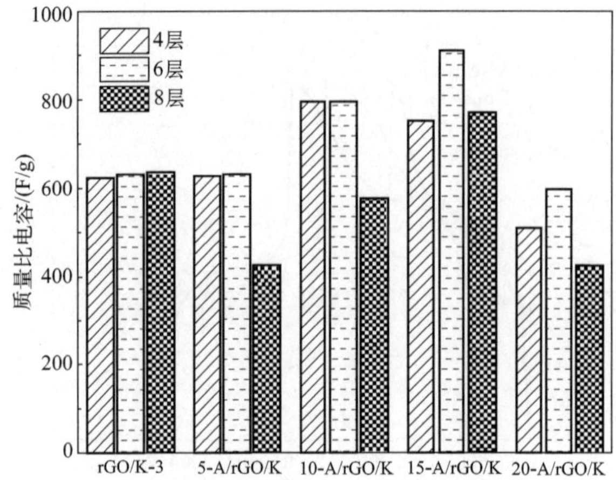

(g)不同层数电极在5 mA/cm²时的质量比电容

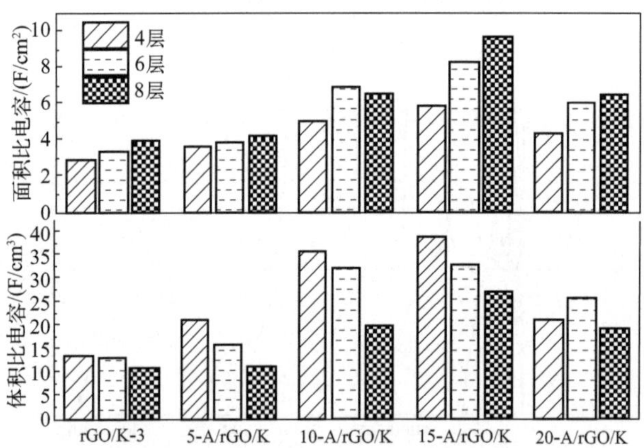

(h)不同层数电极在5 mA/cm²时的面积比电容和体积比电容

图 5-12　复合电极的 GCD 曲线图和比电容值

5.4.3　交流阻抗特性

图 5-13 为 3D 打印 Ag/rGO/KCu_7S_4 复合电极的部分 EIS 曲线。从图 5-13（d）中可以看出，Ag 的加入可以明显降低电极内阻；加纳米 Ag 的四个电极，其内阻 R_s 均小于 rGO/K-3，其中 15-A/rGO/K 电极内阻为 0.45 Ω，而 rGO/K-3 内阻则为 0.85 Ω。同时，加纳米 Ag 的四个电极在中频区都有一个简短模糊的半圆，相比较 15-A/rGO/K 电极的直径最短，说明 15-A/rGO/K 电极的电荷转移电阻较低。在低频区内，四个 A/rGO/K 电极的斜率相对比 rGO/K-3 要大，说明其表面离子的扩散速率增大，其

中 15-A/rGO/K 电极最明显。图 5-13（b）中不同层数 15-A/rGO/K 电极的内阻基本相同，内阻是由电极材料本身决定的。4 层电极的低频扩散速率最佳，扩散速率与电极结构相关，随着层数增加，离子扩散的阻力相对增加，速率下降。

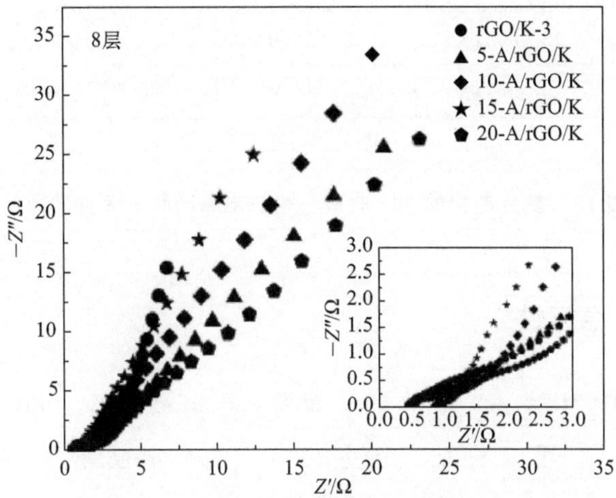

(a)所有的8层电极的EIS曲线

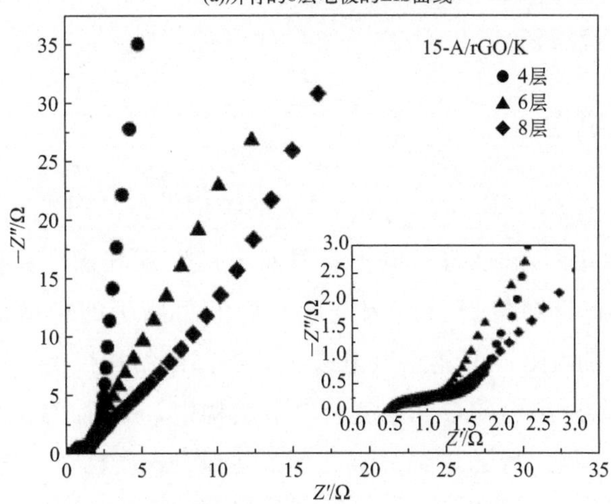

(b)不同层数15-A/rGO/K的EIS曲线

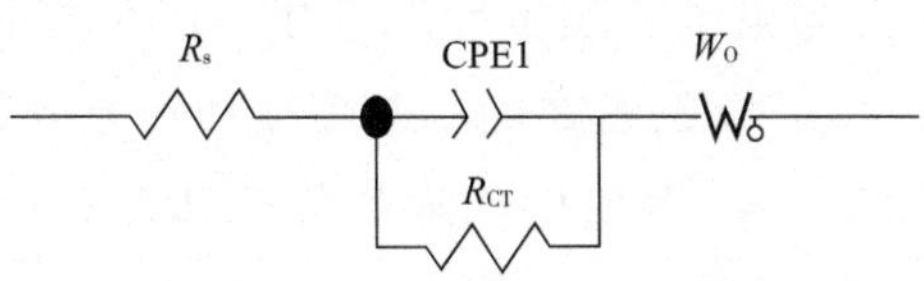

(c)等效电路图

图 5-13

样品	R_s/Ω	CPE1	R_{CT}/Ω	W_O
rGO/K-1	0.85	0.77	1.35	0.85
5-A/rGO/K	0.48	0.86	1.32	0.77
10-A/rGO/K	0.46	0.95	1.46	0.61
15-A/rGO/K	0.45	0.85	1.16	0.57
20-A/rGO/K	0.44	0.72	1.84	1.24

(d)各元件的阻抗值

图 5-13 复合电极的 EIS 曲线、等效电路图和各元件的阻抗值

5.4.4 循环稳定性

当电流密度为 20 mA/cm^2 时，对各 8 层电极进行 2000 次充放电循环测试，见图 5-14。可以发现，经过 2000 次充放电循环后，所有电极的电容保持率都在 90%以上，整体表现较佳。其中，15-A/rGO/K 电极电容保持率最高，为 97.4%。

5.4.5 导电机理

3D 打印 $Ag/rGO/KCu_7S_4$ 复合电极的结构模型见图 5-15（书后另见彩图）。与第 3 章相同，3D 打印电极自身具有的宏观孔洞［见图 5-15（a）］为电解液的浸润与穿梭提供广阔空间，可缩短离子的扩散路径。结合图 5-5 中电极的 SEM 图，可建立该电极线条内部的结构模型［见图 5-15（b）和（c）］。在 $Ag/rGO/KCu_7S_4$ 复合电极结构中，二维 rGO 片层在空间内交错排布构建互相连通的三维分级孔洞。零维 Ag 颗粒与一维棒状 KCu_7S_4 散乱分布于孔洞内部。其中，纳米 Ag 分布于 rGO 片层与 KCu_7S_4 之间，将二者紧密连接，充当电子高速传导的媒介。在充放电过程中，离子和电子在 KCu_7S_4、Ag 和 rGO 三者之间不断穿梭和传导。其中，rGO 和 Ag 起吸附导通的作用；KCu_7S_4 表现出优异的氧化还原行为；三种材料协同作用。KCu_7S_4 和 Ag 的支撑更进一步减弱 rGO 片层在还原过程中的重叠；rGO 和 Ag 的双重包裹可提升 KCu_7S_4 的循环稳定性。通过 3D 打印形成的“点—

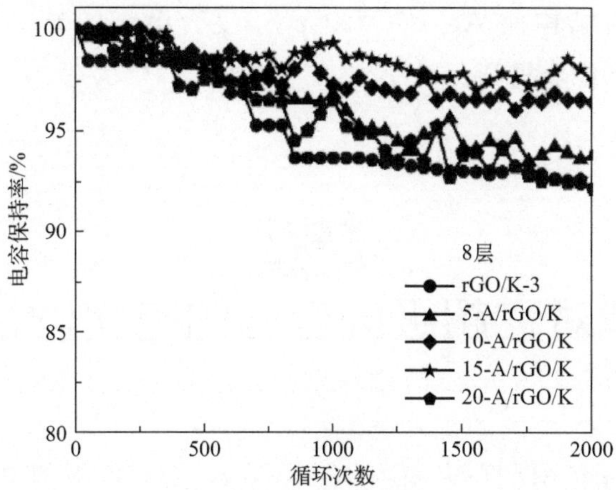

(a)所有比例的8层电极

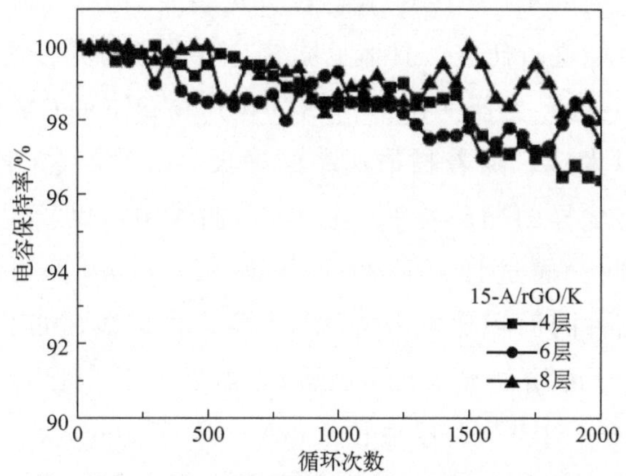

(b)不同层数的15-A/rGO/K电极

图 5-14　复合电极的循环稳定性

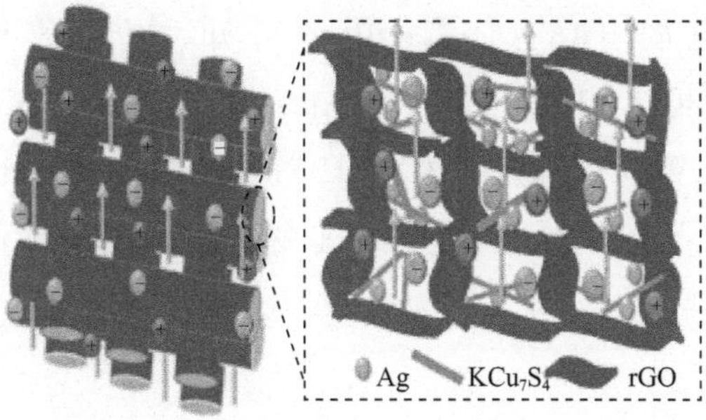

(a)　　(b)

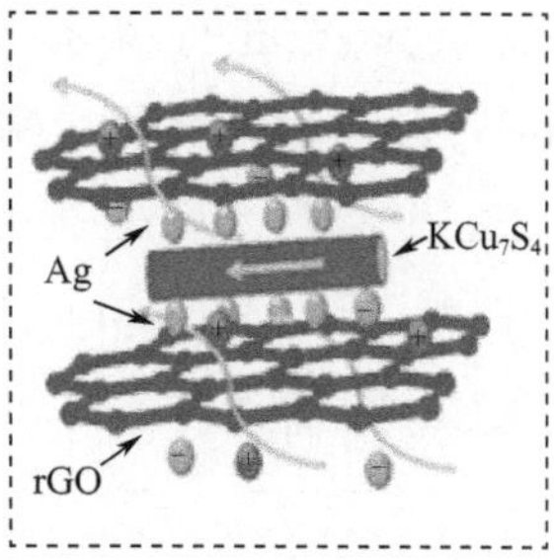

(c)

图 5-15　(a) 复合电极的宏观结构图；(b) 线条横截面图和 (c) 线条内部结构图

线—面”型网络结构使 $Ag/rGO/KCu_7S_4$ 复合电极的导电能力进一步改善，电化学性能稳步提高。

5.5 微型对称超级电容器的电化学性能

为进一步研究 3D 打印 $Ag/rGO/KCu_7S_4$ 复合电极的电化学性能，选取电化学性能最佳的 15-A/rGO/K 电极并组装成微型对称超级电容器，对器件的电化学性能进行研究，具体见图 5-16（书后另见彩图）。

图 5-16（a）（b）为器件在 0～1.3 V 电压窗口下的 CV 曲线和 GCD 曲线。从图中可以发现，随着扫描速率的增大，CV 曲线未产生极化变形，表明该器件具有优异的循环特性。从 GCD 曲线中可以看出，器件具有充足的充放电时间。通过计算可知［见图 5-16（c）］，当电流密度为 4 mA/cm^2 时，器件的面积比电容为 1.3 F/cm^2，对应质量比电容为 290.8 F/g；即使电流密度增加到 20 mA/cm^2，器件的两个比电容值仍能达到 695.5 mF/cm^2 和 151 F/g。器件在 8 mA/cm^2 下 5000 次充放电后电容保持率达到 96.4%，器件表现出极佳的循环稳定性［见图 5-16（d）］。EIS［见图 5-16（e）］拟合显示器件的 R_s 约为 0.872 Ω，内阻较小。

采用本书 3.3.3 部分中的式（3-4）、式（3-5）对该器件的面功率密度和面能量密度进行计算［见图 5-16（f）］。由图可知，功率密度为 1.3 mW/cm^2 时，其能量密度可达 313.9 $\mu W \cdot h/cm^2$；在 3.3 mW/cm^2 时可达 225.1 $\mu W \cdot h/cm^2$。并与第 4 章研究的 3D 打印对称电容器进行比较。比较发现，该 $Ag/rGO/KCu_7S_4$ 对称电容器储能优于第 4 章制备的 rGO/KCu_7S_4 器件。

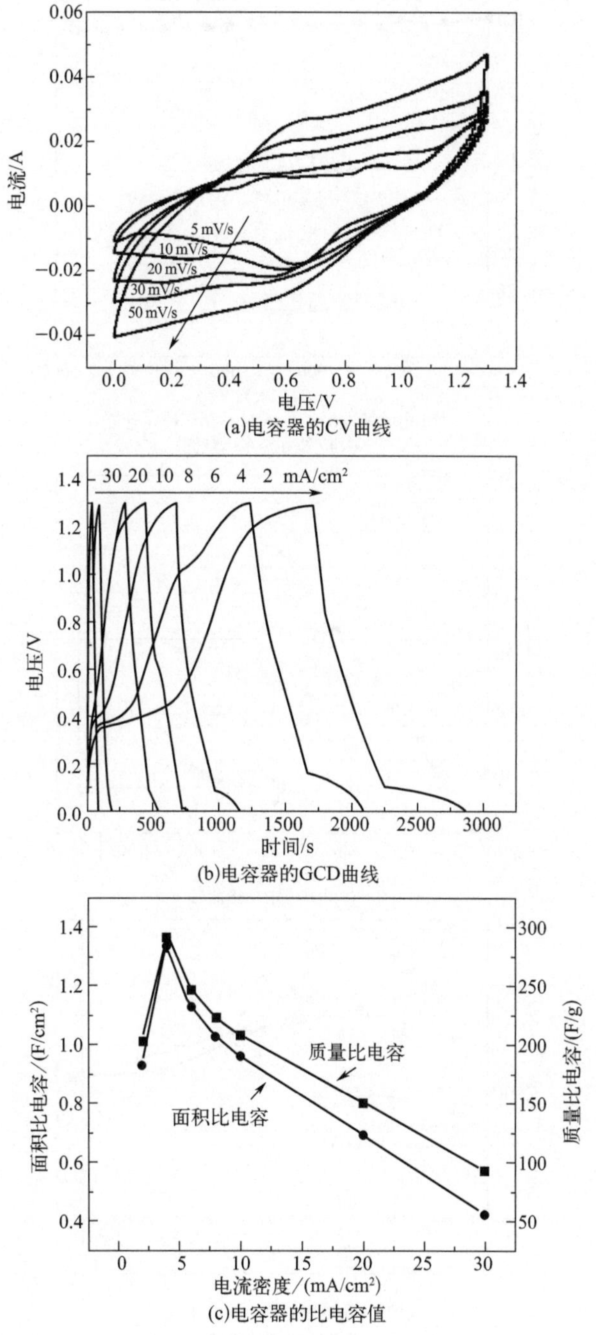

(a)电容器的CV曲线

(b)电容器的GCD曲线

(c)电容器的比电容值

图 5-16

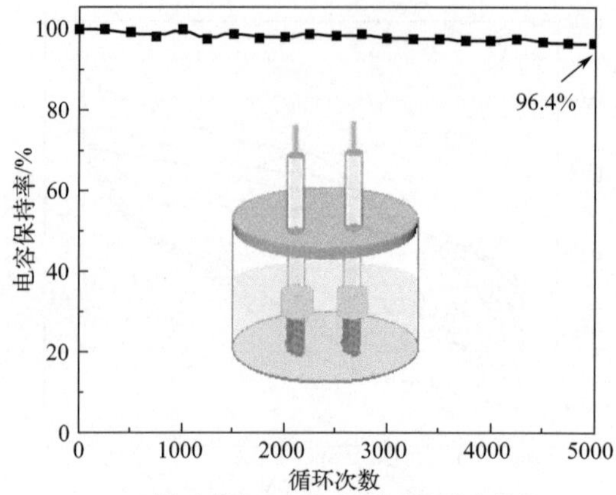

(d)电容器在8 mA/cm²时的循环稳定性能
（内嵌图为器件示意图）

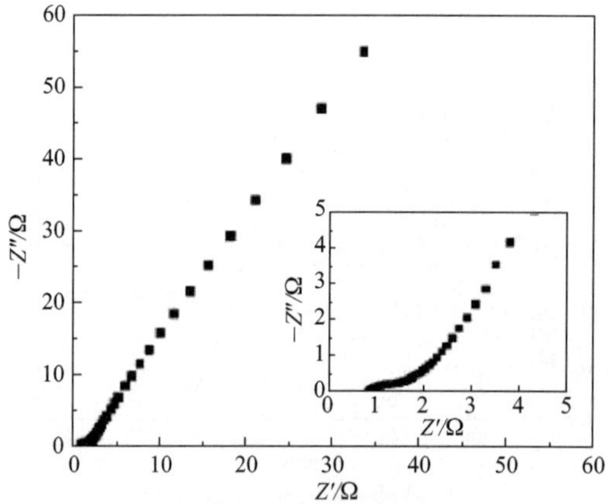

(e)电容器的EIS曲线

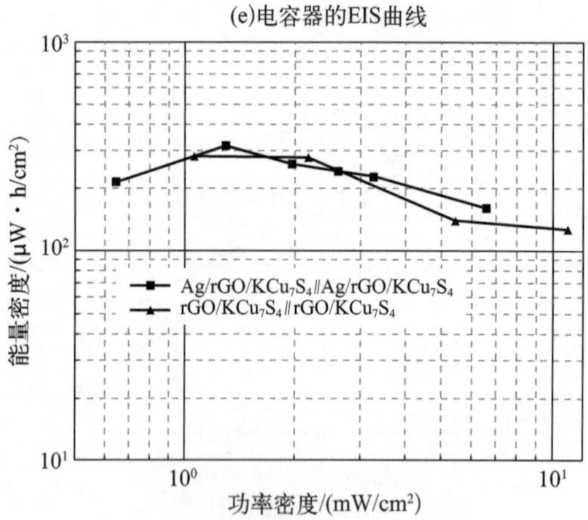

(f)器件Ragone比较图

图 5-16 电容器的电化学性能

5.6 $Ag/rGO/KCu_7S_4$ 微型超级电容器的应用

为了改善 rGO/KCu_7S_4 复合电极的导电性能，本章将纳米 Ag 颗粒加入 GO/KCu_7S_4 水性油墨中，然后直写 3D 打印成型并结合化学还原法制备 $Ag/rGO/KCu_7S_4$ 复合电极，并组装成微型对称超级电容器。主要结论如下：

① 纳米 Ag 颗粒的加入可明显改善油墨的表观黏性。综合分析，当 Ag 掺量为 1.5 mg/mL 时，油墨流变性能和打印成型能力最佳。

② 对于不同 Ag 掺入量的 $Ag/rGO/KCu_7S_4$ 复合电极，当 Ag 掺量为 1.5 mg/mL 时，该电极具有优异的润湿性能和最佳的电化学性能。随着 3D 打印层数的增加，该电极的面积比电容逐渐增大。当打印层数为 8 层，电流密度为 5 mA/cm^2 时，该电极的面积比电容可达到 9.6 F/cm^2，电化学性能优于 rGO/KCu_7S_4 电极。

③ 由电化学性能最佳电极组装的微型对称超级电容器，当电流密度为 4 mA/cm^2 时，面积比电容和质量比电容分别为 1.3 F/cm^2、290.8 F/g；该器件充放电循环 5000 次后，其电容保持率达到 96.4%；当功率密度为 1.3 mW/cm^2 时，该器件的能量密度可达 313.9 $\mu W \cdot h/cm^2$，器件储能能力有较大改善。

④ 三种不同维度材料通过 3D 打印构建的“点-线-面”型 $Ag/rGO/KCu_7S_4$ 复合电极拥有优异的网络结构。纳米 Ag 分布于 rGO 片层与 KCu_7S_4 之间，与二者紧密连接，充当电子高速传导的媒介。rGO 和 Ag 起吸附离子和高电子导通的作用；KCu_7S_4 表现出高的赝电容行为；三种材料协同作用使 $Ag/rGO/KCu_7S_4$ 复合电极表现出可观的储能能力。

总之，纳米银、还原氧化石墨烯（rGO）与铜硫酸盐化合物（KCu_7S_4）三元材料通过 DIW 构建了一种独特的电极结构，其具有优异的电化学性能。其中，纳米 Ag 作为高导电填充骨架，能降低电极的等效串联电阻（ESR），提升电荷传输效率；rGO 作为二维基底材料，提供高比表面积和结合位点，能充分与 KCu_7S_4 结合，抑制活性材料的团聚与体积膨胀；而 KCu_7S_4 作为赝电容活性材料，具有丰富的氧化还原活性位点，则显著提升器件的储能能力。

含银纳米材料（如纳米银颗粒、银纳米线）因高导电性、优异的机械柔性和可调控的界面特性，成为提升微型超级电容器性能的一种优异材料。并且银具有抗菌性与生物相容性，能减少个体的感染风险并延长相关器件寿命，在植入式医疗设备中具有独特优势。

通过 3D 打印构建含 Ag 的微型超级电容器能进一步提高器件的整体性能，现阶段已有相关行业对其应用进行了探索实践。主要有以下几个方面：

① 在柔性可穿戴电子设备领域，3D 打印的含 Ag 微型超级电容器可以应用在智能手表、电子皮肤等柔性设备中。例如，韩国 LS Mtron 公司 3D 打印集成一种含 Ag 纳米线的可穿戴储能贴片，厚度仅为 0.2 mm，能为心率监测传感器连续供电 72 h。

② 在植入式医疗器件领域，3D 打印构建的多孔 Ag 电极结构，能作为心脏起搏器、神经刺激器等长期植入体内，且能避免生物排斥反应。如华南理工大学团队采用含 Ag 的复合墨水，经过 DIW 打印出与心肌组织弹性模量匹配的微型电容器，在动物实验中实现连续工作 12 个月无感染，能量密度达 8 mW·h/cm^2。美国 Ioxus 公司利用 3D 打印技术开发了一种 Ag/碳纳米管复合电极的植入式电容器，已通过 FDA 认证并进入临床试验阶段。

③ 在智能物联网领域，一些智能节点（如分布式传感器）需要微型化、自供能器件支持以实现长期监测功能。如德国 Fraunhofer 研究所开发了一种集成光伏模块的 3D 打印 Ag 超级电容器，用于农业物联网节点，在无光照条件下可维持 72 h 运行。我国东华大学团队通过喷墨打印制备 Ag/rGO 叉指电容器，其面积比电容达到 12 F/cm^2，可为温湿度传感器提供峰值功率。

④ 在航空航天与军事装备领域，无人单兵装备对高功率、快速充放电的轻量化储能单元有迫切需求。而 Ag 的轻量化（密度仅为 10.5 g/cm^2）与 3D 打印的结构优化（如仿生打印设计）结合，能显著提升器件的功率

密度。例如，美国 Maxwell 公司为军用无人机开发的 Ag/碳纤维复合电容器，通过 3D 打印实现比传统电池轻 40%，并支持瞬间高功率输出（峰值功率为 15 kW/kg）。中国航天科技集团将 Ag/MXene 电容器用于卫星姿态调节系统，通过空间站 3D 打印技术实现在轨制造，循环寿命达 100000 次。

现阶段，对于纳米 Ag 的利用还存在一定的技术瓶颈，例如 Ag 的高价格制约大规模应用；Ag 在储能器件的充放电过程中易发生迁移或氧化，需通过表面包覆（如石墨烯封装）技术等提升耐久性，相关研究还需进一步探索。

参考文献

[1] Liu S, Xie J, Li H, et al. Nitrogen-doped reduced graphene oxide for high-performance flexible all-solid-state micro-supercapacitors [J]. Journal of Materials Chemistry A, 2014, 2 (42): 18125-18131.

[2] Liang J, Tong K, Pei Q. A water-based silver-nanowire screen-print ink for the fabrication of stretchable conductors and wearable thin-film transistors [J]. Advanced Materials, 2016, 28 (28): 5986-5996.

[3] Choi K H, Yoo J T, Lee C K, et al. All-inkjet-printed, solid-state flexible supercapacitors on paper [J]. Energy & Environmental Science, 2016, 9 (9): 2812-2821.

[4] Li D, Liu X, Chen X, et al. A simple strategy towards highly conductive silve-nanowire inks for screen-printed flexible transparent conductive films and wearable energy-storage devices [J]. Advanced Materials Technologies, 2019, 4 (8): 1900196.

[5] Huang G W, Li N, Du Y, et al. Laser-printed in-plane micro-supercapacitors: From symmetric to asymmetric structure [J]. ACS Applied Materials & Interfaces, 2018, 10 (1): 723-732.

[6] Liu L, Lu Q, Yang S, et al. All-printed solid-state micro supercapacitors derived from self-template synthesis of Ag@ PPy nanocomposites [J]. Advanced Materials Technologies, 2018, 3 (1): 1700206.

[7] Liu L, Tian Q, Yao W, et al. All-printed ultra flexible and stretchable asymmetric in-plane solid-state supercapacitors (ASCs) for wearable electronics [J]. Journal of Power Sources, 2018, 397: 59-67.

[8] He M, Xu W, Wu Y, et al. Co $(OH)_2$/Ag based interdigital micro-supercapacitor fabricated via laser welding and electrodeposition with excellent bendability [J]. Inorganic

Chemistry Communications, 2019, 104: 150-154.

[9] Naik S R, Torvi A I, Munavalli B B, et al. Fabrication and evaluation of flexible micro-supercapacitor from MWCNTs-Ag nanohybrid-sulfonated PANI nanocomposite embedded PVA-TEOS membrane [J]. Chemistry Select, 2021, 6 (13): 3126-3138.

[10] Tang K, Ma H, Tian Y, et al. 3D printed hybrid-dimensional electrodes for flexible micro-supercapacitors with superior electrochemical behaviours [J]. Virtual and Physical Prototyping, 2020, 15 (supl): 511-519.

[11] Nagaraju G, Sekhar S C, Ramulu B, et al. An integrated approach toward renewable energy storage using rechargeable Ag@ $Ni_{0.67}Co_{0.33}S$-based hybrid supercapacitors [J]. Small, 2019, 15 (16): 1805418.

[12] Yue C, Li H, Shi H, et al. Ag nanoparticles decorated CuS sub-micron flowers with enhanced energy storage performance for hybrid supercapacitors [J]. Journal of Alloys and Compounds, 2021, 885: 161080.

[13] Wu Z, Xie L, Xiao Y, et al. Silver wrapped MoS_2 hybrid electrode materials for high-performance supercapacitor [J]. Journal of Alloys and Compounds, 2017, 708: 763-768.

[14] Poudel M B, Karki H P, Kim H J. Silver nanoparticles decorated molybdenum sulfide/tungstate oxide nanorods as high-performance supercapacitor electrode [J]. Journal of Energy Storage, 2020, 32: 101693.

[15] Wang F, Jiang Y, Liu Y, et al. Liquid crystalline 3D printing for super strong graphene microlattices with high density [J]. Carbon, 2020, 159: 166-174.

[16] Cao L, Bai X, Lin Z, et al. The preparation of Ag nanoparticle and ink used for inkjet printing of paper based conductive patterns [J]. Materials, 2017, 10 (9): 1004.

[17] Yao B, Xu G, Zhang H, et al. Microwave synthesis of nano-silver catalyzed by PVP [J]. Journal of Inorganic Chemistry, 2010, 26 (9): 1629-1632.

[18] Ma X, Zhao Y, Jiang X, et al. Facile preparation of Ag_2S/Ag semiconductor/metal heteronanostructures with remarkable antibacterial properties [J]. ChemPhysChem, 2012, 13 (10): 2531-2535.

[19] Ayodhya D, Veerabhadram G. Investigation of temperature and frequency dependence of electrical conductivity and dielectric behavior in CuS and rGO capped CuS nanocomposites [J]. Materials Research Express, 2019, 6 (4): 45910.

第6章 3D打印MWCNTs/rGO/KCu_7S_4复合电极的结构、性能与应用

从第 5 章研究可知，纳米 Ag 颗粒可以增加 rGO/KCu_7S_4 复合电极的导电性能，并可改善器件的储能能力，但纳米 Ag 自身不具有电容特性，rGO/KCu_7S_4 复合电极电化学性能的提升依然存在探索空间。选择具有优异电容性能和黏性成墨特征的多壁碳纳米管（MWCNTs）试图继续提升 rGO/KCu_7S_4 复合电极的电化学性能是本章研究的切入点。MWCNTs 的加入不仅可以提高电极的电容性能，还可以构建孔洞更加丰富的三维网络结构，实现电极结构和性能的双向提升。近年来，直写 3D 打印碳纳米管（CNTs）为主的微型超级电容器的研究已有相关报道[1,2]。Yu 等[3]使用异丙醇与 CNTs 混合球磨制备单纯 CNTs 油墨，然后打印叉指电极组装成 MSCs。Chen 等[4]使用 SWCNTs 和十二烷基硫酸钠制备分散均匀的水性油墨。为了进一步提高电极性能，CNTs 与其他种类碳材料复合制备油墨并进行直写 3D 打印，如石墨/MWCNTs[5]、rGO/CNTs[6]、AC/CNTs/rGO[7] 等。此外，与其他导电活性材料组合也是制备 CNTs 复合油墨的一个方向，如 NSTC/Fe_2O_3/AC/CNTs/GO[8]、PEDOT/PSS/CNTs[9]等相关报道。

本章首先通过氧化石墨烯、羧基改性 MWCNTs 和 KCu_7S_4 制备水性油墨，然后直写 3D 打印并化学还原制备 MWCNTs/rGO/KCu_7S_4 复合电极，并组装成微型对称超级电容器。采用多种测试手段对打印材料组分、油墨和电极的结构形貌、物相成分、流变性能、润湿性能等进行详细分析，对电极和组装的微型器件的电化学性能进行系统研究。

6.1 羧基化多壁碳纳米管结构表征

从制备油墨角度分析，CNTs 之间存在极强的范德华力，导致其在几乎所有液体中的分散性都较低（SWCNTs 更为明显）[3]，这样对制备满足直写 3D 打印所需的高浓度油墨会产生较大挑战。为了改善 CNTs 的分散性能，人们首先添加表面活性剂，如 SDS[4] 等，但多数分散剂对于电极导电性能都有负面影响。研究发现，将 CNTs 表面功能化，如羟基化、羧基化等，可以强化管体之间的斥力，提高 CNTs 的分散能力并增强分散液的稳定性[10]。

图 6-1 为羧基化改性 MWCNTs 的 FT-IR 和 SEM 表征图。其中，图 6-1（a）为 MWCNTs 羧基化改性前后的 FT-IR 光谱对比。羧基化改性后，MWCNTs 在 1719 cm^{-1} 附近显示出明显的羧基 C ═O 振动吸收峰；在 1650 cm^{-1} 处的峰对应羧酸根中的 C ═O 键振动，说明经过改性处理，MWCNTs 表面成功嫁接了羧基活性基团。图 6-1（b）为羧基化改性 MWCNTs 的 SEM 图。从图中可以看出碳纳米管依然保持较大长径比，这对于电荷的传输以及三维网络的搭建是非常有利的[5]。

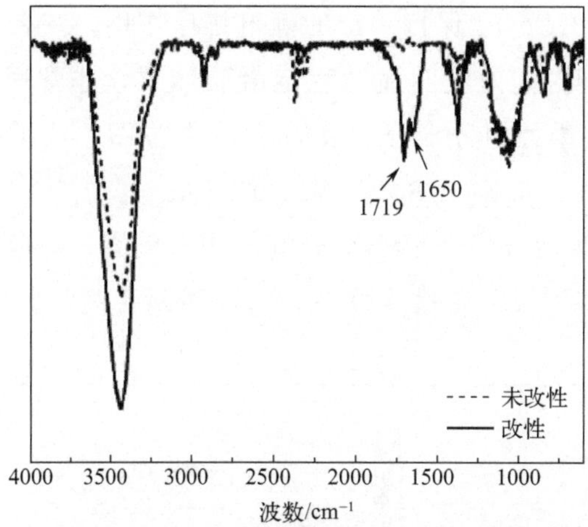

(a)FT-IR图

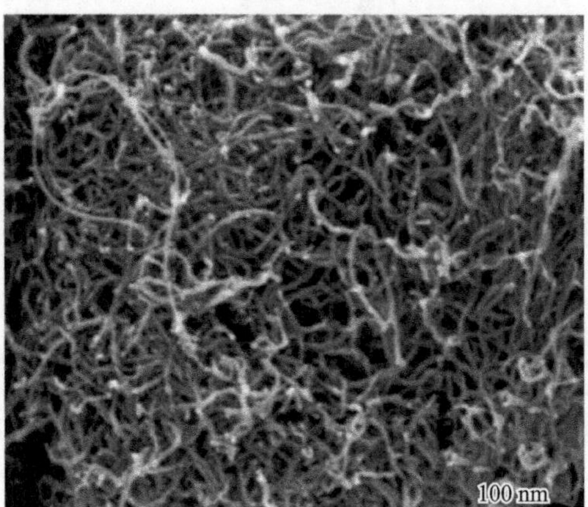

(b)SEM图

图 6-1　MWCNTs 结构表征

6.2 $MWCNTs/GO/KCu_7S_4$ 油墨的流变性能

6.2.1 油墨组分的 Zeta 电位

碳纳米管表面接枝羧基官能团后，在水溶液中会呈现负电位[11]，可与另外两组分 GO、KCu_7S_4 保持一定的静电排斥作用。三者在水溶液中可构建分散均匀、空间位阻效应明显的稳定凝胶体系，非常适宜直写 3D 打印工艺。图 6-2 为油墨各组分水分散液的 Zeta 电位图。从图中可以看出，改性 MWCNTs、GO 和 KCu_7S_4 水溶液的 Zeta 电位分别为－42.7 mV、－47.9 mV 和－36.8 mV。三者 Zeta 电位均为负值，排斥力较明显。三组分在水溶液中能够形成稳定排斥体系，为油墨制备奠定良好基础。

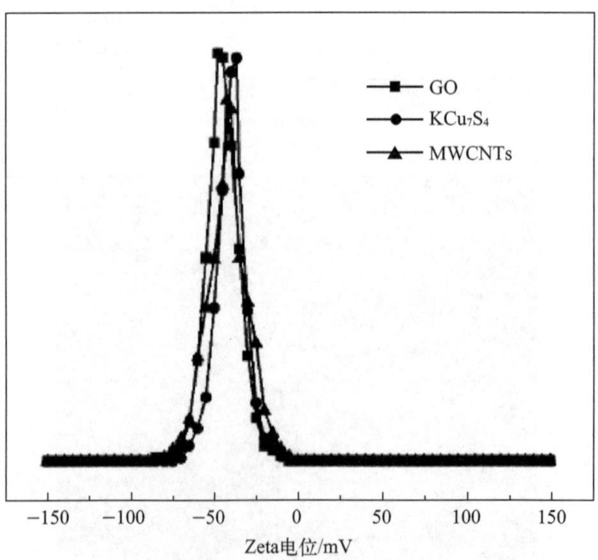

图 6-2 油墨各组分水分散液的 Zeta 电位图

6.2.2 油墨配比对流变性能的影响

通过前述 3.1.2.2 过程制备不同比例的 MWCNTs/GO/KCu_7S_4 油墨，见图 6-3（书后另见彩图）。

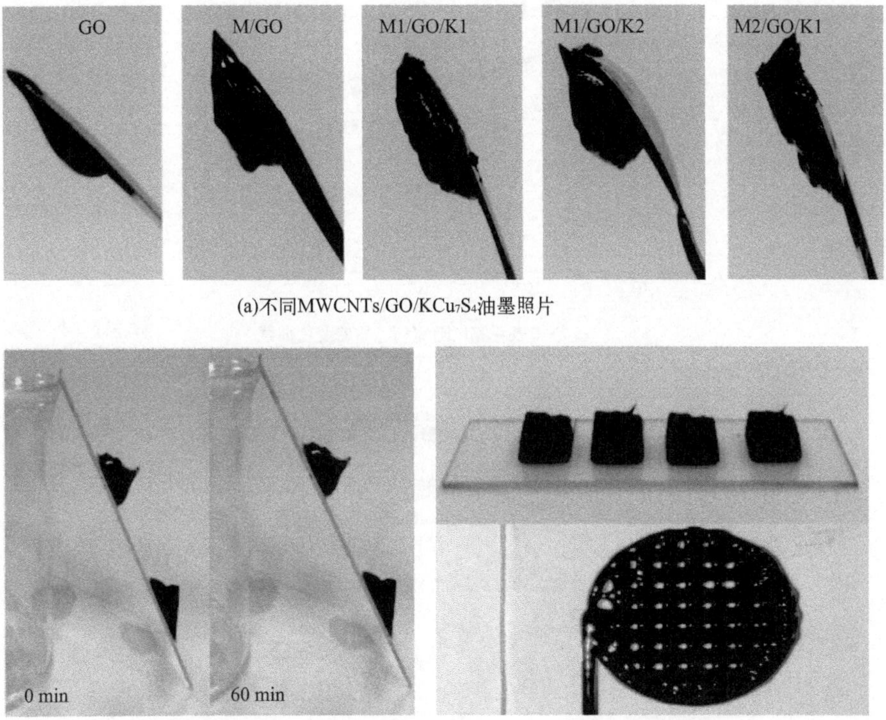

(a)不同MWCNTs/GO/KCu_7S_4油墨照片

(b)油墨不同时间的状态

(c)不同打印形状

图 6-3 打印油墨状态图

从图 6-3（a）中可以发现，五种油墨均呈现黏状凝胶态。与 GO 油墨比较，加入 MWCNTs 后，油墨颜色变黑，光泽度较好；再次加入 KCu_7S_4 后，整个油墨的颜色进一步加深，黏稠度明显增大，且不同比例黏稠状略有区别。当用药匙挖取并倾斜放置时，除 GO 油墨有滑移外，其他油墨均保持原有形状，不会滑动或掉落。随时间延长，油墨基本不发生变形。这说明所制备的油墨均具有稳定黏性。以 M1/GO/K2 为例［见图 6-3（b）］，油墨在倾斜玻璃板上放置 60 min 后仍能保持原有形状，说明油墨黏性良好，能承受自身重量，在空间堆积时不易坍塌。图 6-3（c）为 M1/GO/K2 油墨打印构筑的多层三维结构和圆形骨架形状，反映油墨具有良好的空间堆积表现和优异的连续挤出能力。

对不同 MWCNTs/GO/KCu_7S_4 油墨的流变性能进行测试研究，见图 6-4。

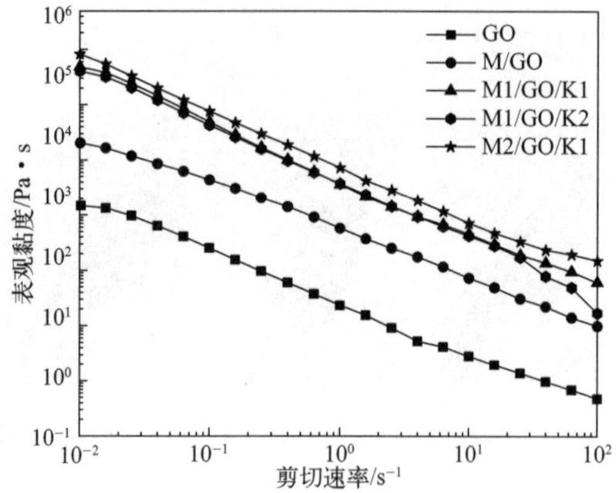

(a)油墨表观黏度随剪切速率的变化曲线

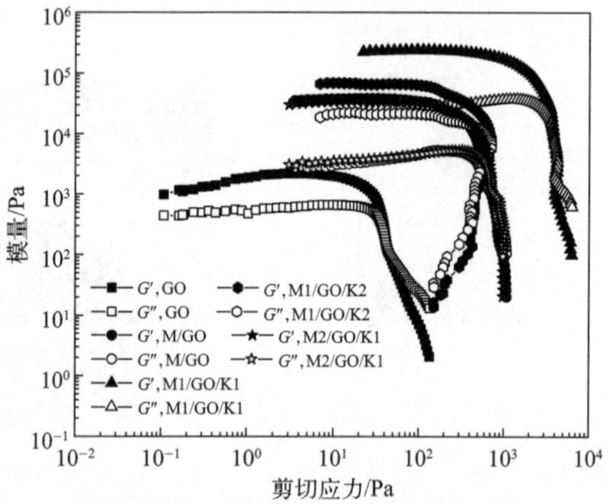

(b)储能模量(G')和损耗模量(G'')随剪切应力的变化曲线

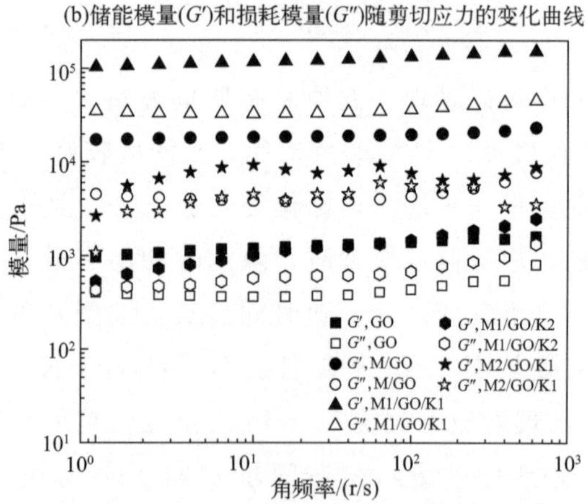

(c)储能模量(G')和损耗模量(G'')随角频率的变化曲线

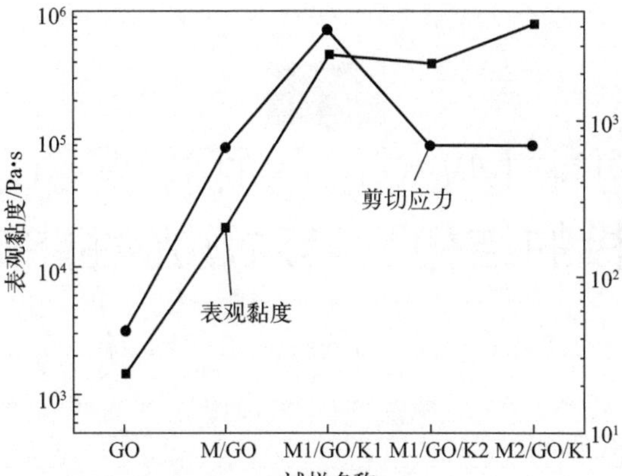

(d)各油墨的静态表观黏度与临界剪切应力

图 6-4　油墨的流变性能

从图中观察到，随着 MWCNTs 与 KCu_7S_4 质量比的不断增加，油墨的表观黏度不断增大。当二者质量比最小即 1∶2 时，油墨的表观黏度最小，临界剪切应力最小，非常适宜 3D 打印的实施。并且，图中五种油墨都表现出表观黏度随剪切速率的增加而线性下降的趋势，呈现出非牛顿流体特征。当 GO 与 MWCNTs 混合后，整体表观黏度明显增大；加入 KCu_7S_4 后，黏度进一步增大。这说明线状材料对于油墨黏度调节有促进作用[12]。各油墨的静态表观黏度见图 6-4（d）。图 6-4（b）显示，在动态剪切应力条件下，GO 油墨存在明显较长的 G' 大于 G'' 的线性黏弹性平台。当加入 MWCNTs 和 KCu_7S_4 后，储能模量值和损耗模量值均比 GO 油墨高，其中 M1/GO/K1 油墨两种数值最高。但四种油墨 G' 大于 G'' 的平台区域要比 GO 油墨相对较短，说明 MWCNTs 和 KCu_7S_4 的加入会略微降低油墨的黏弹性。同时发现，加入 MWCNTs 和 KCu_7S_4 的油墨的 G' 和 G'' 交叉区比单纯 GO 油墨的交叉区要大，表明直写打印挤出压力会随之增大，其中 M1/GO/K2 的交叉区对应应力最小，打印所需压力最低，更适宜工艺操作［见图 6-4（d）］。从整个角频率变化范围观察［见图 6-4（c）］，五种油墨的储能模量 G' 均大于损耗模量 G''，说明五种油墨在各种变化中均能保持优异的分散稳定性。

6.3 3D 打印 MWCNTs/rGO/KCu_7S_4 复合电极的结构及其对润湿性能的影响

6.3.1 形貌结构表征

对制备的 3D 打印 MWCNTs/rGO/KCu_7S_4 复合电极进行 SEM 表征分析，见图 6-5。

从图中可以看出，在低倍率电镜下观察，每种电极经纬线的宽度基本保持在 400 μm 左右，说明打印和还原过程中对三维结构均未产生破坏性影响。但 MWCNTs 与 KCu_7S_4 质量比不同，打印线条的形状和孔洞结构会发生变化。其中 M1/rGO/K2 线条最为规整，且线条上的孔洞结构分布较为均匀。相对来说，M1/rGO/K1 与 M2/rGO/K1 的线条有部分扭曲，孔洞结构分布不均匀，尤其 M2/rGO/K1 最为明显。原因是这两种试样对应组分中 MWCNTs 含量相对较多，已有文献证明油墨中 MWCNTs 比例增多，会增加油墨的黏稠性，前述流变性能测试结果也正好印证这个观点。而越黏稠的油墨在挤出时随喷嘴变形趋势越大，线条发生扭曲的概率越大[13]。在 10 μm 的放大倍数下观察发现，所有电极线条内部都存在一定的孔洞，其中 M1/rGO/K2 电极中 KCu_7S_4 分散均匀，rGO 薄层覆盖表面。

对 M1/rGO/K2 电极的表观形貌和内部结构进行进一步表征分析，见图 6-6（书后另见彩图）。从图中可以看出，M1/rGO/K2 电极的水平和垂直线排列非常整齐。当扫描倍率放大时［见图 6-6（a1）］，可以发现电极上有许多明显的孔洞，这是由于含有线状材料的黏性油墨在压力条件下沿挤出方向产生孔洞。这些孔洞非常利于电解质的传输，对电极导电性能的提升有极大的促进作用。图 6-6（a2）显示 rGO 薄片覆盖 MWCNTs 和 KCu_7S_4。为了更清楚地了解三种材料之间的位置关系，使用 TEM 技术进一步观察。从图 6-6（c）中可以看出，MWCNTs 均匀分布在 rGO 和 KCu_7S_4

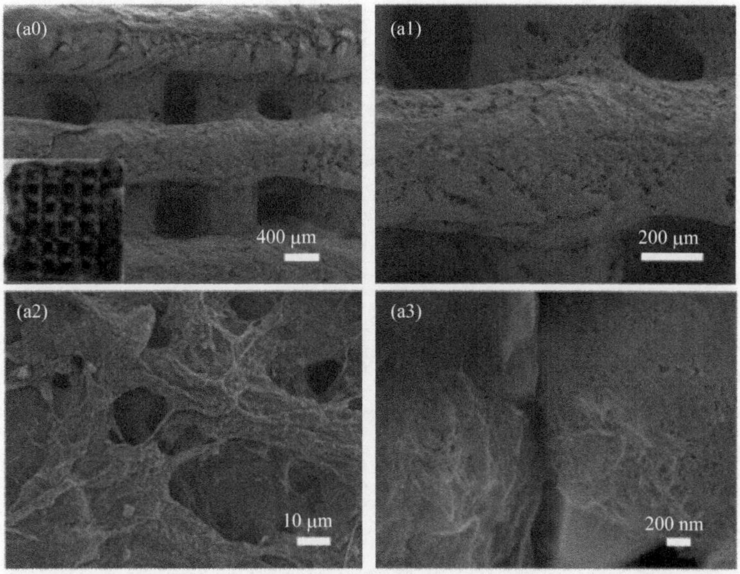

(a) M/rGO

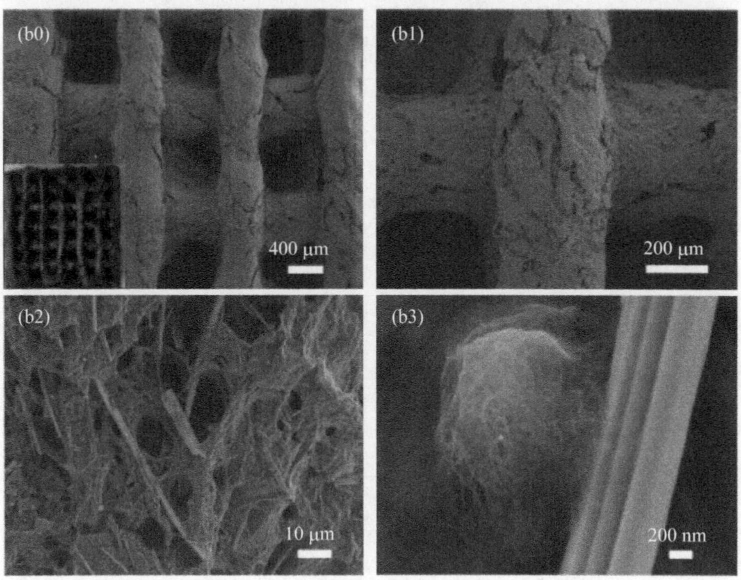

(b) M1/rGO/K1

图 6-5

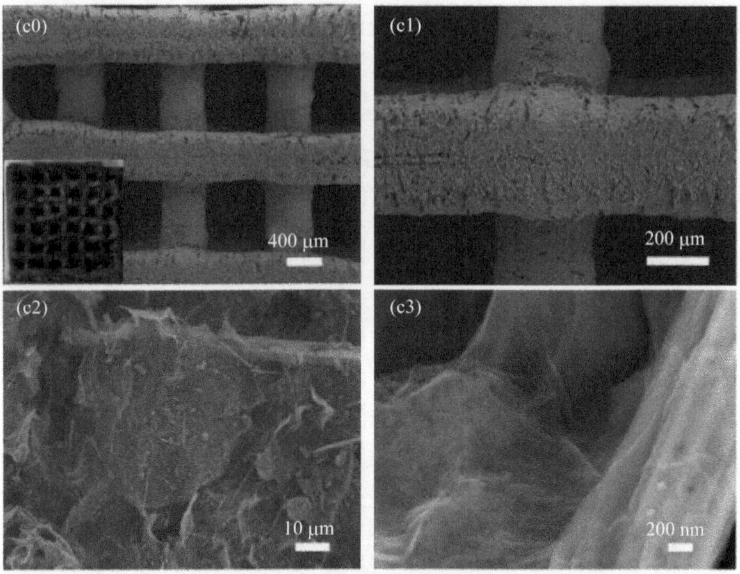

(c) M1/rGO/K2

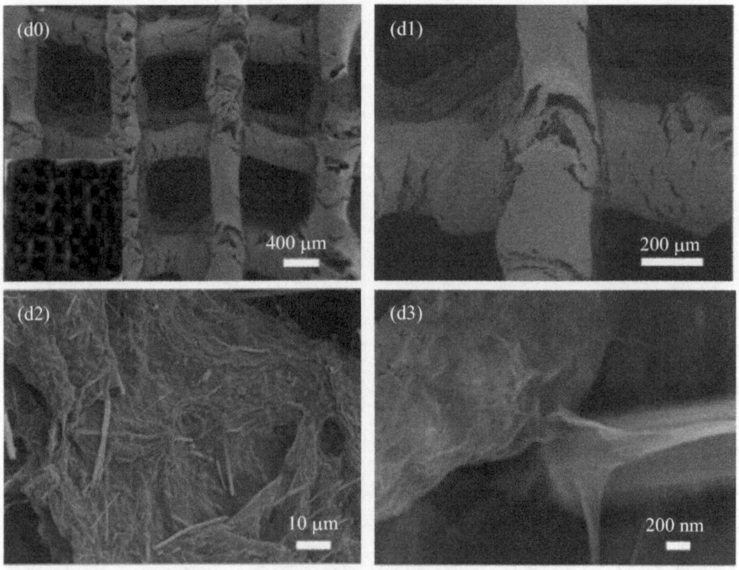

(d) M2/rGO/K1

图 6-5 复合电极的 SEM 图

的中间，充当桥梁，为电子的穿梭提供更好的导电路径，具体模拟结构见图 6-6（e）。rGO 片层与刚性的 KCu_7S_4 互相重叠排列，MWCNTs 充当柔软的导电手臂，将二者牢固结合。

同时观察到，KCu_7S_4 棒材的表面光滑，边缘透明，并得到了 0.72 nm 的清晰晶格条纹，对应于 KCu_7S_4 的（110）晶面。M1/rGO/K2 电极的 EDS 图谱见图 6-6（b）。其中，元素 C、O、K、Cu 和 S 清晰可见，K、Cu、S 元素的原子分数分别为：K（0.32%）、Cu（2.25%）、S（1.41%），与 KCu_7S_4 的计量比 1∶7∶4 基本一致［见图 6-6（d）］。这说明 KCu_7S_4 在还原过程中

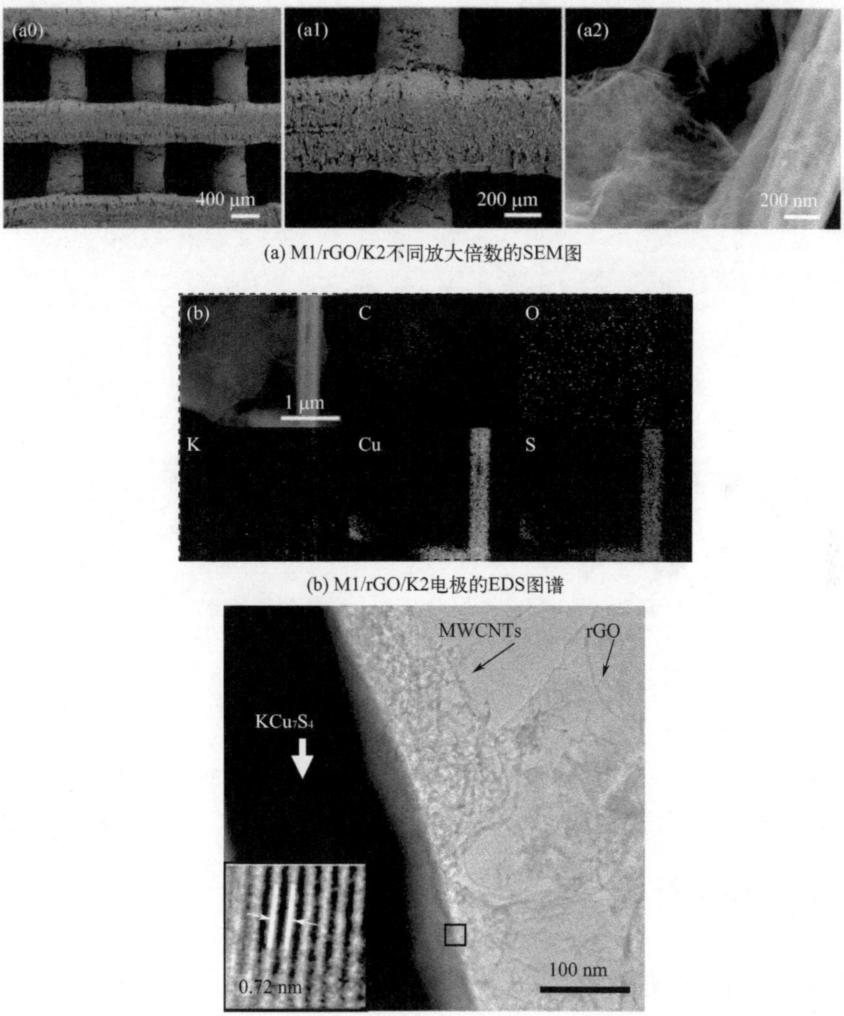

(a) M1/rGO/K2不同放大倍数的SEM图

(b) M1/rGO/K2电极的EDS图谱

(c) M1/rGO/K2电极的TEM图

图 6-6

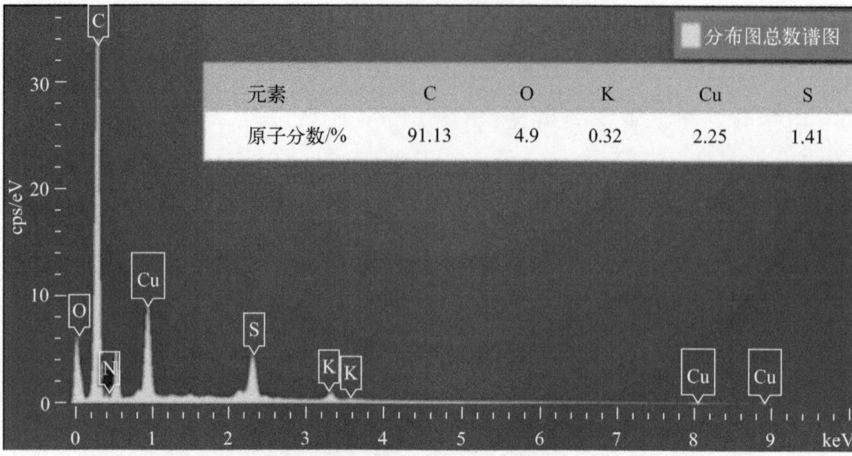

(d) EDS图谱对应的各元素的原子分数

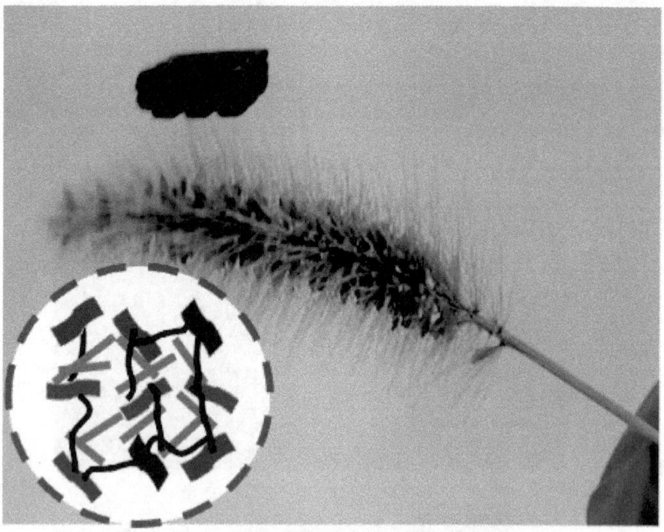

(e) M1/rGO/K2电极的照片

图 6-6　电极的表观形貌和结构

没有变化。所制备的 M1/rGO/K2 电极具有轻质特征，将其放置在一株轻草上，草头没有发生变形弯曲。

6.3.2　物相分析

6.3.2.1　XRD 表征分析

对各 3D 打印 MWCNTs/rGO/KCu_7S_4 复合电极进行 XRD 表征分析，见

图 6-7。图 6-7（a）为 GO 和 MWCNTs 两种主要原料的 XRD 图谱，其中 MWCNTs 表现出石墨的（002）衍射特征峰。图 6-7（b）中所有样品都观察不到 GO 的特征峰，说明 GO 已被彻底还原成 rGO。其中，25°～26° 左右的特征峰为 rGO 和 MWCNTs 。与 KCu_7S_4 的标准谱比较，还原后的 KCu_7S_4 特征峰未发生改变，表明还原过程中 KCu_7S_4 的结构未受到破坏。

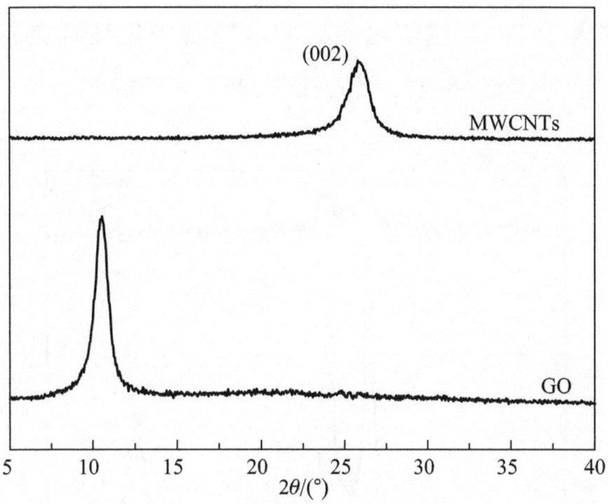

(a)GO和MWCNTs

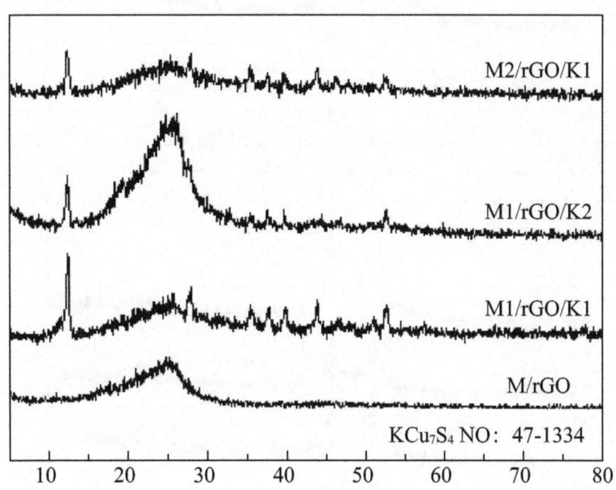

(b)全部打印电极

图 6-7 复合电极的 XRD 图谱

6.3.2.2 拉曼光谱表征分析

图 6-8 为 GO、MWCNTs 和各复合电极的拉曼光谱图。图 6-8（a）中

1350 cm^{-1}和 1580 cm^{-1}处的两个宽峰分别代表 GO 和 MWCNTs 的 D 峰和 G 峰，而位于 2678 cm^{-1} 和 2930 cm^{-1} 处的两个峰则与 MWCNTs 的 D+D 和 G+G 峰相关。当加入 KCu_7S_4 后［见图 6-8（b）］，四种峰值位置没有发生变化。同时，由于 Cu-S 的晶格振动，在 470 cm^{-1} 处均出现一条较为明显的宽谱[14,15]。这与前述 XRD 表征结果一致。I_D/I_G 的相对强度比值能很好地反映石墨烯结构的缺陷和无序程度。从图 6-8（c）中可以看出，所有打印电极的 I_D/I_G 值都大于 GO，说明还原后的电极石墨化程度更高，还原更彻底，表面缺陷增加。这对电极导电性能的提高是非常有益的。

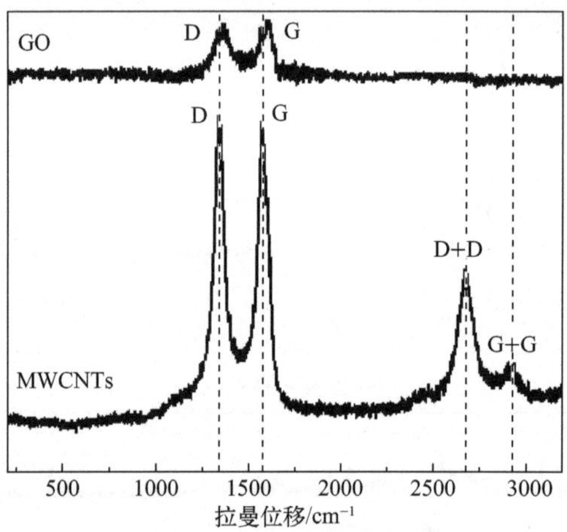

(a)GO和MWCNTs的拉曼图谱

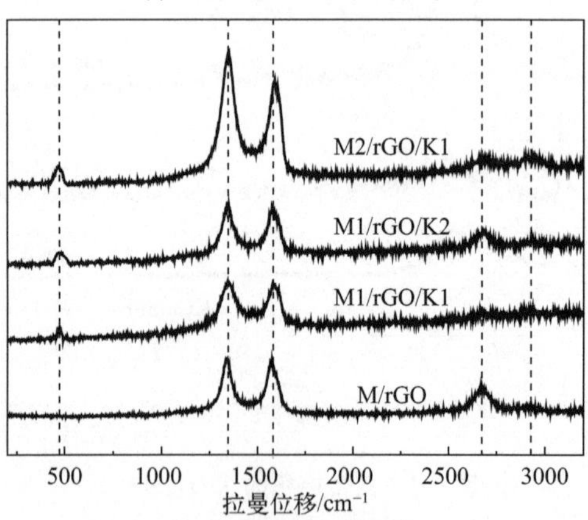

(b)全部电极的拉曼图谱

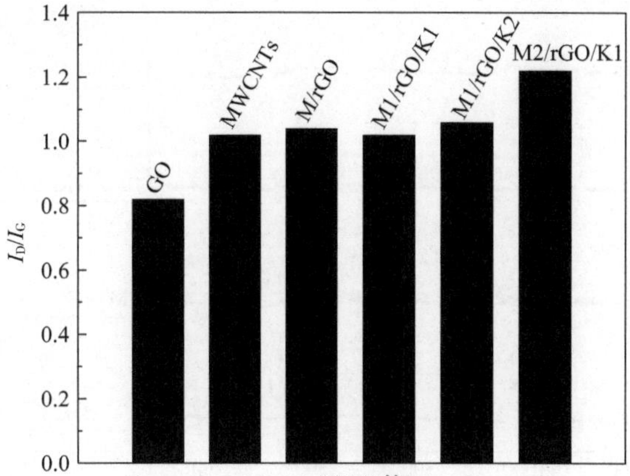

(c)I_D/I_G值

图 6-8　复合电极的拉曼图谱

6.3.2.3　XPS 表征分析

3D 打印 MWCNTs/rGO/KCu_7S_4 复合电极的 XPS 表征分析见图 6-9（书后另见彩图）。图 6-9（a）中含 KCu_7S_4 复合电极的 XPS 图谱中均包含 5 个峰，其中两个明显的峰 C1s 和 O1s，另外还有两个峰 Cu $2p_{3/2}$ 和 Cu $2p_{1/2}$，还有一个小峰 N 1s。这是含碳材料和 KCu_7S_4 的典型 XPS 图谱，而 N 1s 峰可能是水合肼还原掺杂 N 元素的结果。相关研究表明，水合肼高温还原氧化石墨烯后，石墨烯表面会部分负载 N 元素[16]。C 1s 与 O 1s 的峰值比可以反映氧化石墨烯的还原程度。研究发现，所有电极的 C 1s 与 O 1s 峰值比都大于氧化石墨烯，这从侧面证实了还原的成功完成。通过研究 Cu 2p 的精确谱可以区分 Cu 元素的键合状态［见图 6-9（b）］。以 M1/rGO/K2 为例，发现 Cu $2p_{3/2}$ 和 Cu $2p_{1/2}$ 峰均归属于 Cu^{+}[17]。这种情况与 KCu_7S_4（见图 4-2）相同，表明电极中的 Cu 与其他元素没有化学键合。

6.3.3　结构对润湿性能的影响

对 3D 打印的 MWCNTs/rGO/KCu_7S_4 复合电极与电解液（3 mol/L KOH 水溶液）的润湿行为进行接触角测试分析，见图 6-10（书后另见彩图）。图中所示结果均为电解液滴落在电极表面 10 s 时测定的接触角。

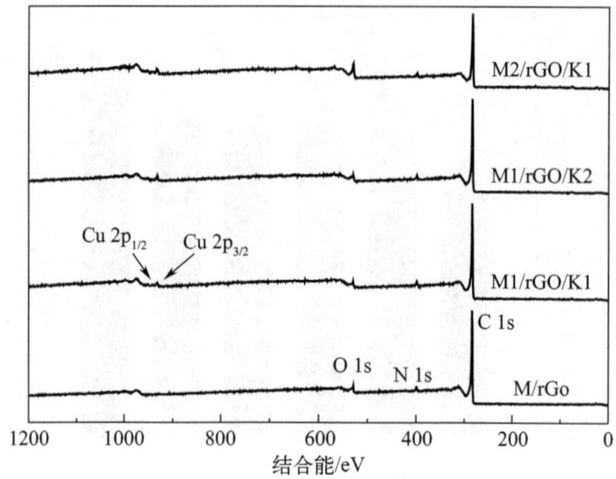

(a) 所有电极的全谱图

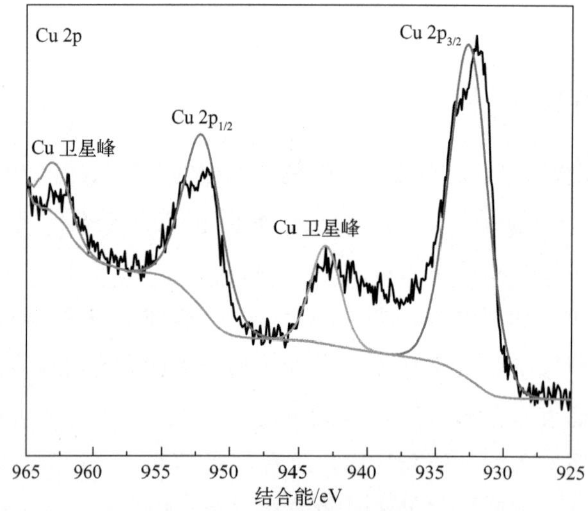

(b)M1/rGO/K2电极Cu 2p精确谱

图 6-9 复合电极的 XPS 图谱

从图中可以看出，随着 MWCNTs/rGO/KCu_7S_4 复合电极中 MWCNTs 与 KCu_7S_4 质量比的不断增大，电极与电解液的润湿性能逐渐降低。其中 M1/rGO/K2 电极的接触角最小，为 43.59°。但观察发现，每种复合电极与 KOH 水溶液的接触角均小于 90°，都具有较好的润湿性能。单纯 M/rGO 电极的接触角为 65.28°。当加入 KCu_7S_4 后，三种电极与 KOH 电解液的接触角均会减小，其与电解液的润湿效果提高。这与其电极结构有关（见图 6-6）。MWCNTs 与 KCu_7S_4 两种不同形态的 1D 材料在电极内部搭建丰

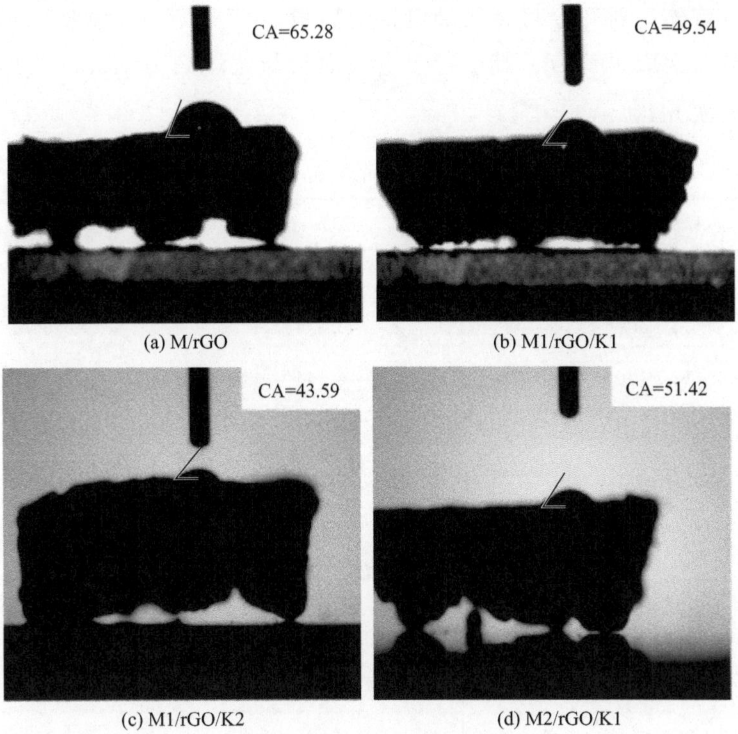

图 6-10 复合电极接触角测试

富的孔洞，但只有二者配比合适才能产生较好的电解液浸润渗透效果，其中 KCu_7S_4 占比越大，润湿效果越明显，这或许与 KCu_7S_4 特殊的刚性结构有关，其刚性结构能够为打印结构提供骨架支撑，利于内部孔洞的产生。

6.4 3D 打印 MWCNTs/rGO/KCu_7S_4 复合电极的电化学性能

对 3D 打印 MWCNTs/rGO/KCu_7S_4 复合电极的电化学性能进行系统研究，主要研究不同 MWCNTs/KCu_7S_4 配比、电极层数等对电化学性能的影响。首先，对每个打印复合电极的质量、尺寸等进行测量，每个数值均为测量三次取平均值，其中每个电极的长与宽均归为 1 cm × 1 cm，其余数值见表 6-1。

表 6-1　打印电极的质量、厚度数值

样品名-层数	厚度/cm	质量/g
M/rGO-4	0.176	0.0048
M/rGO-6	0.214	0.0074
M/rGO-8	0.344	0.0108
M1/rGO/K1-4	0.220	0.0092
M1/rGO/K1-6	0.302	0.0141
M1/rGO/K1-8	0.394	0.0188
M1/rGO/K2-4	0.232	0.0067
M1/rGO/K2-6	0.334	0.0116
M1/rGO/K2-8	0.402	0.0146
M2/rGO/K1-4	0.200	0.0082
M2/rGO/K1-6	0.280	0.0121
M2/rGO/K1-8	0.380	0.0166

6.4.1　循环伏安特性

对 3D 打印 MWCNTs/rGO/KCu_7S_4 复合电极进行循环伏安测试，见图 6-11。首先，在扫描速率为 30 mV/s 条件下，对不同层数不同配比电极进行循环伏安测试［见图 6-11（a）、（b）、（c）］。通过三幅图的综合比较，可以发现对于相同层数的电极来说，MWCNTs/KCu_7S_4 配比为 1∶2 时，该 M1/rGO/K2 电极呈现的 CV 曲线环形面积均大于其余几种电极，说明 M1/rGO/K2 电极的电容性能相对更佳。比较 M1/rGO/K2 电极在不同层数下的 CV 曲线［见图 6-11（d）］，可以发现随着打印层数的增加，电极的 CV 曲线环形面积相对增加，这与第 3 章的研究观点相一致。对 8 层打印的 M1/rGO/K2 电极在不同扫描速率下进行 CV 测试，可以看出随着扫描速率增加，曲线范围逐步扩大，但形状保持稳定，说明 M1/

rGO/K2 电极具有优异的电流-电压响应速度，且电极内部的离子传输阻力较小，电容保持率较高。

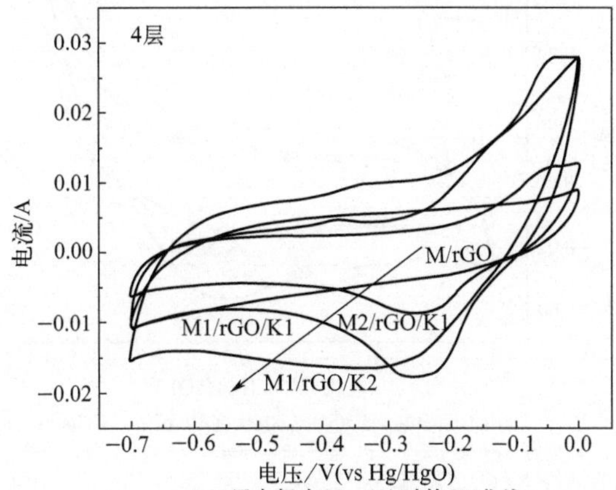

(a)4层电极在30 mV/s时的CV曲线

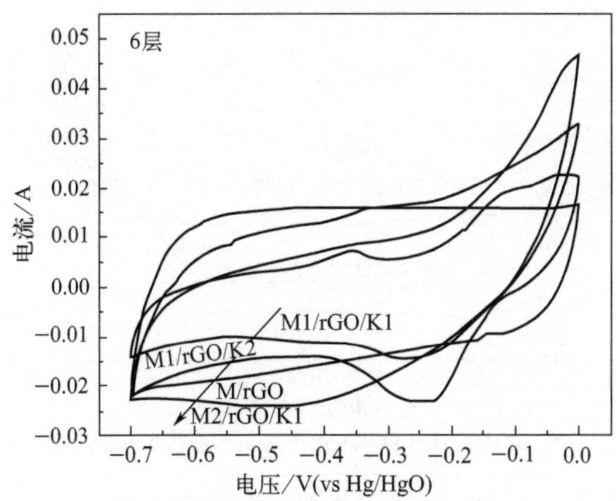

(b)6层电极在30 mV/s时的CV曲线

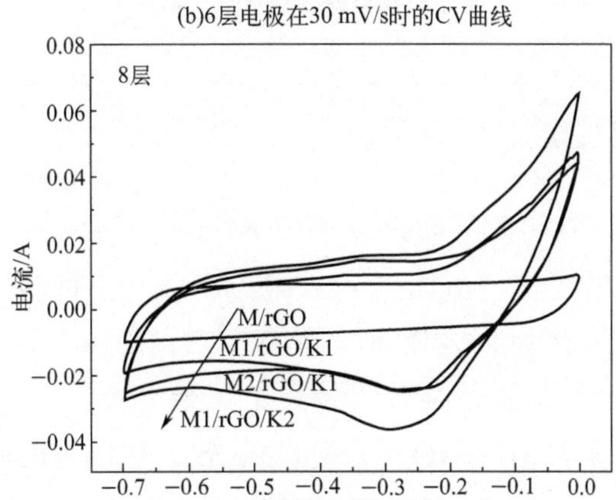

(c)8层电极在30 mV/s时的CV 曲线

图 6-11

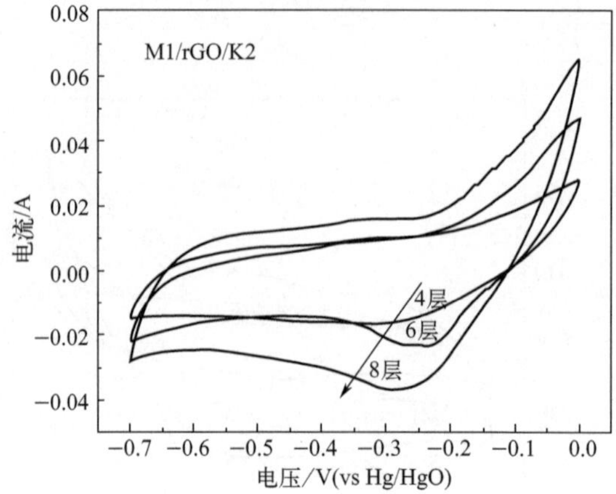

(d)不同层数M1/rGO/K2电极在30 mV/s的CV曲线

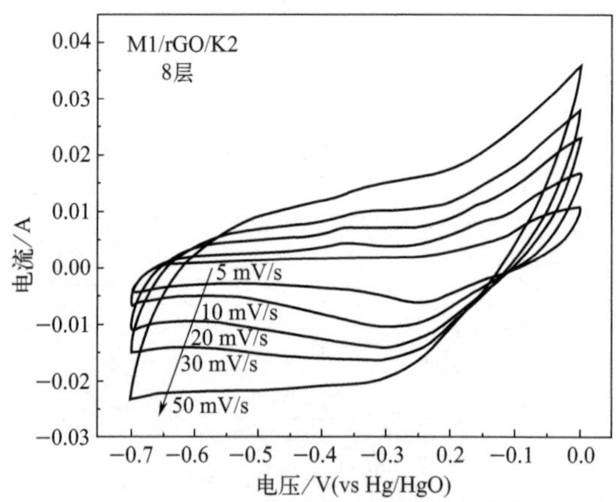

(e)8层M1/rGO/K2电极在不同扫描速率下的CV曲线

图 6-11　复合电极的 CV 曲线

6.4.2　充放电性能

图 6-12 为 3D 打印 MWCNTs/rGO/KCu_7S_4 复合电极的恒电流充放电曲线与计算的比电容值。由图 6-12（a）～（c）中可知，当电流密度为 0.5 A/g、电极具有相同层数时，MWCNTs/KCu_7S_4 配比为 1∶2 的 M1/rGO/K2 电极的充放电时间明显大于其余电极。同一电极比较发现，随着打印层数增加，M1/rGO/K2 电极的充放电时间也明显增大，见图 6-12（d）。图 6-12（e）为 M1/rGO/K2 电极在不同电流密度下的 GCD 曲线。

以 0.5 A/g 为例，以 GCD 曲线显示的放电时间为准计算各个电极的比电容值，如图 6-12（f）～（h）所示。通过计算发现，无论质量比电容、面积比电容还是体积比电容，M1/rGO/K2 电极都明显优于其余电极，并且随着打印层数的增加，比电容值不断增加。可以看到，在 0.5 A/g 条件下，当打印层数为 8 层时，该 M1/rGO/K2 电极的三种比电容值分别为 1674.3 F/g、27.8 F/cm^2 和 73.1 F/cm^3。而空白试样 8 层的 M/rGO 电极的三种比电容值分别为 353.6 F/g、3.8 F/cm^2 和 11.1 F/cm^3。第 3 章 rGO/KCu_7S_4 电极最佳配比 rGO/K-3 的 8 层电极比电容值（电流密度为 0.5 A/g）分别为 815.8 F/g、7.3 F/cm^2 和 27.7 F/cm^3。综合比较，MWCNTs 的加入以及 MWCNTs 与 KCu_7S_4 的协调作用，显著提升了电极的电化学性能。

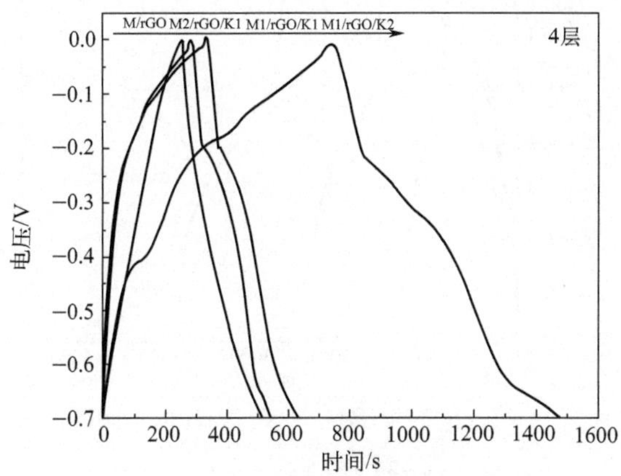

(a)4层电极的GCD 曲线

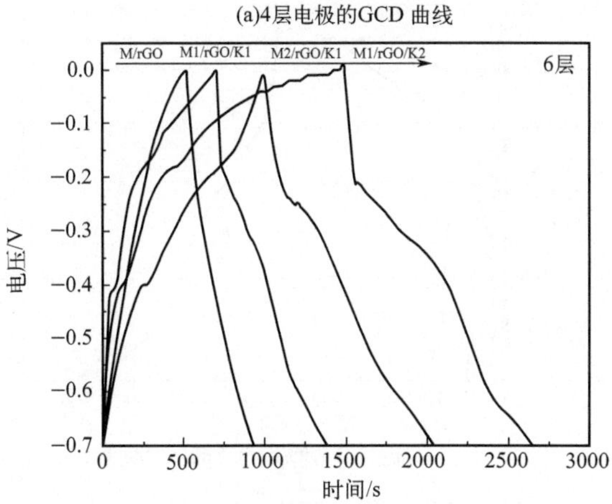

(b)6层电极的GCD曲线

图 6-12

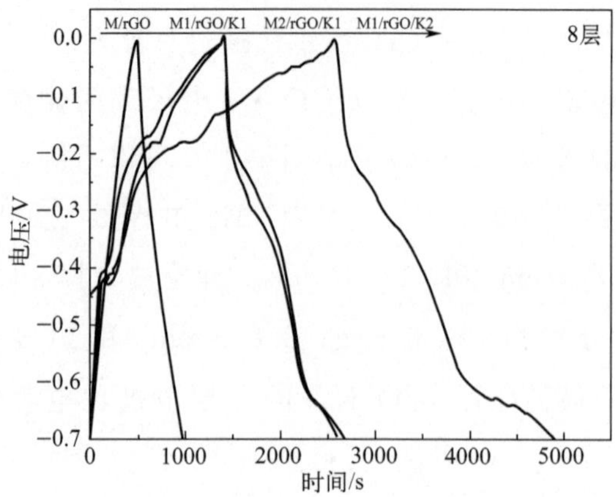

(c)8层电极的GCD 曲线

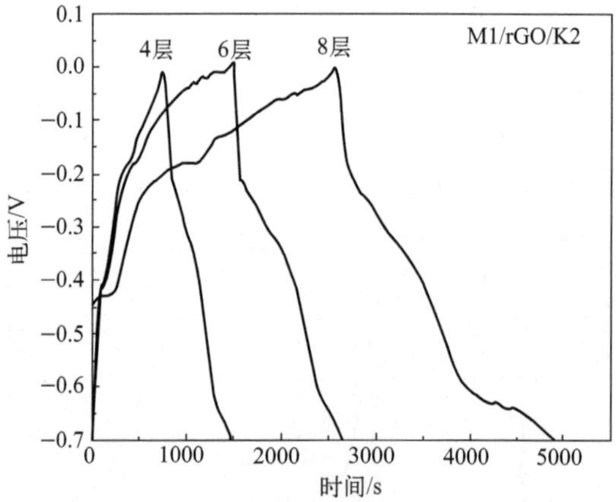

(d)不同层数M1/rGO/K2电极的GCD 曲线

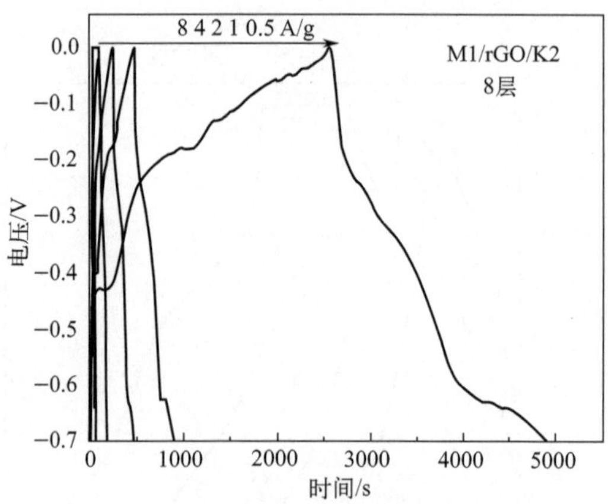

(e)8 层 M1/rGO/K2电极的GCD曲线

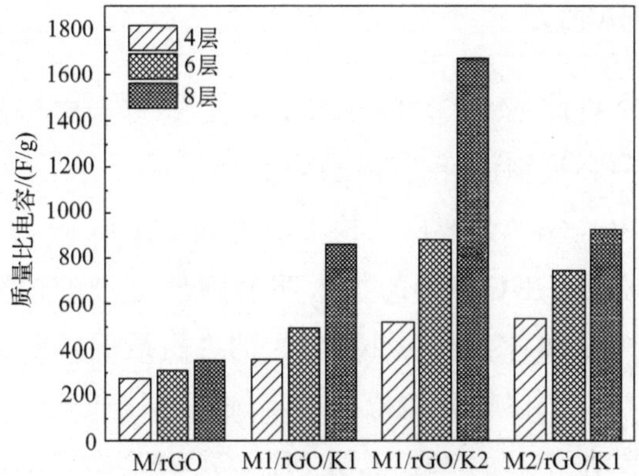

(f)不同层数电极的质量比电容

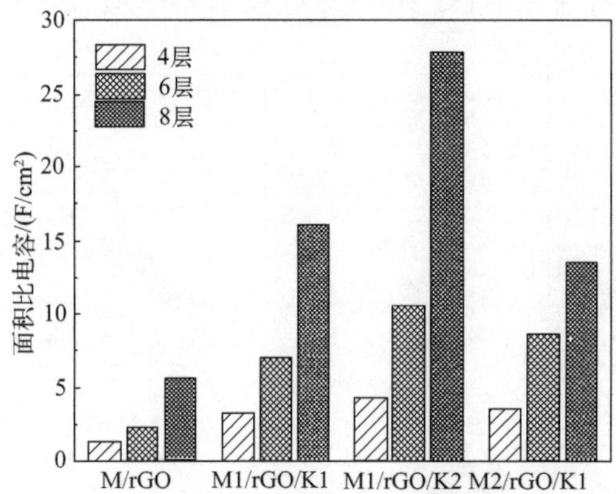

(g)不同层数电极的面积比电容

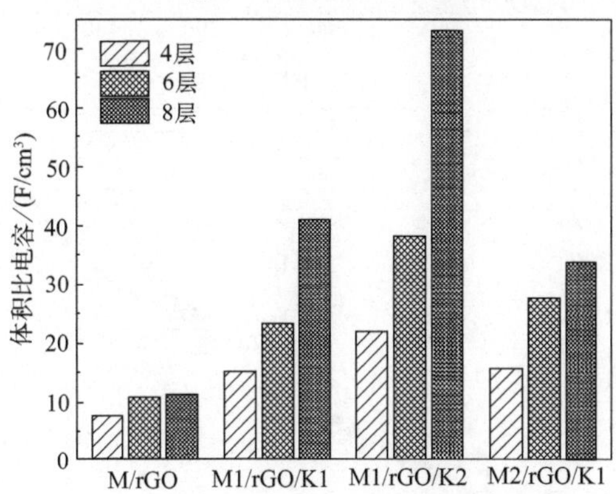

(h)不同层数电极的体积比电容

图 6-12　复合电极的 GCD 曲线和比电容值

6.4.3 交流阻抗特性

图 6-13 为 3D 打印 MWCNTs/rGO/KCu_7S_4 复合电极的部分 EIS 曲线及相应等效电路图和模拟的元件阻抗数值。

图 6-13（a）和（d）为 8 层结构不同电极的 EIS 曲线和各元件的阻抗值。从图中可以看出，KCu_7S_4 的加入明显降低电极的内阻，四个电极比较发现 M1/rGO/K2 和 M_2/rGO/K1 电极的内阻最低，仅为 0.92 Ω。四个电极在中频区都有一个比较简短模糊的半圆，相比较 M1/rGO/K2 电极的直径最短，R_{CT} 数值为 0.94 Ω，说明 M1/rGO/K2 电极的电荷转移电阻较低。而在低频区域内，M1/rGO/K2 电极的斜率最大，说明其表面离子的

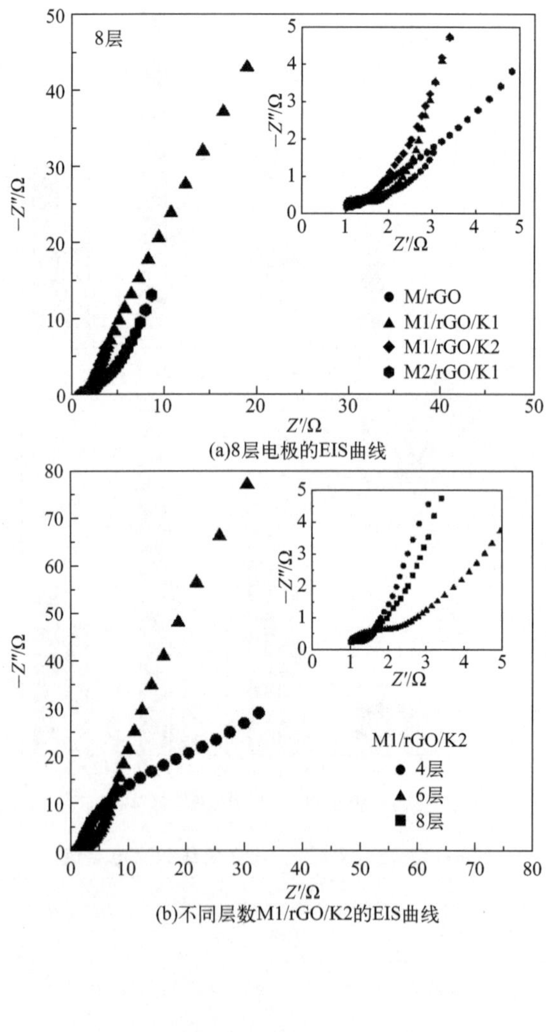

(a)8层电极的EIS曲线

(b)不同层数M1/rGO/K2的EIS曲线

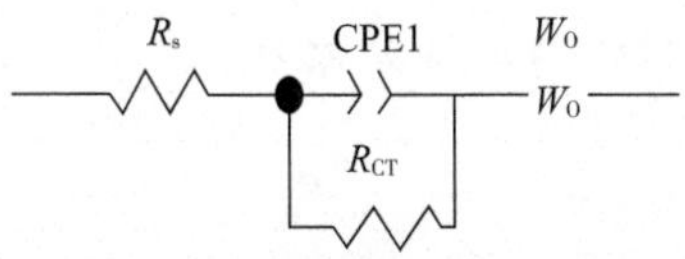

(c)等效电路图

样品	R_s/Ω	CPE1	R_{CT}/Ω	W_O
M/rGO	1.02	0.59	1.85	2.29
M1/rGO/K1	0.93	0.78	1.45	1.38
M1/rGO/K2	0.92	0.42	0.94	1.14
M2/rGO/K1	0.92	0.46	1.26	1.57

(d)各元件的阻抗值

图 6-13　复合电极的 EIS 曲线、等效电路图和各元件的阻抗值

扩散阻抗较低，电容性能较好。同时，比较 M1/rGO/K2 不同层数的交流阻抗［见图 6-13（b）］，可以发现 4 层 M1/rGO/K2 电极的阻抗整体较低，导电性能相对较好。

图 6-13（c）为该 3D 打印 MWCNTs/rGO/KCu_7S_4 复合电极的等效电路图，相应的各元件阻抗值表列于图 6-13（d）。拟合的等效电路图主要由三部分串联构成：一是电极的综合内阻 R_s；二是工作电极的双电层电容 CPE1 和电子转移电阻 R_{CT} 并联模块；三是 Warburg 扩散 W_O。该模拟电路与第 4、第 5 章 3D 打印复合电极的电路相同。

6.4.4　循环稳定性

当电流密度为 2 A/g 时，对 3D 打印 MWCNTs/rGO/KCu_7S_4 复合电极进行 2000 次充放电循环测试，见图 6-14。从图 6-14（a）可以发现，经过 2000 次循环后，M/rGO 电极的电容保持率依然为 100%，这是碳材料循环性能优异的特征。M1/rGO/K1 电极的电容保持率达到 74.6%，而其余两种电极的电容保持率则达到 88%左右，与第 3 章 rGO/K-3 的循环稳定性比较，M/rGO/K 电极略有增加，究其原因可能是 KCu_7S_4 在材料中的比例降低，而 rGO 与 MWCNTs 相对含量增大的缘故。而 M1/rGO/K2 电极中 KCu_7S_4 虽相对含量较大，但其电容保持率较高，说明在此配比条件下，打印出的优异结构对于电极的循环稳定性是有促进作用的。对不同层数的 M1/rGO/K2 电极进行循环稳定性测试［见图 6-14（b）］，可以发现，6 层与 8 层电极的循环稳定性基本相当，4 层电极在 2000 次循环后电容保持率相对较低。

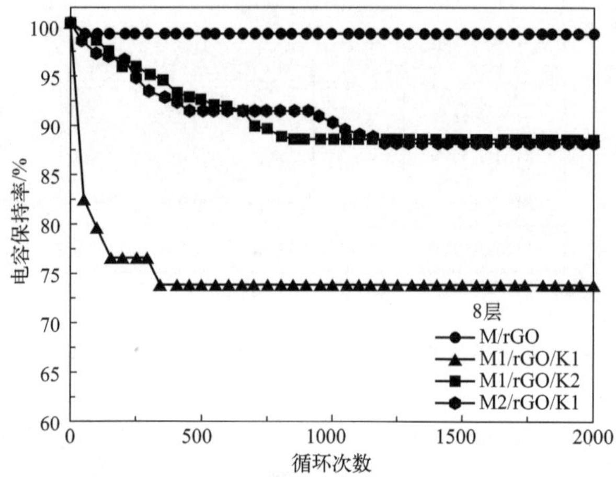

(a)8层电极的循环稳定性曲线

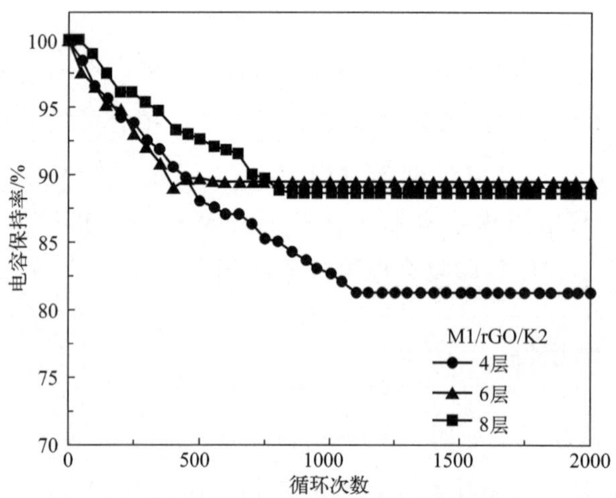

(b)不同层数M1/rGO/K2的循环稳定性曲线

图 6-14　复合电极的循环稳定性曲线

6.4.5　导电机理

3D 打印 MWCNTs/rGO/KCu_7S_4 复合电极特殊的三维网络结构使其展现出优异的导电能力。结合图 6-6 所示，以前述电化学性能最佳的

M1/rGO/K2 电极为例，创建该 3D 电极的结构模型，见图 6-15（书后另见彩图）。

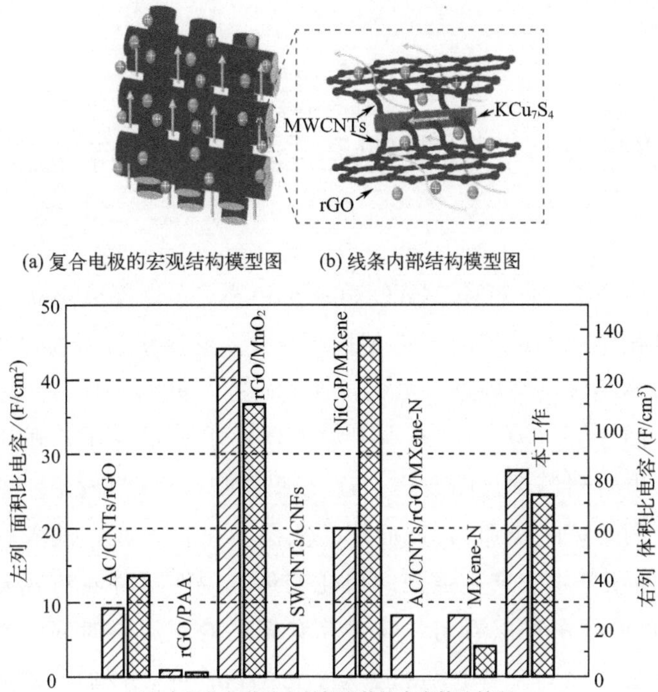

(a) 复合电极的宏观结构模型图　(b) 线条内部结构模型图

(c) 本工作与其他文献报道的比电容值比较图

图 6-15　电极的结构模型及电容性能比较

图 6-15（a）中 3D 打印电极自身具备充足的宏观孔洞结构，为电解液和导电离子的穿梭提供通道优势，也为活性位点提供更广阔的接触面积。在电极结构内部［见图 6-15（b）］，具有优异电容性能的刚性棒状 KCu_7S_4 分布在 rGO 片层之间，将 rGO 片层分隔，防止其团聚。rGO 则覆盖在 KCu_7S_4 表面，可减缓其充放电过程中的相变体积膨胀。而 MWCNTs 提供高电容性能的同时还充当导电桥梁，将 rGO 与 KCu_7S_4 连接起来，保证电子在二者之间的高效传输，极大提高电极的导电性能。三种活性材料通过 3D 打印构建了特殊的“线-线-面”网络结构，电子和离子在三种材料之间穿梭传导，三者互相协同，并各自发挥充分的电化学活性，使得 3D 打印 MWCNTs/rGO/KCu_7S_4 复合电极表现出极佳的电化学性能。与近年来公开报道的一些同样以直写 3D 打印成型的微型电容器电极进行比较

[见图 6-15（c）]，可以发现，本工作制备的电极的电容性能要明显优于一些同样使用 CNTs 材料的打印电极。

6.5 微型对称超级电容器的电化学性能

为进一步研究 3D 打印 MWCNTs/rGO/KCu_7S_4 复合电极的电化学性能，选择电化学性能最佳的 8 层 M1/rGO/K2 电极作为研究对象，对其组装的微型对称超级电容器进行电化学性能研究，见图 6-16。

其中，图 6-16（c）中内嵌小图为该器件组装示意图，通过简单组装便实现水性电容器测试。图 6-16（a）和图 6-16（b）为该器件在 0～1.4 V 电压窗口下的 CV 曲线和 GCD 曲线。从图中可以发现，随着扫描速率的增大，CV 曲线基本未产生强烈的极化变形，说明器件具有优异的循环特性。从 GCD 曲线中可以看出，器件具有充足的充放电时间。通过计算可知 [见图 6-16（e）]，当电流密度为 1 mA/cm^2 时，该器件的面积比电容为 1.5 F/cm^2，对应质量比电容为 100.5 F/g；即使电流密度增加到 8 mA/cm^2，器件的两个比电容仍能达到 737.0 mF/cm^2 和 50.5 F/g。器件在 4 mA/cm^2 电流密度下 5000 次充放电循环后，电容保持率达到 90.2%，表现出优异的循环稳定性 [见图 6-16（c）]。对器件进行了交流阻抗测试 [见图 6-16（d）]，拟合显示 MSCs 的 R_s 约为 7.6 Ω，内阻较小；低频区线段斜率较大，反映出该器件具有优异的表面离子迁移能力。

对该电容器的面功率密度和面能量密度进行研究计算 [见图 6-16（f）]。当功率密度为 1.4 mW/cm^2 时，该器件的能量密度可达 400.2 μW·h/cm^2，在 5.6 mW/cm^2 时可达 200.6 μW·h/cm^2。与第 4、第 5 章研究的两种对称电容器比较，可以发现，MWCNTs/rGO/KCu_7S_4//MWCNTs/rGO/KCu_7S_4 器件的性能明显优于前二者，器件整体储能能力得到提升。

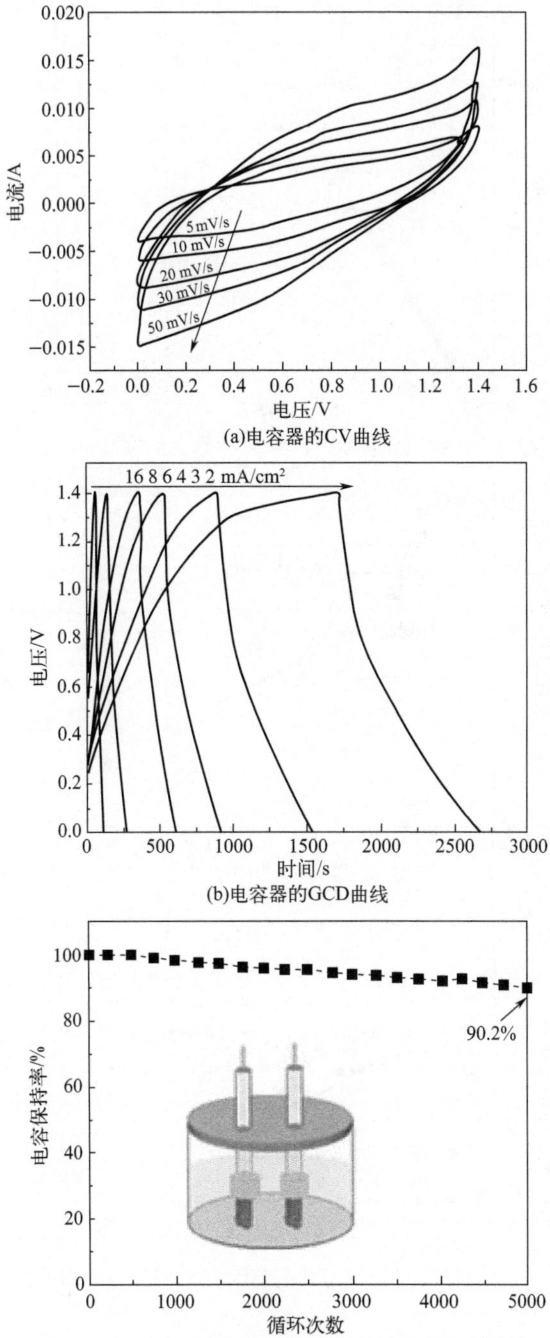

(a)电容器的CV曲线

(b)电容器的GCD曲线

(c)电容器的循环稳定性能曲线(内嵌图为器件示意图)

图 6-16

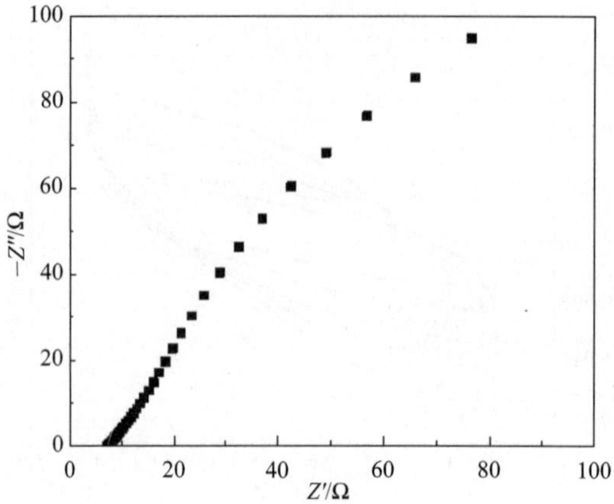

(d)电容器的EIS曲线

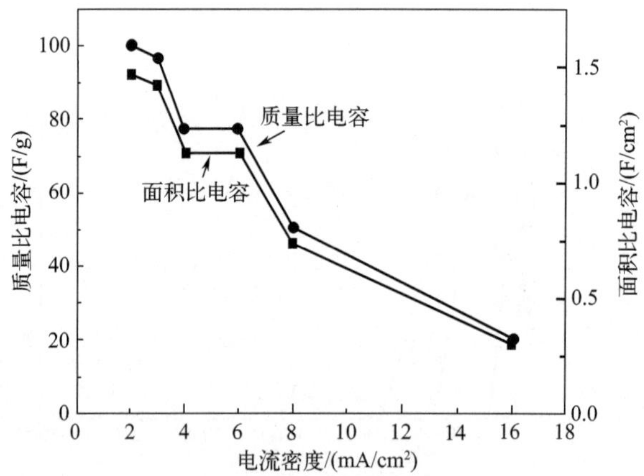

(e)电容器的比电容值

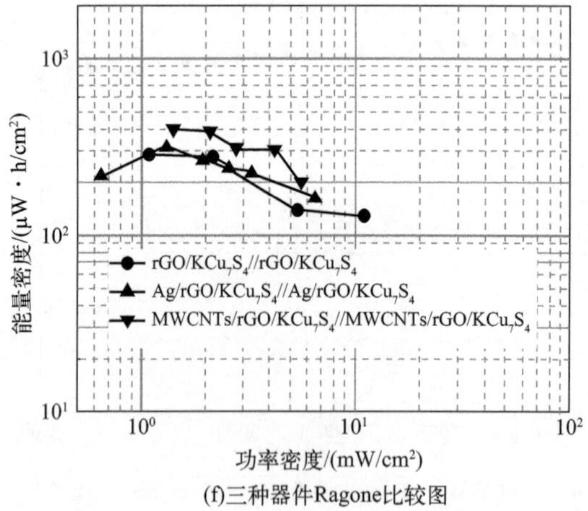

(f)三种器件Ragone比较图

图 6-16　电容器的电化学性能

6.6 MWCNTs/rGO/KCu_7S_4 微型超级电容器的应用

本章为进一步提高 rGO/KCu_7S_4 复合电极的电化学性能，往其内部添加具有优异电容性能和黏性特征的多壁碳纳米管。首先将碳纳米管进行羧基化改性，然后与 GO 和 KCu_7S_4 通过强制混匀法制备 MWCNTs/GO/KCu_7S_4 水性油墨，采用 3D 打印成型并结合化学还原法制备 MWCNTs/rGO/KCu_7S_4 复合电极，并组装成微型对称超级电容器。主要结论如下：

① MWCNTs 和 KCu_7S_4 的互相协同可明显提升油墨的流变性能；其中，MWCNTs 所占质量分数越大，油墨储能模量和损耗模量越大，所需挤出压力越大，打印调控越困难。综合比较，MWCNTs 与 KCu_7S_4 质量比为 1∶2 的油墨能兼顾流变性能和打印经济性，为最佳油墨配比。

② 对于不同 MWCNTs 与 KCu_7S_4 质量比的 3D 打印复合电极，随着打印层数的增加，电极的比电容逐步增加。当 MWCNTs 与 KCu_7S_4 质量比为 1∶2、打印层数为 8 层、电流密度为 0.5 A/g 时，该复合电极的质量比电容、面积比电容和体积比电容可达到 1674.3 F/g、27.8 F/cm^2 和 73.1 F/cm^3，电化学性能优于 rGO/KCu_7S_4 电极。

③ 由最佳电极组装的微型对称超级电容器，当电流密度为 1 mA/cm^2 时，面积比电容和质量比电容分别为 1.5 F/cm^2、100.5 F/g；器件充放电循环 5000 次后，其电容保持率达到 90.2%；当功率密度为 1.4 mW/cm^2 时，器件的能量密度可达 400.2 $\mu W \cdot h/cm^2$，器件储能能力优良，性能优于 rGO/KCu_7S_4 与 Ag/rGO/KCu_7S_4 两种器件。

④ 3D 打印成型的 MWCNTs/rGO/KCu_7S_4 复合电极内部为“线-线-面”型三维网络结构，导电 MWCNTs 与 KCu_7S_4 均作为骨架填充于 rGO 片层中，MWCNTs 与 rGO、KCu_7S_4 紧密接触并充当二者的导电桥

梁，为电极提供高速传输通道，从而提高其电化学性能，实现电极结构和性能的双向提升，为进一步深入拓宽 KCu_7S_4 在 3D 打印储能器件中的研究和应用提供思路。

碳纳米管因其高导电性、大比表面积、优异的机械强度和化学稳定性，成为电极材料的理想选择，尤其在超级电容器中具有独特的应用价值，可以显著提升器件的性能。如高导电性，碳纳米管的电子迁移率可达 $10^5\ cm^2/(V\cdot s)$，远高于硅基材料，能显著降低电极内阻；多级孔隙结构，含碳纳米管的打印网络结构可提供丰富的离子扩散通道，能提升器件的功率密度；机械柔性，含碳纳米管的器件一般具有柔性特点，可用于可拉伸和可弯曲的储能器件设计。

3D 打印技术具有精确控制电极结构的能力，可为超级电容器的性能优化与应用场景拓展提供一种全新的路径。现今，已有部分行业人员通过 3D 打印制造含碳纳米管的微型超级电容器，并对其应用进行实践，有部分成果已从实验室走向产业化阶段。主要有以下几个方面：

(1) 在柔性可穿戴电子设备领域

采用 3D 打印技术制备含碳纳米管的复合电极，并通过结构设计实现较高的拉伸性能，并且碳纳米管的高导电网络确保在形变下器件仍保持稳定电荷传输。例如，我国科研团队通过 3D 打印开发的碳纳米管柔性超级电容器，在弯折 1000 次后电容保持率达 90%，能量密度达 300 W・h/kg，可为运动监测传感器持续供电。韩国三星公司利用 3D 打印碳纳米管/石墨烯复合电极，开发出厚度仅为 0.3 mm 的柔性电容器，可以满足折叠屏手机的高峰值功率需求。

(2) 在植入式医疗器件领域

碳纳米管与一些生物相容性材料（如聚乳酸-羟基乙酸共聚物 PLGA）结合，通过 3D 打印可以构建多孔微型电极结构，促进组织相容，抑制细菌滋生，并能为心脏起搏器、神经刺激器等长期提供能源动力。如我国团队采用含 Ag 和碳纳米管的复合油墨，通过 DIW 打印出与心肌组织弹性模量匹配的微型电容器，在动物实验中实现连续工作 12 个月无感染，能量密度达 $8\ mW\cdot h/cm^2$。美国 Ioxus 公司利用 3D 打印技术开发了一种 Ag/碳纳米管复合电极的植入式电容器，已通过 FDA 认证并进入临床试验阶段。美国麻省理工学院将碳纳米管与可降解聚合物结合，3D打印出可在体内逐步释放药物并同步供能的微型电容器，用于靶向癌症治疗。

(3) 在新能源交通领域

电动汽车与轨道交通等需高功率、快速充放电的储能装置。通过3D打印含碳纳米管的复合电极，并结合制动能量回收系统，能显著提升储能装置的利用效率。例如，我国企业采用3D打印碳纳米管复合材料，开发出一种超级电容器系统，在－60 ℃环境下电容保持率达85%，并且能支持氢能源列车制动能量回收，续航提升30%。特斯拉公司研发的3D打印碳纳米管/石墨烯复合电容器，充电时间缩短至3 min，功率密度达20 kW/kg，适用于城市公交的频繁启停需求。

现阶段，对于碳纳米管的利用，依然面临成本与工艺的诸多挑战，例如高纯度碳纳米管的制备成本较高；碳纳米管在使用过程中易团聚；碳纳米管在循环中可能发生结构坍塌或氧化；现有直写打印技术的最小线宽还难以满足微型器件的制造需求。相信随着纳米材料合成技术和智能制造的不断进步，这一技术一定能推动能源储存系统的多元化发展，为全球碳中和目标提供关键支撑。

参考文献

[1] Liu L, Lu J Y, Long X L, et al. 3D printing of high-performance micro-supercapacitors with patterned exfoliated graphene/carbon nanotube/silver nanowire electrodes [J]. Science China Technological Sciences, 2021, 64 (5): 1065-1073.

[2] 王一博. 3D打印柔性锂离子电池电极及其电化学性能研究 [D]. 哈尔滨: 哈尔滨工业大学, 2018.

[3] Yu W, Zhou H, Li B Q, et al. 3D printing of carbon nanotubes-based micro-supercapacitors [J]. ACS Applied Materials & Interfaces, 2017, 9 (5): 4597-4604.

[4] Chen B, Jiang Y, Tang X, et al. Fully packaged carbon nanotube supercapacitors by direct ink writing on flexible substrates [J]. ACS Applied Materials & Interfaces, 2017, 9 (34): 28433-28440.

[5] Tang X, Zhou H, Cai Z, et al. Generalized 3D printing of graphene-based mixed-dimensional hybrid aerogels [J]. ACS nano, 2018, 12 (4): 3502-3511.

[6] Jiang Y, Xu Z, Huang T, et al. Direct 3D printing of ultralight graphene oxide aerogel microlattices [J]. Advanced Functional Materials, 2018, 28 (16): 1707024.

[7] 高婷婷．碳基复合材料的制备及其能源存储与光热转化性能的研究［D］．上海：东华大学，2019.

[8] Lai F，Yang C，Lian R，et al. Three-phase boundary in cross-coupled micro-mesoporous networks enabling 3D-printed and ionogel-based quasi-solid-state micro-supercapacitors [J]. Advanced Materials，2020，32（40）：2002474.

[9] Yang J，Cao Q，Tang X，et al. 3D printed highly stretchable conducting polymer electrodes for flexible supercapacitors [J]. Journal of Materials Chemistry A，2021，9（35）：19649-19658.

[10] Jiang H，Mi S，Wan J. 3D printing of carbon-based materials for supercapacitors [J]. Journal of Materials Research，2021：1-19.

[11] Alam A，Saeed G，Hong S M，et al. Development of 3D-printed MWCNTs/AC/BNNTs ternary composite electrode material with high-capacitance performance [J]. Applied Sciences，2021，11（6）：2636.

[12] Kang W，Zeng L，Ling S，et al. 3D printed supercapacitors toward trinity excellence in kinetics，energy density，and flexibility [J]. Advanced Energy Materials，2021，11（12）：2100020.

[13] Wang F，Jiang Y，Liu Y，et al. Liquid crystalline 3D printing for super strong graphene microlattices with high density [J]. Carbon，2020，159：166-174.

[14] Shen W X，Xu J M，Dai S G，et al. A porous and conductive graphite nanonetwork forming on the surface of KCu_7S_4 for energy storage [J]. Frontiers in Chemistry，2018，6：555.

[15] Xue Y，Zhang Y，Yang R，et al. In-situ synthesis of KCu_7S_4 nanowires array on nickel foam for high performance supercapacitor [J]. Functional Materials Letters，2021，14（01）：2151005.

[16] Areir M，Xu Y，Harrison D，et al. 3D printing of highly flexible supercapacitor designed for wearable energy storage [J]. Materials Science and Engineering：B，2017，226：29-38.

[17] Dai S，Xi Y，Hu C，et al. C@KCu_7S_4 microstructure for solid-state supercapacitors [J]. RSC Advances，2014，4（76）：40542-40545.

第7章 3D打印rGO/CNFs@$Ni(OH)_2$//rGO/KCu_7S_4非对称混合微型超级电容器的结构、性能与应用

电容器结构类型是影响器件能量密度的主要因素之一[1]。由电池型和电容型电极组装的非对称混合电容器是被公认为极具应用潜力的高性能器件类型[2]。氢氧化镍作为具有优异活性的电池型法拉第材料[3,4]，在3D打印能源器件领域的应用已有相关报道。如近期Kong等[5]展示了一种高性能3D打印准固态Ni-Fe电池。

结合第4～6章中对微型对称超级电容器的性能对比，为进一步提高器件的储能能力，本章从电容器结构设计出发，首先通过3D打印成型并结合化学还原法制备rGO/KCu_7S_4复合电极；然后3D打印成型并结合高温还原及电化学沉积法制备rGO/CNFs@$Ni(OH)_2$复合电极，并将二者组装成rGO/CNFs@$Ni(OH)_2$//rGO/KCu_7S_4非对称混合微型超级电容器。试图为3D打印铜硫酸盐复合电极的进一步深入应用开辟新的研究思路。

7.1 GO/CNFs 油墨的流变性能

采用GO和CNFs分别制备三种油墨：质量分数为1%的CNFs水溶液（标示为1% CNFs）、30 mg/mL的GO水溶剂油墨（标示为GO）、按照3.1.2.2所述制备GO/CNFs油墨（标示为GO/CNFs），见图7-1（书后另见彩图）。从图7-1（a）中可以看出，1% CNFs水溶液的流动性较大；GO与GO/CNFs油墨均呈现黏膏状，具有一定的棕黄色光泽。当药匙呈一定角度放置时，GO油墨会有稍微的滑动与变形；但GO/CNFs油墨一直保持原始状态，不会滑动或掉落，说明所制备的GO/CNFs油墨具有良好的黏性特征。

从图7-1（b）可知，当剪切速率从0.01 s^{-1}增加到100 s^{-1}时，三种油墨的表观黏度均表现出线性下降趋势，说明在整个速率区间内三种油墨均呈现剪切稀化的特性，属于典型的非牛顿流体，能够满足直写3D打印的基本需求。当1% CNFs水溶液与GO粉体混合后，所制备的GO/CNFs油墨的表观黏度急剧增大，此流变特征与3D打印CNFs复合油墨的相关文献报道相吻合[6]。主要原因是CNFs具有与水溶液结合的独特天然优势。当 CNFs 溶解在水中时，纤维素分子上的富羟基与水分子之间形成了强氢键，这种强氢键能赋予水溶液独特的黏弹性性能。其次，CNFs 具有极高的负 Zeta 电位（约为－60 mV），可作为增黏剂辅助分散在水溶液中。更重要的一点是，CNFs 具有较高的杨氏模量（约为 145～150 GPa），能保证打印结构在除水后保持较高的完整性[7]。

在动态剪切应力条件下［见图 7-1（c）］，GO/CNFs 油墨表现出明显最长的 G' 大于 G'' 的线性黏弹性平台（LVR），GO 次之，1% CNFs 水溶液的平台最短。并且，当达到某一临界应力时，G'' 会反超 G'，油墨表现出弹性向黏性转变，达到符合挤出的应力要求。可以发现，GO/CNFs 油墨的挤出临界应力要明显大于另外两种油墨，这与图 7-1（a）所示的表观黏度特征对应。从整个角频率变化范围观察［见图 7-1（d）］，GO 和 GO/CNFs 油墨的储能模量 G' 均大于损耗模量 G''，说明这两种油墨在角频率变化变化范围内均能保持优异的稳定性，两种油墨均可以实现挤出打印。而 1% CNFs 水溶液在整个变化过程中，G' 与 G'' 基本相当，与图 7-1（c）中的 LVR 短平台特征相呼应，说明其无法承担单独挤出打印的任务。这在实验过程中也可以观察到。打印 1% CNFs 时，当挤出压力略微增大，油墨如同水一样从针头喷出，无法实现连续打印的目的。所制备的 GO/CNFs 油墨在合适压力下经针头挤出，随着预定路径连续输出，油墨在三维空间上层层堆叠，没有发生塌陷、断流等情况。打印的结构具有优异的规整度［见图 7-1（a）］，为后期高温还原和电沉积负载奠定力学基础。

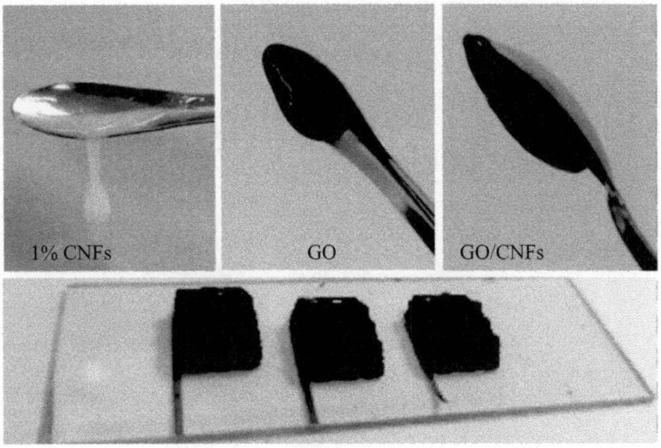

(a) 油墨照片

图 7-1

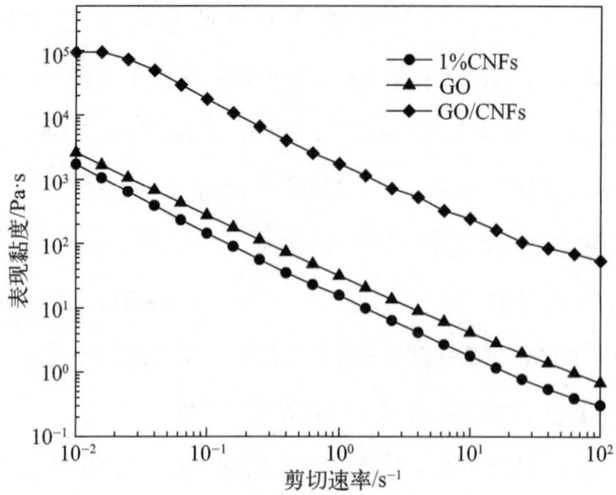

(b)油墨表观黏度变化曲线

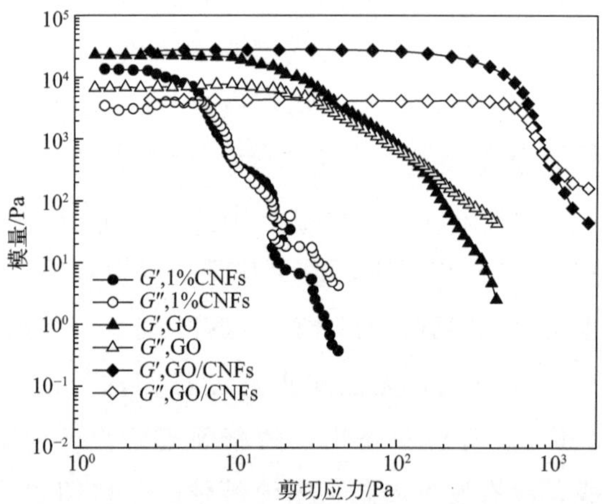

(c) 储能模量(G')和损耗模量(G'')随剪切应力的变化曲线

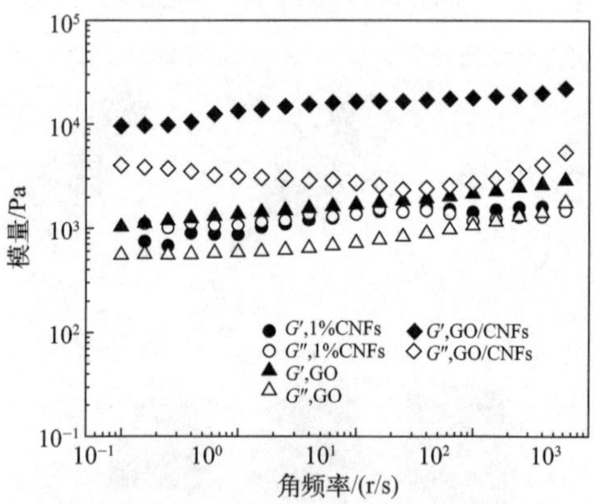

(d)储能模量(G')和损耗模量(G'')随角频率的变化曲线

图 7-1 油墨照片及流变性能曲线

7.2
3D 打印 $rGO/CNFs@Ni(OH)_2$ 复合电极的结构及其对润湿性能的影响

7.2.1 形貌结构表征

首先，对基底 GO/CNFs 还原前后的表面结构进行扫描分析，并对两种结构的弹性性能进行演示，见图 7-2（书后另见彩图）。

从图 7-2（a1）内嵌图中可以清晰地看到，打印干燥后的 GO/CNFs 结构外观呈金黄色，外形规整，经纬交错明显，上下堆叠整齐。结构中保留了良好的孔洞结构，经放大倍数观察发现内部 GO 片层堆叠，发现 GO/

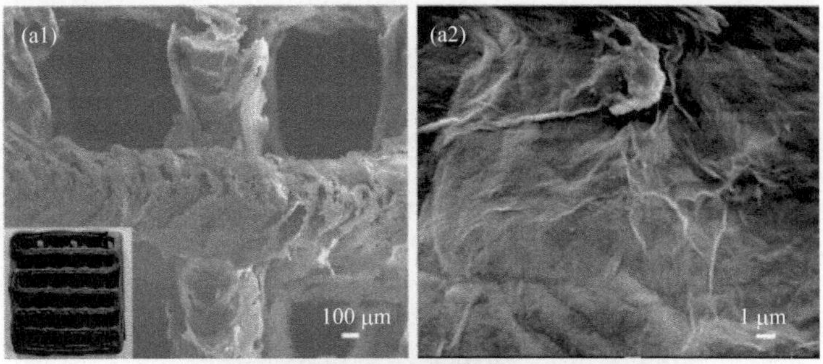

(a) GO/CNFs不同放大倍数的SEM图谱

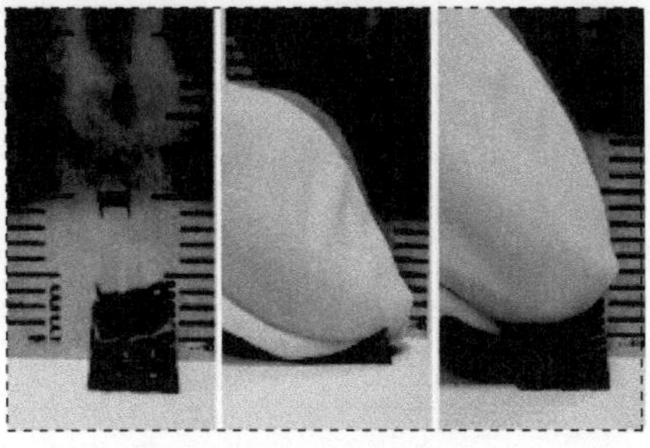

(b) GO/CNFs的弹性演示

图 7-2

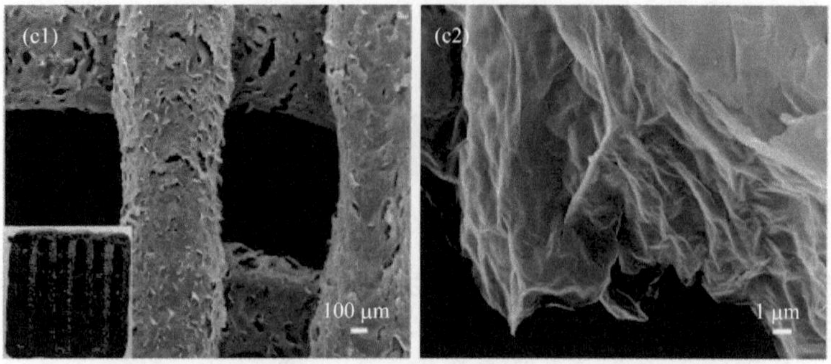

(c) rGO/CNFs不同放大倍数的SEM图谱

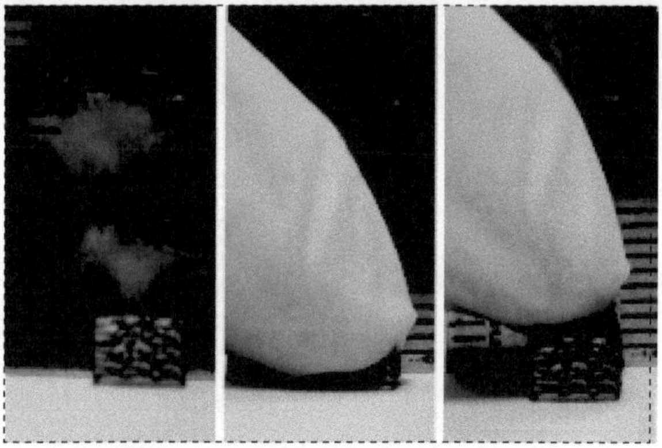

(d) rGO/CNFs的弹性演示

图 7-2　基底 GO/CNFs 还原前后的 SEM 图及弹性演示

CNFs 孔洞结构不明显，主要原因是黏性 CNFs 与 GO 作用导致 GO 聚集。高温还原后，rGO/CNFs 呈现黑色，结构依然规整，打印线条中存在明显的孔洞结构。同时，SEM 放大［见图 7-2（c2）］发现结构中 rGO 片层轻薄，这是 GO 高温还原成 rGO 的典型特征[8]。

对还原前后的 GO/CNFs 结构进行简单的弹性性能测试。通过手指按压并静止保持 5 min，观察按压前后各结构高度的变化情况。图 7-2（b）显示 GO/CNFs 按压后结构高度下降，无法恢复原貌；而 rGO/CNFs 结构［见图 7-2（d）］却可以恢复原貌，弹性性能良好，这种弹性结构能够保证基底长期浸入沉积溶液中不会发生散架坍塌，为后续电沉积工艺的顺利实施奠定基础。

在 rGO/CNFs 基底表面电沉积 $Ni(OH)_2$ 制备 rGO/CNFs@$Ni(OH)_2$ 复合电极，对不同沉积时间（20 min、30 min、60 min、90 min、120 min）的电极进行 SEM 表征分析，见图 7-3。

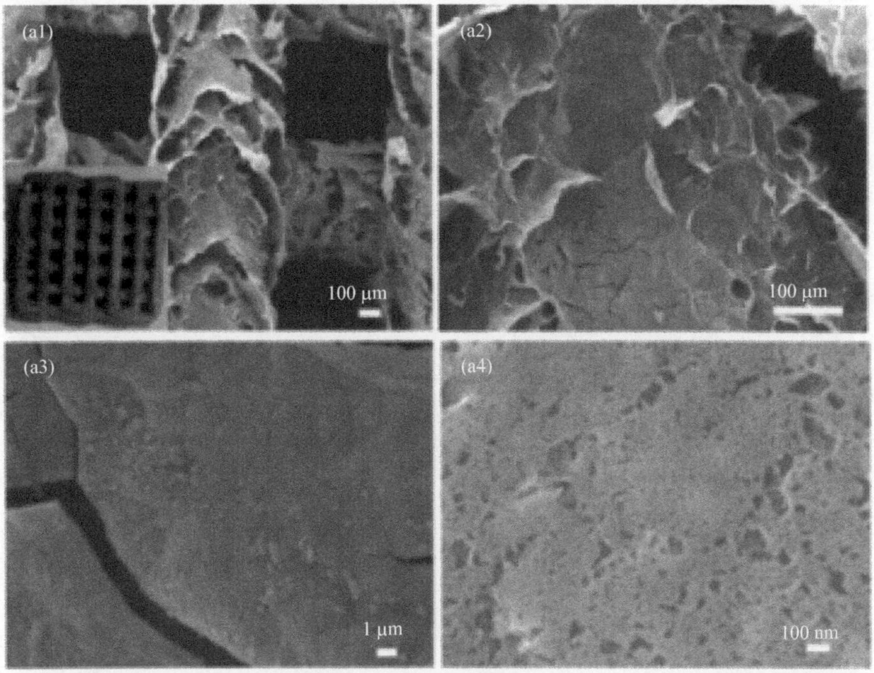

(a1)~(a4)20 min

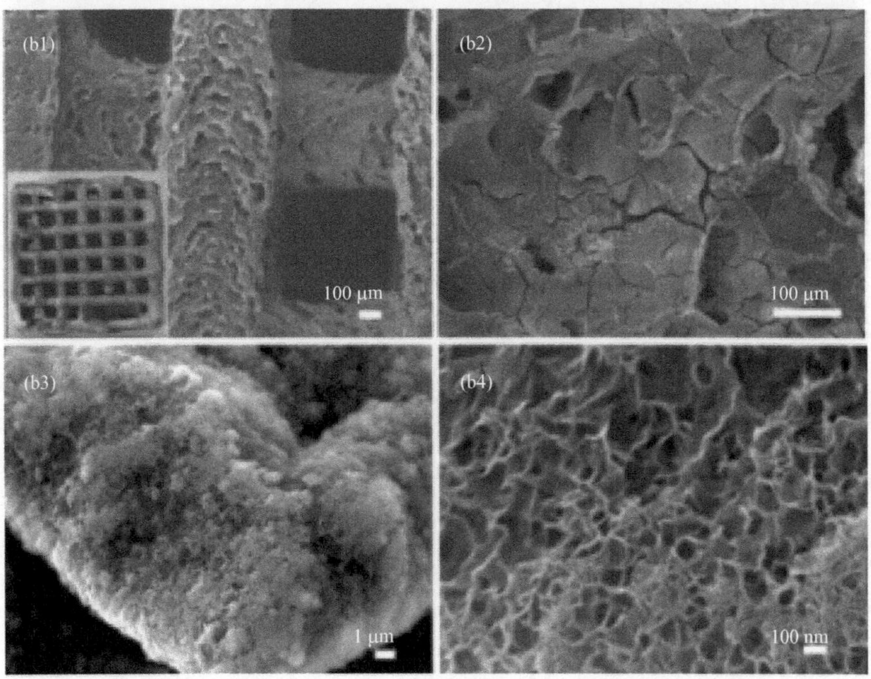

(b1)~(b4)30 min

图 7-3

(c1)~(c4)60 min

(d1)~(d4)90 min

(e1)~(e4)120 min

图 7-3 不同沉积时间对应的 rGO/CNFs@Ni(OH)$_2$ 复合电极的 SEM 图

观察图 7-3 发现，沉积时间为 20 min 时，rGO/CNFs 表面只有零星的 Ni(OH)$_2$ 生成，且形貌结构不突出，类似前驱体结构。当时间达到 30 min 后，表面 Ni(OH)$_2$ 明显增多，呈现形貌较为规整的类水镁石片层状结构。沉积时间为 60 min 时，基底表面明显均匀分布一层 Ni(OH)$_2$，基底基本被掩盖；且 Ni(OH)$_2$ 呈球形花状结构，直径约为 300～400 nm，球体大小均匀、清晰，分布较为分散。沉积时间为 90 min 时，基底表面 Ni(OH)$_2$ 厚度明显增加，球体增厚且聚集，直径细化为 200～300 nm。时间增加到 120 min 后，Ni(OH)$_2$ 球体聚集程度进一步加剧，颗粒之间几乎不存在间隙，球体呈现不均匀状态。观察左下角实物图可以发现，随着沉积时间的延长，表面的 Ni(OH)$_2$ 不断增加，绿色逐步加深，与 SEM 表征结果一致。

3D 打印 rGO/CNFs 中的 rGO 由六方碳网络组成，其中大部分为 sp^2 杂化碳，小部分为 sp^3 杂化碳。sp^2 杂化碳原子的共轭结构具有超高的电子导电性，能有效减少电荷积累，实现电荷均匀分布在复合材料表面。而

CNFs 在导电气凝胶中经常使用，经高温碳化后 CNFs 也可以实现提高导电性的目的[9]。$Ni(OH)_2$ 在 rGO/CNFs 表面电沉积的主要机理为，首先电沉积溶液中的 Ni^{2+} 与 rGO/CNFs 表面含氧基团或缺陷之间产生吸附，然后在表面与电解产生的 OH^- 反应生成 $Ni(OH)_2$ 沉淀。随着沉积时间的延长和电荷作用的持续加剧，$Ni(OH)_2$ 的形貌发生一定的转变，最终形成一定形貌的结构。

电沉积相关的具体反应方程式如下：

$$NO_3^- + 7H_2O + 8e^- \longrightarrow NH_4^+ + 10OH^- \tag{7-1}$$

$$Ni^{2+} + 2OH^- \longrightarrow Ni(OH)_2 \tag{7-2}$$

为了进一步了解 rGO/CNFs@$Ni(OH)_2$ 复合电极表面 $Ni(OH)_2$ 的分布情况，我们以沉积均匀的 60 min 沉积时间为例，对电极结构表面进行面扫描分析，见图 7-4（书后另见彩图）。在图 7-4（a）中，rGO/CNFs@$Ni(OH)_2$ 复合电极表面呈现明显的球形花状结构，对应的面扫描中元素 Ni、O 清晰可见，H 元素无法显示，初步计算原子分数，与 $Ni(OH)_2$ 基本一致［见图 7-4（b）］。依据 SEM 图综合比较分析，可以发现 60 min 沉积时间的 rGO/CNFs@$Ni(OH)_2$ 复合电极表面 $Ni(OH)_2$ 丰富，材料之间的孔洞结构清晰，这些因素对电解液的穿梭是有利的。

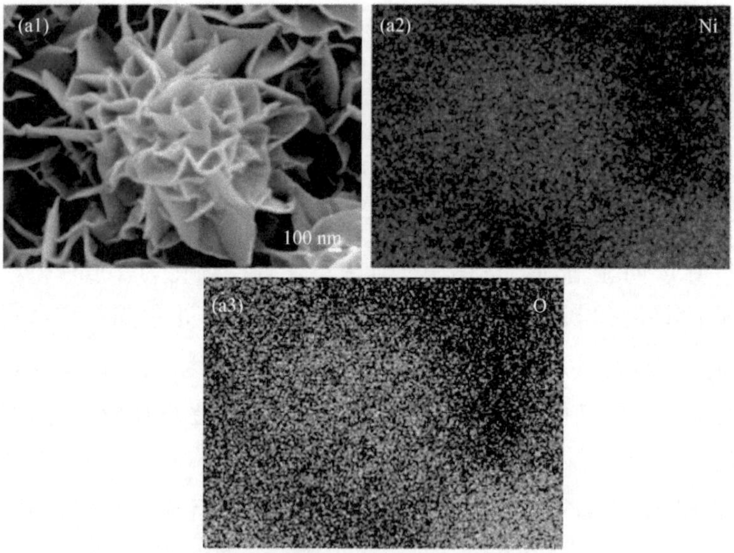

(a) 沉积60 min的复合电极面扫描图

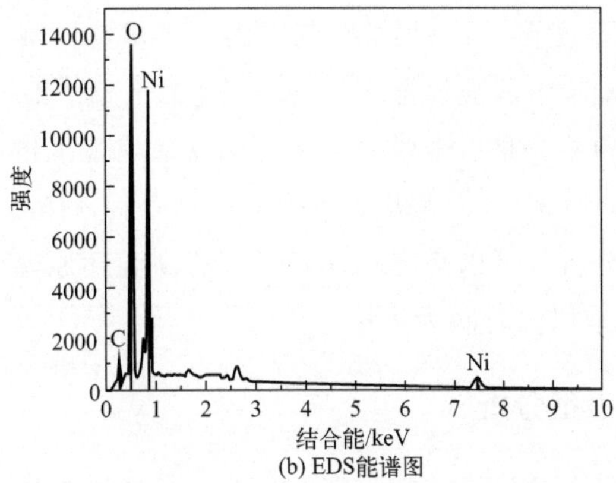

(b) EDS能谱图

图 7-4 rGO/CNFs@Ni(OH)$_2$ 复合电极的面扫描图

7.2.2 物相分析

7.2.2.1 热重分析

通过高温还原可将 GO/CNFs 制备成 rGO/CNFs，但具体还原温度需经过热重测试获悉。图 7-5 为 GO/CNFs 的 TGA 曲线。在高纯惰性 Ar 气氛下，GO/CNFs 的热失重过程主要分为几个阶段：室温～180 ℃，

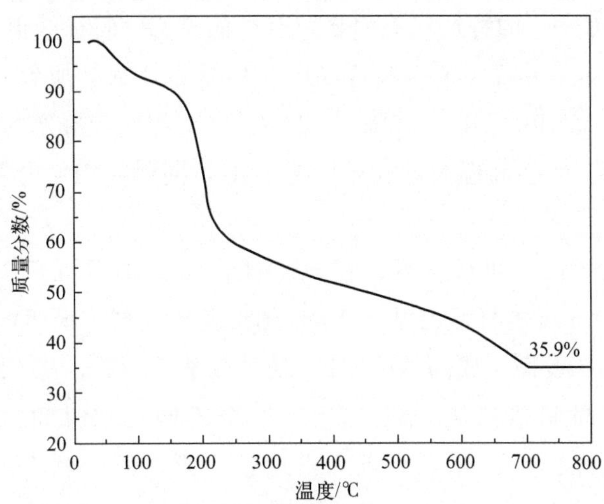

图 7-5 GO/CNFs 的 TGA 曲线

GO/CNFs 大约发生 10% 左右的热失重，这主要是由于 GO/CNFs 表面水分的蒸发[10]。当温度在 180～220 ℃范围内，重量急剧减少约 28%，主要是由于 GO 与 CNFs 中侧链的含氧官能团发生热分解。220～700 ℃之间发生的长时间失重现象，是由于两种材质上的含氧官能团继续分解；同时二者碳骨架也发生热分解[11]。当温度到达 700 ℃以后，样品基本进入恒重状态。依据热重图分析，可以确定 GO/CNFs 的高温还原温度为 700 ℃，借鉴相关报道[12]确定保温时间为 4 h。

7.2.2.2 XRD 表征分析

对 GO、CNFs、GO/CNFs、rGO/CNFs、rGO/CNFs@$Ni(OH)_2$ 等进行 XRD 表征分析，见图 7-6。

由图 7-6（a）可知，制备的 GO 特征衍射峰在 11.6°左右。CNFs 在 14.6°、16.0°和 22.3°左右出现三个明显的衍射峰，分别对应于天然纳米纤维素Ⅰ晶型的（110）、（110）和（200）特征峰。比较 GO 与 GO/CNFs 的 XRD 图可以发现，GO 与 CNFs 复合后 GO 特征峰左移，说明 GO 晶体的面间距增大。从侧面反映出，GO 在 CNFs 溶液中分散形成油墨过程中，CNFs 进入 GO 的二维层间。这一观点在诸多文献中有过报道，有学者认为 CNFs 可以作为纳米间隔剂，进入 GO 层中可避免石墨烯纳米片的 π-π 堆积，从而改善 GO 的团聚状况，有效提升石墨烯的离子导通能力[13]。但 GO/CNFs 中 CNFs 的特征峰不明显，有可能是 GO 特征峰值太高将 CNFs 特征峰掩盖，或者由于 CNFs 在样品中的质量占比太少所致。当经过高温还原后，rGO/CNFs 只在 26.6°附近出现了一个相对较矮宽的（002）晶面衍射峰，说明 GO 经高温被彻底还原成 rGO，同时 CNFs 也在高温环境下发生碳化。

通过图 7-6（b）可以发现，在 rGO/CNFs 表面电沉积 $Ni(OH)_2$ 后，沉积时间为 20 min 的样品与基底 XRD 图形基本相同，说明电沉积 20 min 时，rGO/CNFs 表面生成的 $Ni(OH)_2$ 较少或基本没有，与 SEM 观察结果一致。当沉积时间达到 30 min 以上，四个不同沉积时间对应的样品在 12.7°、26.9°、34.5°和 59.9°附近均出现较为明显的衍射峰，与标准图谱 No. 38-0715[14]中 α-$Ni(OH)_2$ 的四个晶面特征峰一致，说明 α-$Ni(OH)_2$ 成功沉积在 rGO/CNFs 上。其中，α-$Ni(OH)_2$ 的（006）衍射峰与 rGO/

CNFs 的（002）衍射峰发生重合。同时发现，随着沉积时间的延长，α-Ni$(OH)_2$的四个特征衍射峰更加明显，说明 α-Ni$(OH)_2$的沉积量逐步增加。

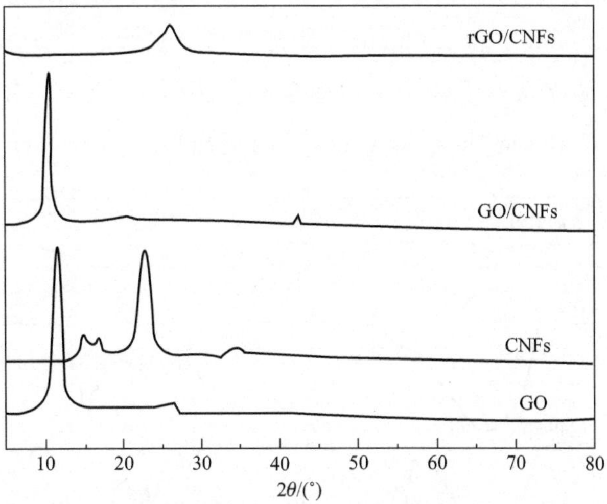

(a)GO、CNFs、GO/CNFs和rGO/CNFs

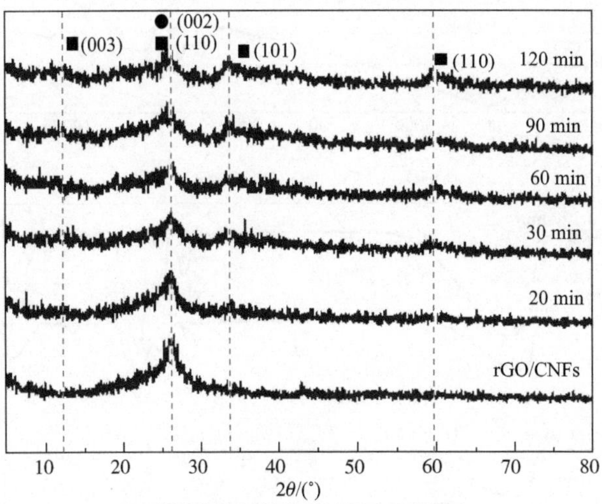

(b)不同电沉积时间的rGO/CNFs@Ni$(OH)_2$

图 7-6　复合电极的 XRD 图谱

7.2.2.3　FT-IR 表征分析

对 GO/CNFs、rGO/CNFs、rGO/CNFs@Ni$(OH)_2$ 等进行 FT-IR 表征分析，具体见图 7-7。图 7-7（a）中 GO 呈现典型的 IR 图谱样式。

3400 cm^{-1} 附近的峰对应吸附水的 O—H 伸缩振动峰；1727 cm^{-1} 附近的峰对应—COOH 中的 C═O 伸缩振动峰；1620 cm^{-1} 附近的峰对应样品吸附水的 O—H 弯曲振动峰；1386 cm^{-1} 附近的峰对应 —C═C— 的弯曲振动吸收峰；1220 cm^{-1} 和 1063 cm^{-1} 附近的峰分别对应 C—O—C 环氧键及其中的 C—O 伸缩振动吸收峰。这些含氧官能团的存在是 GO 层间距较大的主要原因。CNFs 同样在 3400 cm^{-1} 附近出现水的 O—H 伸缩振动峰；

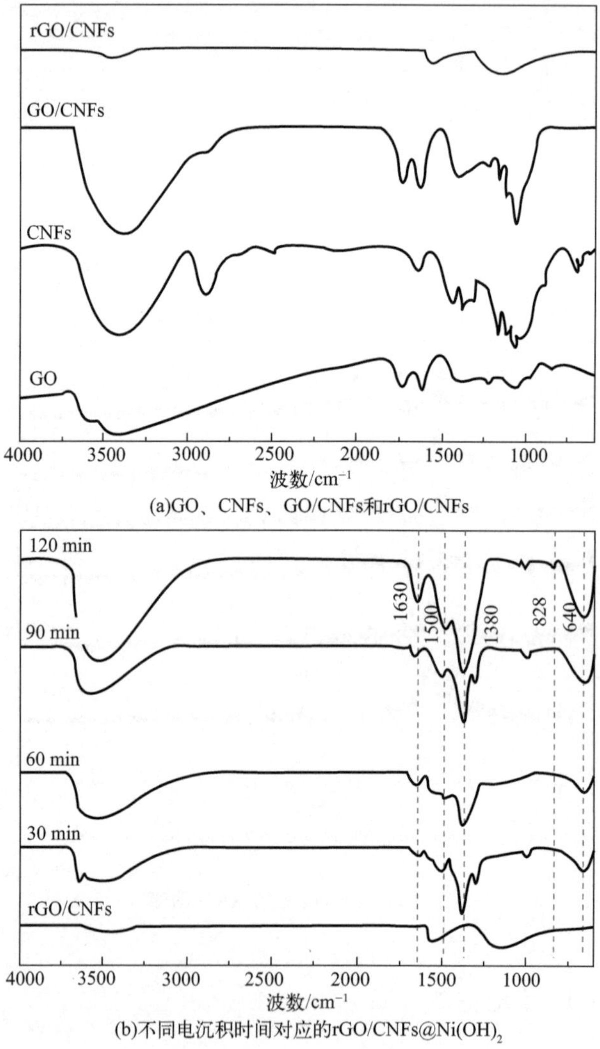

(a)GO、CNFs、GO/CNFs和rGO/CNFs

(b)不同电沉积时间对应的rGO/CNFs@Ni$(OH)_2$

图 7-7　复合电极的 FT-IR 图谱

2900 cm^{-1}处尖锐的吸收峰为分子结构中甲基和亚甲基的 C—H 伸缩振动峰。1645 cm^{-1}附近的峰对应 H—O—H 的弯曲振动峰，这是由于 CNFs 极易吸收水，这是纳米纤维表现出亲水性的典型特征。1430 cm^{-1} 与 1104 cm^{-1} 之间的峰对应分子中甲基和亚甲基的不对称振动、C—H 的变形振动和 C—O—H 的弯曲振动等；1058 cm^{-1}处的峰对应纤维中醚官能团的 C—O 伸缩振动峰。当 GO 与 CNFs 复合后，GO/CNFs 的 IR 光谱基本与 GO 相同，主要区别在 2900 cm^{-1}处的吸收峰强度较弱，说明 CNFs 中的 C—H 伸缩振动峰受到干扰，是 GO 与 CNFs 相互作者的结果[15]，这与前面 XRD 表征结果相印证。当 GO/CNFs 经过高温还原转变成 rGO/CNFs 时，3400 cm^{-1} 附近水的 O—H 伸缩振动峰消失；并且一系列含氧官能团基本脱除，只在 1560 cm^{-1} 和 1160 cm^{-1} 附近出现两个明显的吸收峰，分别对应于 C ═C 与 C—N 的特征峰，N 有可能是 CNFs 原料带入的。

由图 7-7（b）可知，当在 rGO/CNFs 基底上电沉积 $Ni(OH)_2$ 后，不同沉积时间对应的样品的 IR 光谱图形基本保持一致。3500 cm^{-1} 与 1630 cm^{-1} 附近的峰对应样品吸附水的 O—H 伸缩和弯曲振动峰；1500 cm^{-1} 附近的峰对应 CO_3^{2-} 的吸收峰；1380 cm^{-1} 处的尖锐吸收峰对应 NO_3^- 的振动峰；828 cm^{-1} 与 640 cm^{-1} 处的峰均与 $Ni(OH)_2$ 相关，前者对应 Ni—O 的伸缩振动峰，后者为 $Ni(OH)_2$ 中 O—H 的弯曲振动峰。而 CO_3^{2-} 与 NO_3^- 的出现进一步印证 α-$Ni(OH)_2$的存在。经研究，α-$Ni(OH)_2$ 为六方层状结构，这种类水滑石结构层层堆叠，外围包裹大量的 $Ni(OH)_2$ 正电荷，并与水分子和阴离子（CO_3^{2-}、NO_3^- 等）穿插在一起，使得结构产生较宽的层间距，可以表现出较大的电化学活性[4]。

7.2.2.4 XPS 表征分析

为进一步了解样品表面信息，对样品表面化学组成进行 XPS 分析，其中 rGO/CNFs@$Ni(OH)_2$ 电极以 60 min 沉积时间为例，见图 7-8。

从图 7-8（a）中可以清楚看到 GO/CNFs 高温还原前后碳、氧比例的变化。rGO/CNFs 中依然保留部分氧元素，说明还原不是很充分，样品中依然含有一定量的含氧官能团，这一点从图 7-8（d）中 C 1s 精细谱中也可

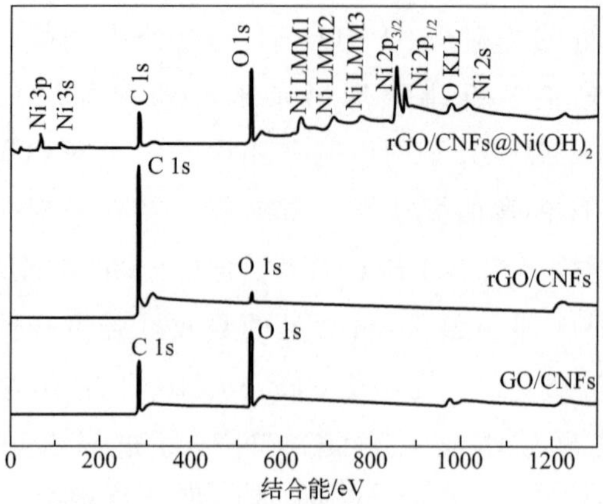

(a)全谱图

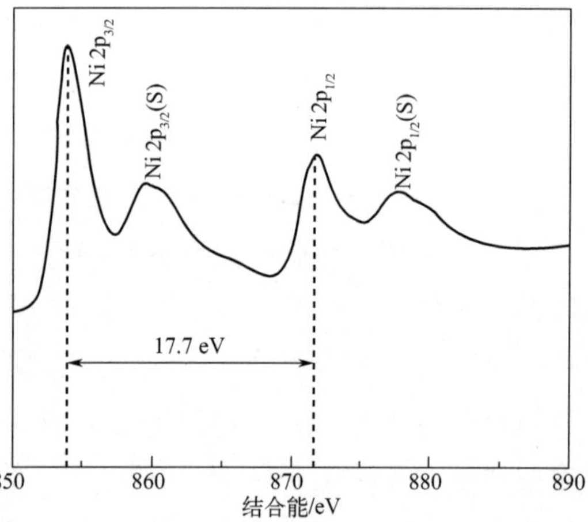

(b)Ni 2p 精细谱

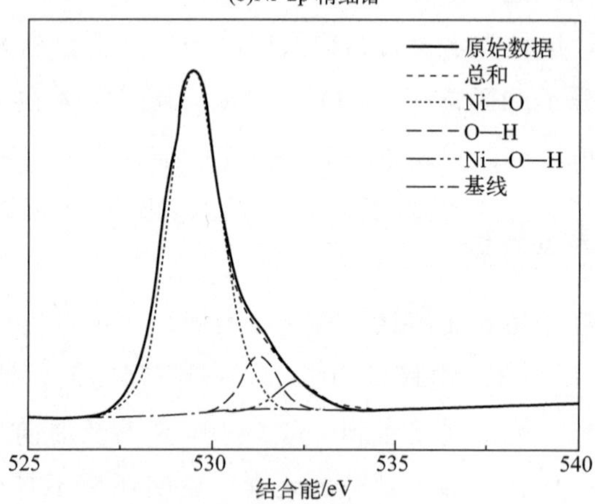

(c)O 1s精细谱

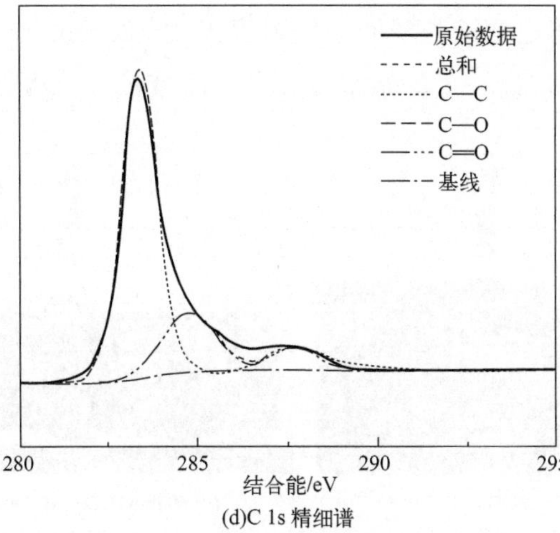

(d)C 1s 精细谱

图 7-8　复合电极的 XPS 图谱

以观察到。有学者研究发现，部分氧的保留可以为 $Ni(OH)_2$ 的电沉积提供一定的活性位点[16]。rGO/CNFs@$Ni(OH)_2$ 的全谱中主要为碳、氧和镍，除 C 1s 和 O 1s 两个特征峰外，在 852.6 eV 和 873.9 eV 处的两个主峰对应 Ni $2p_{3/2}$ 和 Ni $2p_{1/2}$，信号周围还有一些额外的卫星峰。在 Ni 2p 的精细谱中［见图 7-8（b）］，两主峰的自旋分离能为 17.7 eV，这是 $Ni(OH)_2$ 相的典型特征，与诸多文献[16]吻合，也与前面 XRD、SEM 等表征结果一致。此外，对 O 1s 谱峰进行拟合，可以明显观察到 Ni—O 等的结合情况，更加证实 $Ni(OH)_2$ 的存在。

7.2.3　结构对润湿性能的影响

为了研究 3D 打印 rGO/CNFs@$Ni(OH)_2$ 复合电极表面结构对电解液（3 mol/L KOH 水溶液）润湿性能的影响，对电解液与电极的液固接触角进行测试，见图 7-9（书后另见彩图）。

图 7-9（a）中 GO/CNFs 与 KOH 水溶液表现出良好的润湿性能，是因为 GO 自身具有优异的吸湿能力。高温还原后，rGO/CNFs 与 KOH 溶液的接触角增大，是由于还原氧化石墨烯具有一定的疏水性能。发现随着沉积时间的延长，电极与电解液的润湿性能逐渐降低。因为随着时间的增长，rGO/CNFs 表面电沉积的 $Ni(OH)_2$ 逐渐增多增厚，球形花状的

$Ni(OH)_2$ 在表面堆积，这些小凸起形状可以在液滴与材料表面形成一定的空气膜，从而阻隔电解液的浸润。但观察发现 120 min 时电极的接触角依然小于 90°，也表现出一定的亲水性，对电解液扩散传输也是有利的。

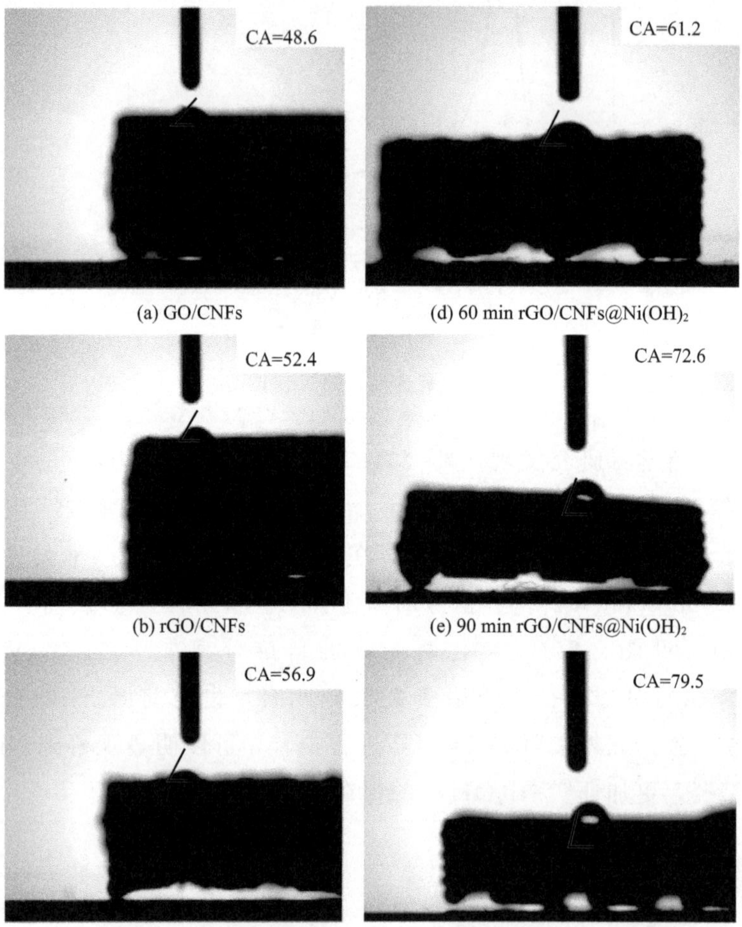

(a) GO/CNFs (d) 60 min rGO/CNFs@$Ni(OH)_2$

(b) rGO/CNFs (e) 90 min rGO/CNFs@$Ni(OH)_2$

(c) 30 min rGO/CNFs@$Ni(OH)_2$ (f) 120 min rGO/CNFs@$Ni(OH)_2$

图 7-9 复合电极的接触角测试

7.3 rGO/CNFs@Ni(OH)$_2$ 复合电极的电化学性能

在三电极体系中对3D打印rGO/CNFs@Ni(OH)$_2$复合电极的电化学性能进行系统研究，见图7-10。

首先，对不同沉积时间对应电极上Ni(OH)$_2$的负载量［见图7-10（a）］进行测算，发现随着沉积时间的延长，Ni(OH)$_2$的负载量不断增加，二者呈线性关系。沉积时间为120 min时，负载量达到超高的34.6 mg/cm^2，充分体现出3D打印电极活性材料的高负载优势。在5 mV/s扫描速率下，测试四种不同沉积时间对应电极的CV曲线［见图7-10（b）］。从四条CV曲线中都可以清楚观察到氧化还原峰的存在，即Ni(OH)$_2$与NiOOH之间的可逆转化，具体反应方程见式（7-3）：

$$Ni(OH)_2 + OH^- \rightleftharpoons NiOOH + H_2O + e^- \quad (7\text{-}3)$$

比较四条CV曲线，可以发现60 min电极的曲线面积明显优于其余三种，且具有较大的电流范围，说明60 min沉积电极具有较高的比电容。从图7-10（c）中也可以观察到，在电流密度为2 A/g的测试条件下，对电极进行GCD测试，同样发现60 min沉积电极表现出最大充放电循环时间。不同沉积时间对应电极的CV曲线与GCD曲线所呈现的变化趋势基本相同，60 min最佳，90 min次之，120 min最小。图7-10（d）为60 min沉积电极在不同扫描速率和电流密度下的CV曲线与GCD曲线。通过GCD曲线计算电极材料的比电容［见图7-10（e）（f）］，发现60 min沉积电极表现出超高的比电容，电流密度为2 A/g时，电极的质量比电容达到1568.0 F/g，相应的面积比电容和体积比电容为40.2 F/cm^{2}和105.5 F/cm^3。即使在较大的12 A/g电流密度下，其质量比电容、面积比电容和体积比电容也能达到1052.8 F/g、28.3 F/cm^{2}和70.8 F/cm^3。在电流密度为2 A/g时，120 min沉积电极的质量比电容、面积比电容和体积比电容为 276.3 F/g、10.4 F/cm^2 和 20.9 F/cm^3，该电极依然具有较高的面积和体积电容。

对不同沉积时间对应电极进行 EIS 测试［见图 7-10（g）］，可以发现四个电极的 EIS 曲线趋势基本相同。在高频区，60 min 沉积电极的实轴截距最小，即电极的等效串联电阻最小，表明此电极的自身内阻最低。同时，四条 EIS 曲线在中频区域都表现出不明显弧线；其中，60 min 沉积电极的半圆直径最小，说明其表面扩散电阻最低。在低频区，可以看到 60 min 沉积电极的斜率最大，说明离子在电极表面的扩散速率最快。综合比较可知，60 min 沉积电极具有高导电性和低电荷转移电阻。在 4 A/g 下对四种电极进行循环稳定性测试［见图 7-10（h）］，2000 次循环后 60 min 沉积电极的电容为初始电容的 97.2%。120 min 沉积电极电容保持率最低。综合分析比较发现，沉积时间为 60 min 的 3D 打印 rGO/CNFs@$Ni(OH)_2$ 复合电极的电化学性能表现最佳。该电极表现出极高的质量比电容、面积比电容和体积比电容，优异的导电性和循环稳定性，为下一步非对称混合电容器的组装利用奠定优良的电活性基础。

3D 打印 rGO/CNFs@$Ni(OH)_2$ 复合电极优异的电化学性能与其电极结构有关。研究发现，$Ni(OH)_2$ 材料虽具有高的理论容量和优异的电化学氧化还原活性，但其在充放电过程中会发生体积变形、导电性变差等问题[3]。人们普遍认为将 $Ni(OH)_2$ 材料制备成纳米结构，可有效缩短离子扩散路径，从而提高活性利用率。同时，将纳米状 $Ni(OH)_2$ 加载在高导电衬底上是提高材料导电性和稳定性的一种最为有效的方法。因为 $Ni(OH)_2$ 与石墨烯基底表面的功能基团之间存在较强的电荷传递作用，可以达到互相增强的目的[16]。3D 打印 rGO/CNFs 基底具有优异的导电网络和大量的活性位点，为纳米 $Ni(OH)_2$ 的电沉积提供具有优质均匀电荷的表面。

当电沉积 60 min 时，在 3D 打印 rGO/CNFs 的孔洞或表面正好平铺一层纳米球形花状 $Ni(OH)_2$，氢氧化镍与三维基底之间互相吸引，并且花状 $Ni(OH)_2$ 之间还存在一定的孔隙，为电解液中离子的穿梭提供自上而下的通道；离子在 $Ni(OH)_2$ 与 rGO/CNFs 基底间相互穿梭，两种材料的活性充分发挥作用。但随着电沉积时间的延长，纳米 $Ni(OH)_2$ 在 3D 打印 rGO/CNFs 的孔洞或表面不断堆积，$Ni(OH)_2$ 之间的间隙与孔洞逐渐减少，

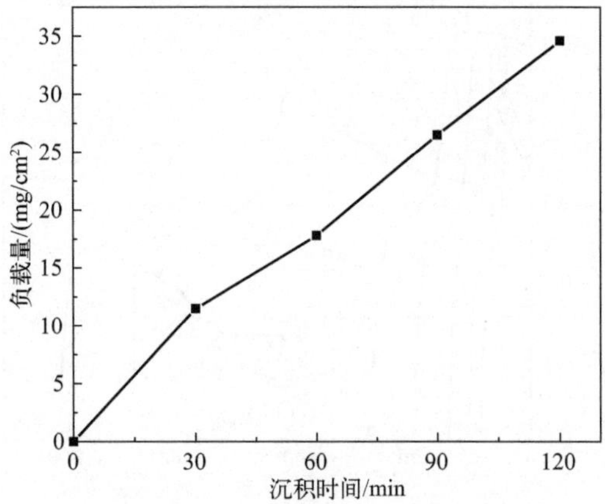

(a)$Ni(OH)_2$负载量与电沉积时间的关系

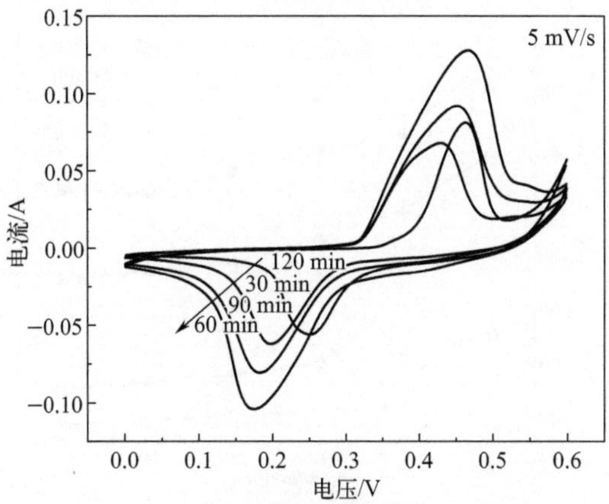

(b) 不同沉积时间电极的CV曲线

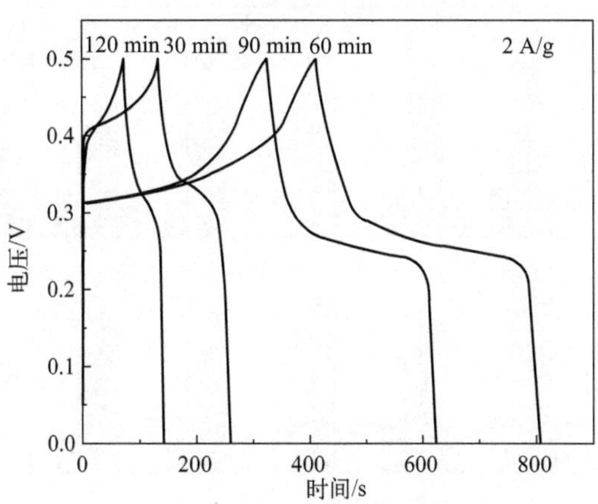

(c)不同沉积时间电极的GCD曲线

图 7-10

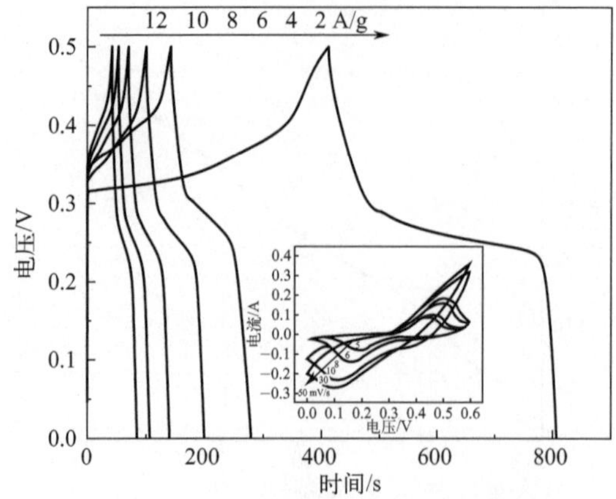

(d)沉积60 min电极的CV曲线与GCD曲线

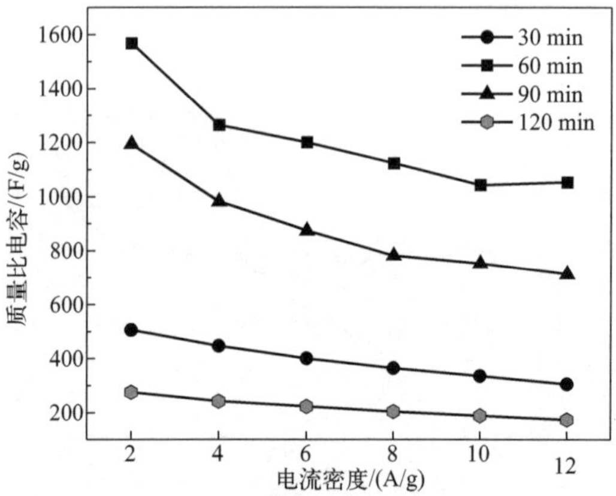

(e)电极的质量比电容

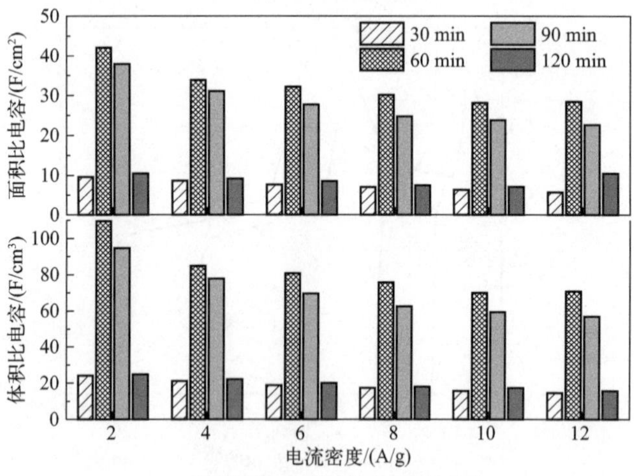

(f)电极的面积比电容和体积比电容

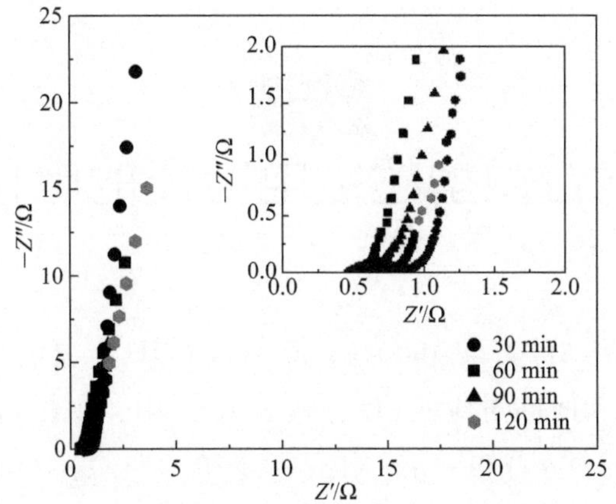

(g)电极的EIS曲线

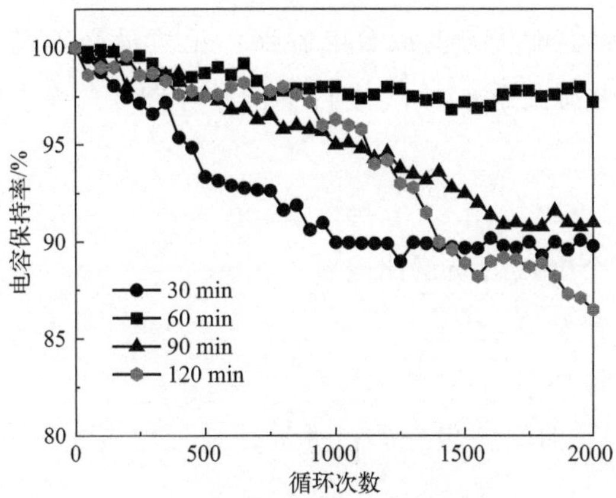

(h)电极的循环稳定性曲线

图 7-10　复合电极的电化学性能

导致电解液离子穿梭能力下降。尤其沉积 120 min 时，$Ni(OH)_2$ 之间几乎没有孔隙，$Ni(OH)_2$ 与基底的相互作用明显减弱。同时，结合图 7-9 电极表面接触角测试结果，120 min 沉积电极的接触角最大，与电解液的接触能力较弱，也是导电性能下降的另一主要原因。综合可知，60 min 沉积 rGO/CNFs@$Ni(OH)_2$ 电极具有极佳的表面形貌结构，这种结构可以充分发挥 rGO/CNFs 与 $Ni(OH)_2$ 的双重活性优势，体现出最佳的电化学性能。

7.4 非对称混合微型超级电容器的电化学性能

为进一步探究 3D 打印 rGO/CNFs@$Ni(OH)_2$ 复合电极的电化学性能，以 60 min 沉积时间对应的 3D 打印 rGO/CNFs@$Ni(OH)_2$ 复合电极作为电容器正极，以 3D 打印 rGO/KCu_7S_4 复合电极（rGO/K-3）作为负极，将二者组装成非对称混合微型超级电容器，对其电化学性能进行研究。

首先，为获得性能优异的混合电容器，正负极必须进行电量匹配，即正负极按照存储电荷关系 $q^+=q^-$ 进行平衡，存储在每个电极中的电荷依据下式进行计算：

$$q = C_m \Delta U m \tag{7-4}$$

式中 C_m——每个电极的质量比电容，F/g；

ΔU——电势范围，V；

m——电极质量，g。

而 C_m 依据 CV 曲线的积分面积进行计算，如下式：

$$C_m = \frac{\int_0^{\Delta t} I \mathrm{d}t}{m} \tag{7-5}$$

式中 I——放电电流，mA；

Δt——放电时间，s；

m——单个电极的质量，g。

正负极以相同的扫描速率 10 mV/s 进行循环伏安测试，通过上述公式计算正负电极的质量比为 $m^-/m^+ = 4.8$。

以 60 min 沉积时间的 3D 打印 rGO/CNFs@$Ni(OH)_2$ 复合正极为固定参照，调整负极 rGO/KCu_7S_4 的打印厚度。经过计算可知，rGO/KCu_7S_4 的打印层数平均为 12 层。正负电极调整合适后，使用电极夹夹持后直接在 3 mol/L KOH 电解液中组装并进行两电极体系测试。测试前电极须在电解液中浸泡 3 h，具体条件与测试项目与本书 3.3.3.2 部分相同。

图 7-11 为 rGO/CNFs@Ni(OH)$_2$//rGO/KCu_7S_4 非对称混合微型超级电容器的电化学性能汇总图。其中，图 7-11（a）为 10 mV/s 下正负电极的 CV 曲线图，通过前述计算可以确定正负电极的质量比，匹配器件达到最优效果。图 7-11（b）为该非对称混合微型超级电容器组装示意图。图 7-11（c）和图 7-11（d）为混合器件在 1.2 V 电压窗口下的 CV 曲线和 GCD 曲线。在 0～1.2 V 电压范围内，随着扫描速率的增加，CV 曲线形状基本保持不变，说明器件循环性能优异。依据 GCD 放电曲线计算，当电流密度为 0.3 A/g 时，器件的质量比电容可达到 111.1 F/g，面积比电容为 7.4 F/cm^2。即使电流密度增加到 1.5 A/g，其比电容值高达 12.9 F/g 和 857.0 mF/cm^2，器件倍率性能良好。

从图 7-11（f）可以看出，混合器件的 R_s 仅为 0.55 Ω，表明其具有高导电性。当电流密度为 0.7 A/g 时，对器件进行 5000 次充放电循环，可知电容保持率为 95.4%，该器件表现出优异的循环稳定性［见图 7-11（e）］。对器件的面能量密度与面功率密度进行计算，从 Ragone 图［见图 7-11（f）］中可以看出，该器件的面能量密度和相应功率密度最高可达 1.5 mW·h/cm^2、12.0 mW/cm^2。与 rGO/KCu_7S_4、Ag/rGO/KCu_7S_4 和 MWCNTs/rGO/KCu_7S_4 组装的微型对称电容器相比，该混合器件的储能能力有极大提升，为未来 3D 打印铜硫酸盐复合电极在混合电容器器件领域的进一步深入应用提供研究思路。

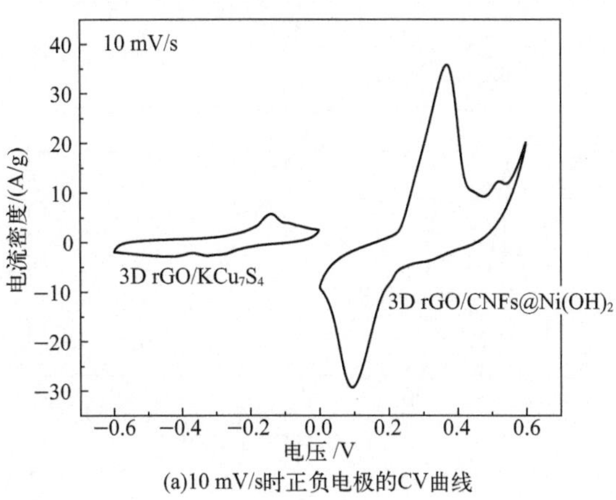

(a)10 mV/s时正负电极的CV曲线

图 7-11

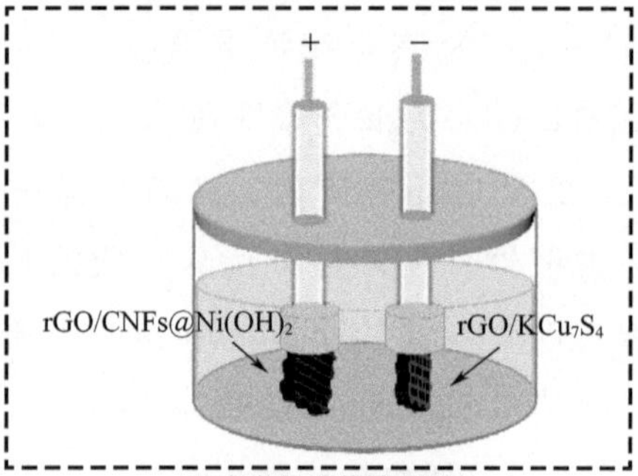

(b)电容器组装模拟图

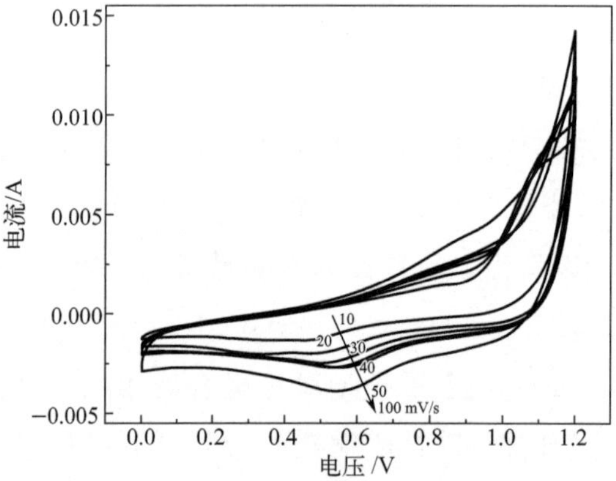

(c)电容器的CV曲线

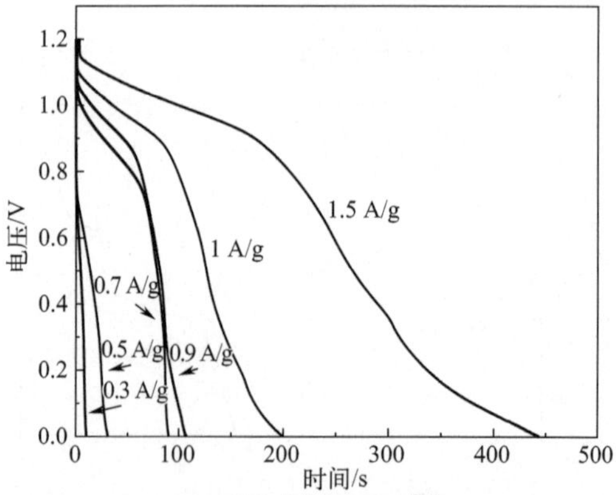

(d)电容器的GCD曲线

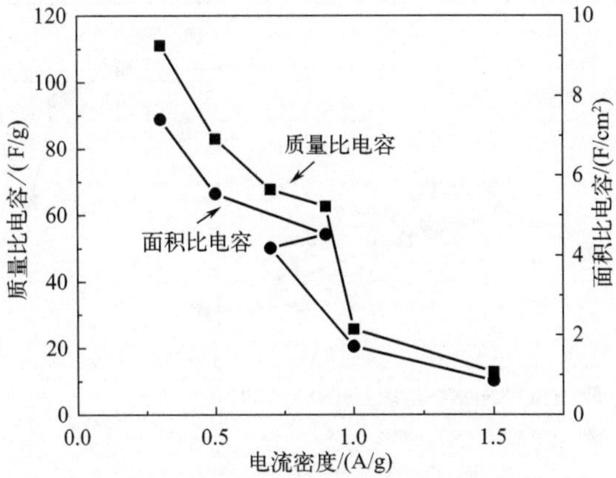

(e)器件的质量比电容和面积比电容

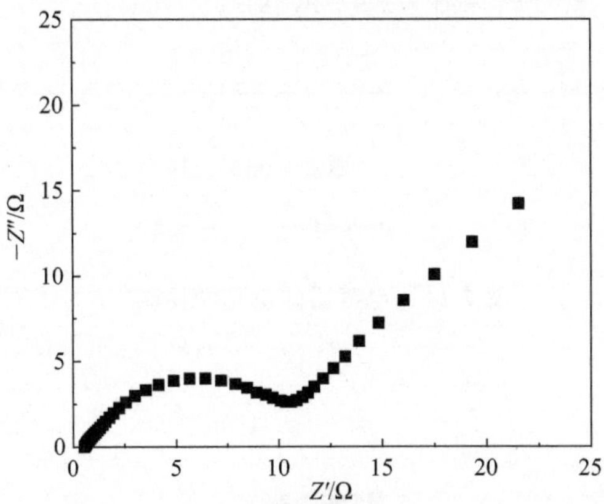

(f)电容器的EIS曲线

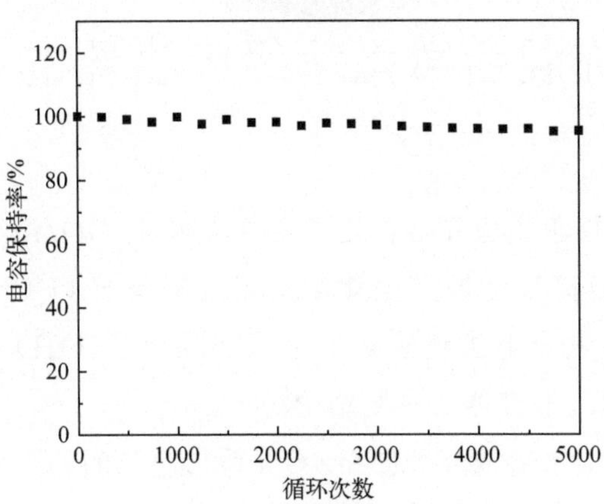

(g)电容器的循环稳定性曲线

图 7-11

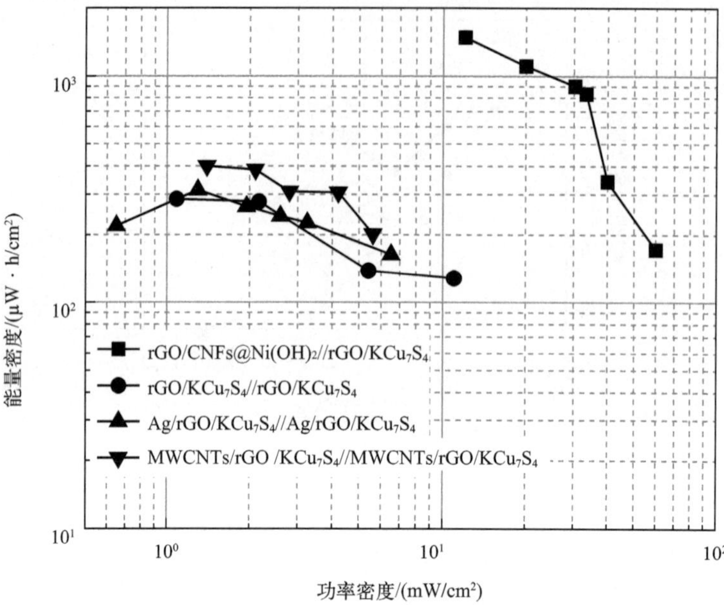

(h)四种器件的Ragone图

图 7-11　电容器的电化学性能

7.5 非对称混合微型超级电容器的应用

本章通过 3D 打印成型并结合化学还原法制备 rGO/KCu_7S_4 复合电极；3D 打印成型并结合高温还原及电化学沉积法制备 $rGO/CNFs@Ni(OH)_2$ 复合电极，将两种复合电极组装成 $rGO/CNFs@Ni(OH)_2//rGO/KCu_7S_4$ 非对称混合微型超级电容器。主要结论如下：

① 1%的 CNFs 水溶液与 300 mg GO 粉末制备的 GO/CNFs 油墨具有良好的流变特性。该打印结构经过 700 ℃高温还原后，rGO/CNFs 结构具有良好的回弹性能，为电极的长时间电沉积实施奠定基础。

② $rGO/CNFs@Ni(OH)_2$ 复合电极制备过程中，电沉积时间为

60 min时，α-$Ni(OH)_2$ 分布均匀，电化学性能表现优良。该电极在电流密度为2 A/g时，质量比电容、面积比电容和体积比电容分别达到1568.0 F/g、40.2 F/cm^2 和105.5 F/cm^3，且倍率性能表现优异。

③ 组装的rGO/CNFs@$Ni(OH)_2$//rGO/KCu_7S_4 非对称混合微型超级电容器，当电流密度为0.3 A/g时，质量比电容和面积比电容可达到111.1 F/g、7.4 F/cm^2，其面能量密度和面功率密度分别为1.5 mW·h/cm^2 和12.0 mW/cm^2。与rGO/KCu_7S_4、Ag/rGO/KCu_7S_4 和MWCNTs/rGO/KCu_7S_4 组装的微型对称电容器相比，其储能能力得到极大提升。

众所周知，混合超级电容器通过结合双电层电容器与赝电容器的优点，能够实现能量密度与功率密度的双重提升。其核心优势包括较高能量密度（是传统超级电容器的3～5倍）、宽温域适应性（在－40～80 ℃范围内保持90%以上容量）、超长循环寿命（循环寿命超过50万次，部分场景下可达百万次）、快速充放电能力（充放电倍率高达200C，充电效率为锂电池的10倍）。

3D打印技术则可以进一步优化混合超级电容器的性能，如通过精确的结构创新能力，可以显著改善电极的活性材料负载量；可以在三维方向真正实现多种材料的复合利用，加剧超级电容器的混合程度；实现混合超级电容器的一体化集成式制造。具体应用可以借鉴第4～6章3D打印超级电容器，以及混合超级电容器的实际应用。

目前，混合超级电容器正逐步从实验室走向产业化，有望成为新能源、交通、工业及智能电网等领域的关键技术支撑，在诸多领域有广阔的应用前景，具体如下。

(1) 电网调频与混合储能系统领域

随着可再生能源的占比不断提升，电网面临频率波动加剧的挑战。混合超级电容器因其快速响应特性（毫秒级），已成为电网调频的理想选择。如采用“超级电容器＋锂电池”混合储能模式，其中超级电容器负责瞬时功率调节，锂电池提供长时能量支撑。我国武汉华能阳逻电厂投运的全球首个混合储能调频系统，包含6 MW超级电容器与14 MW锂电池，使电厂调频响应速度提升10倍，调节精度提高4倍以上，显著增强电网稳定性。

(2) 新能源汽车与交通动力系统领域

电动汽车的加速、制动能量回收及低温启动均需要高功率储能器件的支持，而传统锂电池在大电流冲击时易导致寿命衰减。混合超级电容器作为辅助电源，与锂电池协同工作，可以极大地优化动力系统效率。如我国中车集团研发的全球首列氢能源列车，采用氢燃料电池与超级电容器混合动力，续航达 600 公里，制动能量回收效率达 80%，实现零碳排放。

(3) 城市轨道交通的制动能量回收领域

地铁与有轨电车因频繁制动会产生大量的可回收能量，而传统电阻耗能方式效率低下，对可回收能量的反馈较弱，导致效果不佳。混合超级电容器可以直接存储制动能量，并在启动时快速释放。例如上海地铁储能系统采用“超级电容器＋蓄电池”的混合方案，可以回收制动能量的 80%，每年节省电费超千万元。

(4) 工业与消费电子领域

工业自动化设备一般需要瞬时高功率支持；消费电子设备则追求快速充电与长寿命。混合超级电容器可以替代或辅助传统电池，显著提升工业与消费电子设备的性能。如我国某手机工厂开发的柔性超级电容器集成于折叠屏手机，充电速度提升 3 倍，循环寿命达 10 万次，能有效解决锂电池发热与老化的问题。

总之，混合超级电容器不仅是能源转型的关键技术，更是推动多行业智能化、绿色化发展的核心引擎。其未来广阔的应用前景必将深刻影响全球能源格局与产业生态。

参考文献

[1] Wei Z, Yue O, Miao Y E, et al. Recent advances and perspectives of 3D printed micro-supercapacitors: From design to smart integrated devices [J]. Chem. Commun., 2022, 58: 2075-2095.

[2] Gui Q, Ba D, Li L, et al. Recent advances in materials and device technologies for aqueous hybrid supercapacitors [J]. Science China Materials, 2021: 1-22.

[3] Brisse A L, Stevens P, Toussaint G, et al. Ni(OH)$_2$ and NiO based composites: Battery type electrode materials for hybrid supercapacitor devices [J]. Materials, 2018, 11 (7): 1178.

[4] Natarajan S, Ulaganathan M, Aravindan V. Building next-generation supercapacitors with battery type Ni(OH)$_2$ [J]. Journal of Materials Chemistry A, 2021, 9 (28): 15542-15585.

[5] Kong D, Wang Y, Huang S, et al. 3D printed compressible quasi-solid-state nickel-iron battery [J]. ACS Nano, 2020, 14 (8): 9675-9686.

[6] Wang Q, Sun J, Yao Q, et al. 3D printing with cellulose materials [J]. Cellulose, 2018, 25 (8): 4275-4301.

[7] Cao D, Xing Y, Tantratian K, et al. 3D printed high-performance lithium metal micro-batteries enabled by nanocellulose [J]. Advanced Materials, 2019, 31 (14): 1807313.

[8] Tang X, Zhou H, Cai Z, et al. Generalized 3D printing of graphene-based mixed-dimensional hybrid aerogels [J]. ACS nano, 2018, 12 (4): 3502-3511.

[9] Nargatti K I, Subhedar A R, Ahankari S S, et al. Nanocellulose-based aerogel electrodes for supercapacitors: A review [J]. Carbohydrate Polymers, 2022: 120039.

[10] Jeong H K, Lee Y P, Jin M H, et al. Thermal stability of graphite oxide [J]. Chemical physics letters, 2009, 470 (4-6): 255-258.

[11] Liao D, Wang Y, Xie P, et al. A resilient and lightweight cellulose/graphene oxide/polymer-derived multifunctional carbon aerogel generated from Pickering emulsion toward a wearable pressure sensor [J]. Journal of Colloid and Interface Science, 2022, 628: 574-587.

[12] Guo B, Gao Y, Li Y, et al. Ni(OH)$_2$ nanosheets grown on reduced graphene oxide for supercapacitor electrodes [J]. ACS Applied Nano Materials, 2022, 5 (5): 7471-7480.

[13] Gao K, Shao Z, Li J, et al. Cellulose nanofiber-graphene all solid-state flexible supercapacitors [J]. Journal of Materials Chemistry A, 2013, 1 (1): 63-67.

[14] Chen X, Zhang F, Yang Z, et al. One-pot hydrothermal synthesis of reduced graphene oxide/carbon nanotube/α-Ni(OH)$_2$ composites for high performance electrochemical supercapacitor [J]. Journal of Power Sources, 2013, 243: 554-561.

[15] Feng Y, Zhang X, Shen Y, et al. A mechanically strong, flexible and conductive film based on bacterial cellulose/graphene nanocomposite [J]. Carbohydrate Polymers, 2012, 87 (1): 644-649.

[16] Lai L, Clark M, Su S, et al. Dip-coating synthesis of rGO/α-Ni(OH)$_2$@ nickel foam with layer-by-layer structure for high performance binder-free supercapacitors [J]. Elec-

trochimica Acta, 2021, 368: 137589.

[17] 赵真真，倪文彬，高能越，等. 石墨烯对 $Ni(OH)_2$ 超级电容器材料的电化学行为的影响 [J]. 电化学，2011，17 (3)：292.

第8章 总结与展望

8.1 3D打印电化学储能器件的性能与应用总结

新型金属铜硫酸盐 KCu_7S_4 拥有的独特隧道导电效应和刚性棒状结构，不仅可以拓宽打印电极材料的选择范围，还可以满足直接墨水书写3D打印成型技术调控微型超级电容器电极结构的需要。本书以3D打印成型三维网络结构铜硫酸盐复合电极为研究对象，对3D打印成型工艺、铜硫酸盐复合电极的微观结构与电化学性能、导电机理进行了系统研究，组装制备了微型超级电容器并探究了其电化学性能和储能能力。总结如下：

① 通过混合法制备 GO/KCu_7S_4 水性油墨，采用3D打印成型结合化学还原法制备 rGO/KCu_7S_4 复合电极，然后组装成微型超级电容器。研究发现，KCu_7S_4 含量为30%时，该油墨具有最佳的流变性能和打印成型能力。该3D打印成型的 rGO/KCu_7S_4 复合电极具有良好的润湿性能和最佳的电化学性能。随着3D打印层数的增加，该电极的比电容逐渐增大。该复合电极内部为三维分级网络结构，可有效提高电解液离子的迁移穿梭效率。由该电极组装的微型超级电容器，当电流密度为0.1 A/g时，器件的质量比电容和面积比电容分别为79.1 F/g和1.4 F/cm^2；当功率密度为2.2 mW/cm^2 时，其能量密度可达到286.0 $\mu W\cdot h/cm^2$。

② 为了改善 rGO/KCu_7S_4 复合电极的导电性能，将纳米Ag颗粒加入 GO/KCu_7S_4 水性油墨中。采用3D打印成型结合化学还原法制备 $Ag/rGO/KCu_7S_4$ 复合电极，并组装成微型对称超级电容器。研究发现，纳米Ag颗粒的加入可明显改善油墨的表观黏性。当Ag加入量为15 mg时，该油墨具有良好的流变性能和打印成型能力。综合比较，该电极的电化学性能最佳，优于 rGO/KCu_7S_4 电极，且随着3D打印层数的增加，该电极的面积比电容逐渐增大。该复合电极内部为"点-线-面"型三维网络贯通结构，纳米Ag颗粒分布在rGO与 KCu_7S_4 之间，与二者紧密连接，提高电子的传导能力。由该电极组装的微型对称超级电容器，当功率密度

为 1.3 mW/cm^2 时，能量密度可达 313.9 μW·h/cm^2，器件储能能力得到较大改善。

③ 为进一步提高 rGO/KCu_7S_4 复合电极的电化学性能，往其内部添加具有优异电容性能和黏性特征的多壁碳纳米管（MWCNTs）。首先将 MWCNTs 进行羧基化改性，然后与 GO 和 KCu_7S_4 通过强制混匀法制备 MWCNTs/GO/KCu_7S_4 水性油墨，然后 3D 打印成型结合化学还原法制备 MWCNTs/rGO/KCu_7S_4 复合电极，并组装成微型对称超级电容器。研究发现，MWCNTs 和 KCu_7S_4 的加入可明显提升油墨的黏性；油墨中 MWCNTs 比例越大，油墨储能模量和损耗模量越大，所需挤出压力越大，打印调控越困难。当 MWCNTs 与 KCu_7S_4 质量比为 1∶2 时，该油墨具有良好的流变性能和打印成型能力。随着 3D 打印层数的增加，该电极的比电容逐渐增大，电化学性能整体优于 rGO/KCu_7S_4 电极。3D 打印成型的 MWCNTs/rGO/KCu_7S_4 复合电极内部为“线-线-面”型三维网络结构，MWCNTs 与 KCu_7S_4 作为电极骨架填充于 rGO 片层中，MWCNTs 作为 KCu_7S_4 和 rGO 的导电桥梁，从而提高了其电化学性能。由该电极组装的微型对称超级电容器，当功率密度为 1.4 mW/cm^2 时，能量密度可达 400.2 μW·h/cm^2，器件储能能力优良。

④ 3D 打印成型并结合化学还原法制备 rGO/KCu_7S_4 复合电极，3D 打印成型并结合高温还原及电化学沉积法制备 rGO/CNFs@Ni$(OH)_2$ 复合电极，并将两种复合电极组装成 rGO/CNFs@Ni$(OH)_2$//rGO/KCu_7S_4 非对称混合微型超级电容器。研究发现，rGO/CNFs@Ni$(OH)_2$ 复合电极制备过程中，电化学沉积时间为 60 min 时，α-Ni$(OH)_2$ 分布均匀，电化学性能表现最佳。当电流密度为 0.3 A/g 时，组装的混合电容器器件质量比电容和面积比电容可达 111.1 F/g、7.4 F/cm^2，其面能量密度和面功率密度分别为 1.5 mW·h/cm^2 和 12.0 mW/cm^2。与 rGO/KCu_7S_4、Ag/rGO/KCu_7S_4 和 MWCNTs/rGO/KCu_7S_4 组装的微型对称电容器相比，该器件储能能力得到极大提升。

8.2 3D 打印电化学储能器件的优化方向

本书采用 3D 打印成型技术成功制备了一系列 KCu_7S_4 复合三维电极，并对各种电极及组装的电容器的电化学性能等进行系统研究，取得了一定的成果，归纳总结为以下三点：

① 揭示了油墨流变行为对 3D 打印成型的影响规律及复合电极内部结构形成的演变机制。

② 研究了 3D 打印成型 rGO/KCu_7S_4、Ag/rGO/KCu_7S_4 和 MWCNTs/rGO/KCu_7S_4 铜硫酸盐复合电极的微观形貌、物相组成、电极润湿性能和电化学性能，阐述了铜硫酸盐复合电极的导电机理。

③ 制备了对称微型超级电容器和非对称混合微型超级电容器，分析了电容器的电化学性能、储能能力，为高性能铜硫酸盐复合电极系列器件的制备提供了理论指导。

3D 打印技术凭借其精准的结构控制、材料利用率高、设计灵活等优势，成为优化储能器件的重要工具。但随着能源需求的快速增长和电子设备的微型化、柔性化发展，电化学储能器件的性能提升面临更高要求。结合本书所涉及的相关研究，认为在后续的工作中，3D 打印电化学储能器件的优化方向主要有如下几点：

① 高浓度纳米材料在溶剂中的分散对于油墨的制备及后续打印工艺都有重要的影响。在本书的油墨制备过程中，碳纳米管和纳米 Ag 颗粒存在一定的团聚现象。在后续的工作中，需要改进油墨制备工艺或材料使用，或在 3D 打印中配合其他方法，如硫化、溶剂还原等，切实提高纳米材料的分散能力，得到流变性能更加优异的打印油墨，或在打印后端工序实现纳米材料在三维结构中的均匀分布，真正实现纳米材料的活性高效利用。

② GO 与 CNFs 配合打印制备高力学性能的弹性结构的相关研究还需进一步深入，如 CNFs 不同长径比、不同浓度以及高温还原温度制度等对

结构力学性能的影响需进行系统研究，从而获得一种具有普遍适用性的3D打印结构，为其进一步深入应用指明方向。

③ 本书中涉及的3D打印电极由于需要后续的还原等工序，这使3D打印电极的大规模应用相对受限。如何真正实现电极的简便3D打印制造，体现3D打印在能源器件领域的便捷性和独特优势，是所有从事3D打印能源器件研究人员需要不断探索的理想目标。

8.3 3D打印电化学储能器件的未来发展趋势

结合当前3D打印技术在电化学储能器件领域的进展与行业动态，下面从打印技术、打印材料以及产业化发展三个角度，对3D打印电化学储能器件的未来发展趋势进行详细分析。

(1) 从打印技术角度分析

目前常见的几种电化学储能器件的3D打印技术中，FDM和SLA作为桌面3D打印技术的两种主要类型，分别具有分辨率高和成本较低的显著优势。但在电化学储能器件的打印方面，二者存在活性材料整体负载量不高，器件性能普遍较低的问题。IJP和DIW属于典型的挤出式打印方式，均能满足活性材料的较高负载，但二者的精度受到打印针头的固有限制，无法满足高精度电极结构的制造要求，从而影响电极的整体性能。其他一些打印技术，如LOM、SLS等，则面临设备使用成本较高且打印材料种类较少等现状。

未来电化学储能器件相关3D打印技术的发展趋势如下：

① 低成本打印技术的不断普及。结合现有3D打印设备的桌面化和低成本发展趋势，电化学储能器件相关3D打印技术也必将朝着低成本的路线普及。例如，桌面级高精度FDM设备已经降至千元级别，SLS设备也以几万元左右的价格进入市场。

② 多技术一体化打印融合发展。针对DIW挤出形式较为单一的问题，

可以开发多种技术融合的直写打印设备，如直写打印加光固化装置、开发适宜高黏度流体的打印喷头、开发多材料智能化打印喷头等。还可以发展一体化融合打印技术，进一步实现不同功能材料（如导电层、集流体、隔膜层等）的一体化集成，真正体现 3D 打印的技术优势，为规模化生产储能器件奠定基础。可喜的是，现在我国已有相关企业开展 3D 打印全固态电池的一体化设备研发，市场反响良好。图 8-1 为我国某企业研发的全固态电池 3D 打印一体化智能制造小试线（书后另见彩图）。

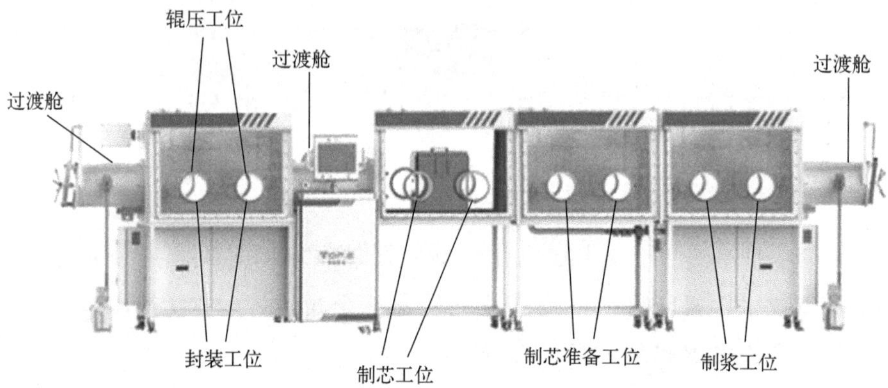

图 8-1　我国某企业研发的全固态电池 3D 打印一体化智能制造小试线

③ AI 驱动的智能化打印工艺。当前，人工智能（AI）正深度渗透人类生产生活的各个领域。在储能器件的 3D 打印制造中，AI 可用于优化打印参数（如打印速率、扫描路径）；实时监控打印缺陷（如层间结合不良）；并通过机器学习准确分析多个参数，如电极的形状、尺寸、间距和孔隙度；还可以利用大量的历史实验数据和仿真结果训练深度学习模型，快速准确地预测器件性能，对打印结构内部的传输机制等进行深入研究。

④ 开发与 3D 打印储能器件相关的检测与分析设备。尽管 3D 打印储能器件已表现出诸多的技术优势，但与对传统涂覆电极的认知不同，人们对于 3D 打印储能器件内部结构与性能等的关系还缺乏明确系统的了解，三维电极内部的导电机理等有待进一步探索。未来可以开发与 3D 打印储能器件配套的先进表征技术手段，如在不破坏结构的前提下，对打印结构内部进行立体综合表征分析，或原位分析，以提高理论水平，使 3D 打印在储能器件领域得到长足的技术进步。

(2) **从打印材料角度分析**

目前，针对储能器件的3D打印材料的研究，可利用的材料种类越来越丰富，例如打印超级电容器的材料已从最初的活性炭发展到今天的金属氧化物、各种导电有机物等。但当前，适应3D打印技术的材料可用局限依然是3D打印制造储能器件的最大挑战之一。

未来电化学储能器件相关3D打印材料的发展趋势如下：

① 新型活性电极材料的不断创新。储能器件的关键部件是电极，电极材料是影响器件整体性能的关键。开发适宜3D打印需要的活性材料依然是科研工作者需要不断努力的方向。活性材料必须满足多种需求，例如电化学性能、导电性、黏度、耐用性，以及低成本等。未来与固态器件相关的金属硫化物、多硫化物，以及硅基复合负极材料等是材料发展的主要趋势，可以结合开发适宜3D打印的材料。

② 多功能化复合材料的开发。在储能领域，导电与结构一体化多功能材料是3D打印的重要发展方向。例如构建与石墨烯相关的各种复合材料，通过3D打印同时实现结构支撑与高导电功能，满足可穿戴设备轻量化、高储能的需求；开发一些导电自修复材料，例如在电解质材料中引入微胶囊自修复材料，并通过3D打印技术实现均匀分布，在电池循环中达到自动修复裂纹的目的，从而延长使用寿命。

③ 可持续与环保材料的应用。可着重研究废旧电池中的金属材料（如锂、钴、镍）通过3D打印重构为新电极的相关技术，结合闭环回收工艺能降低电池成本并减少资源依赖，保障新能源产业的持续长久发展。此外，人们可以利用生物降解材料［如聚乳酸（PLA）］，通过3D打印制造一些医学传感器的电源，减少电子废弃物对环境的污染。

④ AI智能化助力材料的研发。AI可以助力3D打印相关材料的研发，如建立储能活性材料的标准数据库，实现材料的自动筛选和配方设计，加速新材料的应用化进程。通过算法的审慎选择和数据的细致处理，可以提高材料筛选的效率和准确性，从而为3D打印行业提供优越的材料选择方案。

(3) **从产业化发展角度分析**

目前，3D打印技术在储能器件领域还处于研发阶段。虽有部分科研人员进行了一定的中试及产业化探索，但由于3D打印在储能器件的应用层面还面临一定的技术和材料困境，后续还需不断的研发投入和实践探索。

随着3D打印技术的革新发展，相信其在储能器件领域一定会得到大量应用，成为当前新能源技术突破瓶颈的关键环节。如前所述，认为未来3D打印技术在储能器件领域的产业化发展主要可以总结为以下几个方面：

① 大型电力储能系统的深度集成。全球能源转型不断加速，可再生能源的占比逐步增加，由此带来的电力的不稳定运行成为产业界需要面对的问题。而电化学储能作为电网调峰调频、可再生能源消纳的核心技术，已得到大家的一致认可。3D打印技术在大型电力储能系统可以解决诸多深入的瓶颈问题，如通过3D打印实现液流电池电极的梯度孔隙率设计和结构的定制化制造，从而优化电解液流动路径，提升能量转化效率。通过SLM打印技术制造的钛合金储能框架，强度提升30%的同时减重20%，适用于沙漠、海上等恶劣环境下的储能设施。

② 新能源汽车动力电池的革新。随着人们对新能源汽车的不断青睐，其市场高速增长，推动了对高能量密度、快充电池的需求。当前，3D打印技术在动力电池制造方面即可以发挥显著作用。例如，在优化电极结构方面，特斯拉通过多孔仿生结构设计（如蜂窝状负极），3D打印硅基负极已实现充电速度提高20%；在一体化电池组件制造方面，采用多材料复合打印技术，将集流体、隔膜与电解质层一体化成型，减少界面阻抗，提升电池循环寿命。

③ 消费电子与可穿戴设备的微型化突破。不远的将来，柔性电子设备的大力普及和应用一定会推动对微型储能器件的需求。3D打印在此领域主要有几个应用趋势，如适用于智能衣物和电子皮肤的柔性电池直接集成；为各种传感器提供长效电源的全固态微型电池的一体化制造；满足AR/VR眼镜等小众市场需求的个性化电源的定制服务等。

④ 军事与航空航天领域的高性能需求。在军事与航空航天领域，储能设备需要满足极端环境下的安全、快速和长寿命使用需求。3D打印技术的高效可操作能力正好匹配电池的高可靠性，主要体现有几点，如通过3D打印制造高比能的单兵电源，这是未来军事发展的一个重要技术方向。在太空储能方面，采用3D打印的耐辐射、高能轻质电池模块，可适应月

球基地的极端环境。战场环境下，便携式 3D 打印设备可现场制造替换电池，减少后勤依赖；或者配合无人机等实现快速补给。

⑤ 医疗与生物电子的创新融合。生物相容性与定制化需求一定会驱动 3D 打印在医疗储能中得到应用。例如，通过 3D 打印制造可降解植入式电池，在完成心脏起搏器供能后自然降解，避免二次手术取出。通过 3D 打印将水凝胶电解质与生物电极一体集成制造，为神经刺激器等提供柔性电源。还可以根据患者解剖结构，结合 3D 打印定制电池形状（如贴合骨骼结构的骨科传感器电源），减少患者的异物感和缩短生理适应周期。

总之，与传统电化学储能器件的制造技术相比，3D 打印技术作为一项先进的制造技术，在成型方式、性能、成本和可扩展性方面具有突出的优势，正在推动电化学储能器件的进一步发展。通过 3D 打印可以实现储能器件相关的复杂形状二维及三维架构制造。这些结构可以缩短离子的输运路线，增加活性材料的负载，延缓材料的体积膨胀效应，从而同时实现器件的高能量、功率密度，延长器件的使用寿命等。

尽管面临诸多挑战，但我们相信经过人们的不断努力和创新，3D 打印技术一定会对电化学储能器件的制造带来革命性的影响，必将推动电化学储能器件的不断发展和进步，从而推动储能器件产业向智能化、可持续方向加速演进。

附录　主要名称术语

（按照英文首字母排序）

序号	中文术语	英文缩写、化学式或符号
1	银	Ag
2	黏合剂喷射打印技术	BJ
3	连续喷墨打印	CIJ
4	纤维素纳米纤维	CNFs
5	碳纳米管	CNTs
6	循环伏安测试	CV
7	直接墨水书写	DIW
8	数字光处理技术	DLP
9	按需喷墨打印	DOD
10	双电层电容器	EDLCs
11	交流阻抗谱测试	EIS
12	熔融挤出沉积技术	FDM
13	傅里叶变换红外光谱	FT-IR
14	储能模量	G'
15	损耗模量	G''
16	恒流充放电测试	GCD
17	氧化石墨烯	GO
18	混合电容器	HSCs
19	喷墨式打印技术	IJP
20	铜硫酸盐	KCu_7S_4
21	氢氧化钾	KOH
22	锂离子电池	LIBs
23	锂硫电池	Li-S
24	叠层实体制造打印技术	LOM

续表

序号	中文术语	英文缩写、化学式或符号
25	微型超级电容器	MSCs
26	金属硫化物	MSs
27	多壁碳纳米管	MWCNTs
28	氢氧化镍	$Ni(OH)_2$
29	赝电容器	PCs
30	聚乙烯醇	PVA
31	聚偏氟乙烯	PVDF
32	还原氧化石墨烯	rGO
33	超级电容器	SCs
34	扫描电子显微镜	SEM
35	钠离子电池	SIBs
36	立体光刻技术	SLA
37	选择性激光烧结	SLS
38	透射电子显微镜	TEM
39	热重分析	TG
40	紫外-可见光吸收光谱	UV-vis
41	X 射线光电子能谱表征分析	XPS
42	X 射线衍射表征分析	XRD

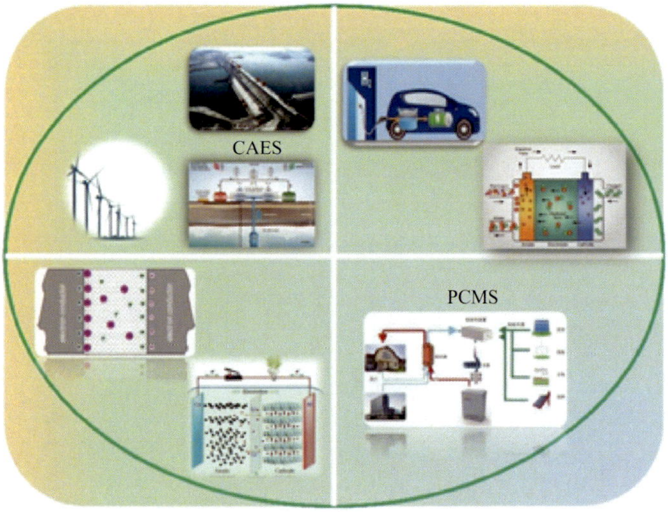

图 1-1　不同电力储能系统分类

PHES—抽水蓄能；FES—飞轮储能；CAES—压缩空气储能；

HEES—氢能系统；PCMS—双向能量管理系统

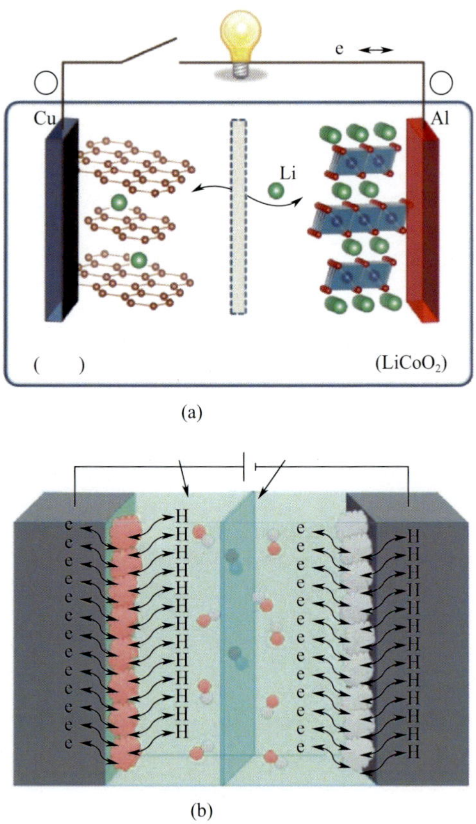

图 1-2　电化学储能器件工作示意图

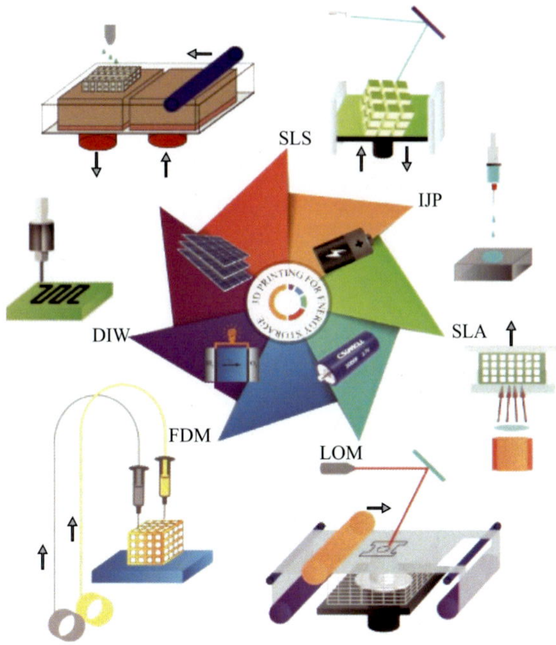

图 2-1　电化学储能器件领域应用的 3D 打印技术及工作原理示意图

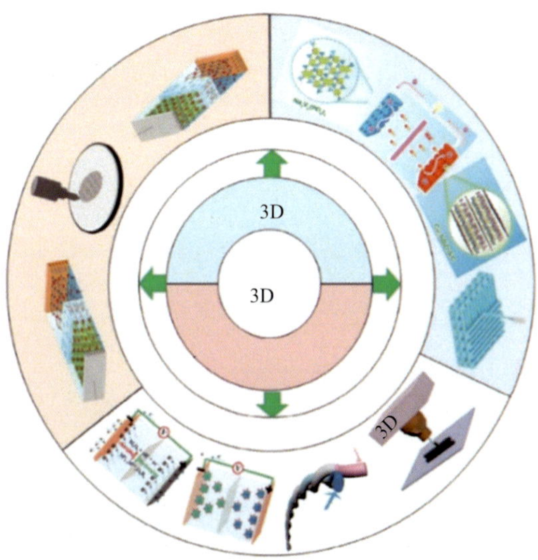

图 2-2　两种挤出型 3D 打印技术的简单原理及应用

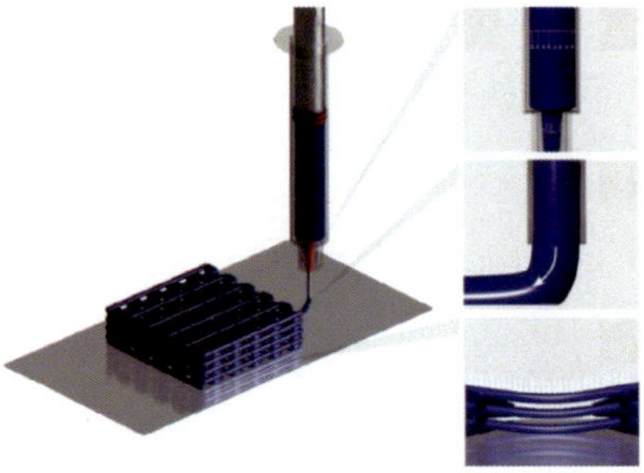

图 2-3 DIW 打印中油墨的运动示意图

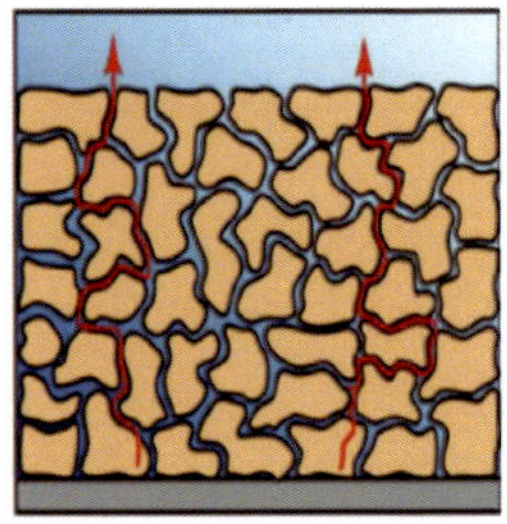

(a)

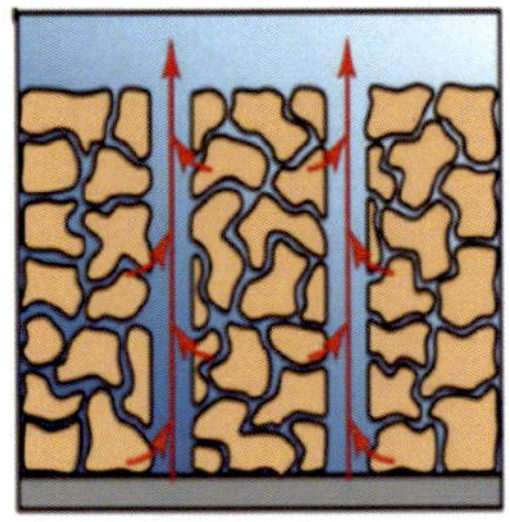

(b)DIW

图 2-4 不同制备方法的电极内部离子运动示意图

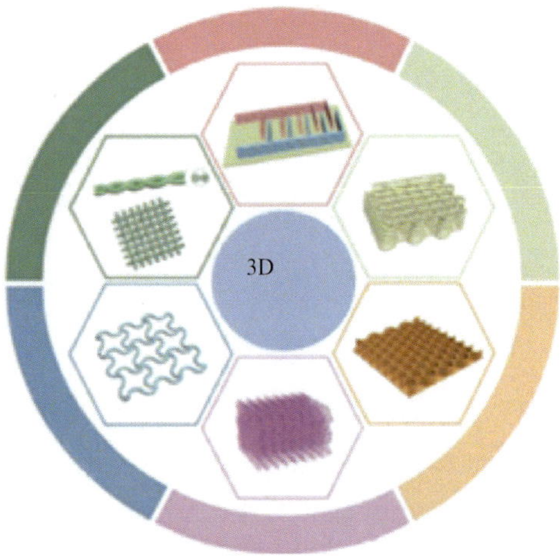

(a)3D

(b)

(c)

图 2-6 3D 打印的电极结构

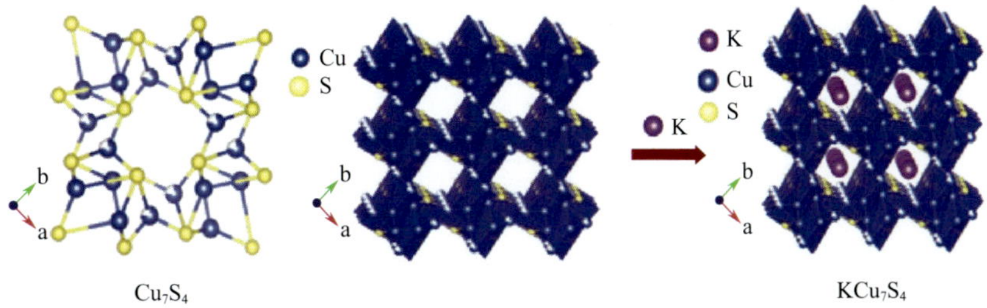

图 2-8　Cu_7S_4 与 KCu_7S_4 的结构

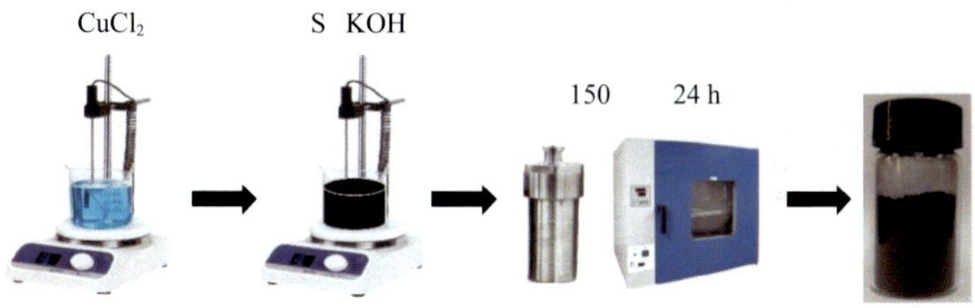

图 3-1　KCu_7S_4 制备过程示意图

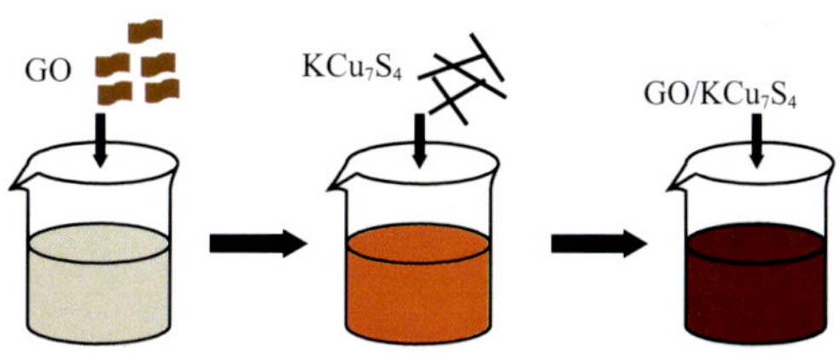

图 3-2　GO/KCu_7S_4 油墨制备过程示意图

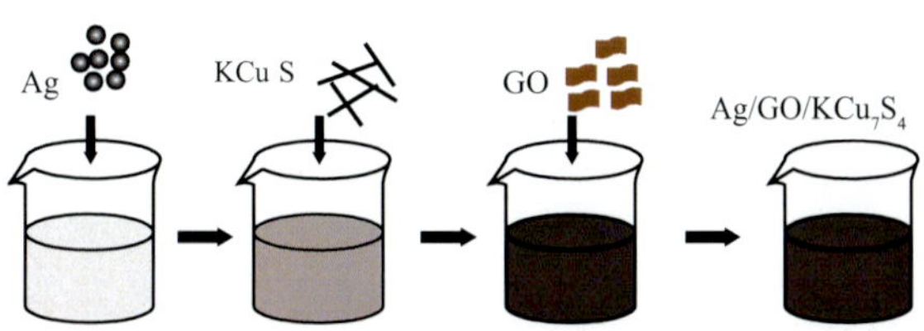

图 3-3　$Ag/GO/KCu_7S_4$ 油墨制备过程示意图

图 3-6　3D 打印制备 rGO/KCu_7S_4 复合电极过程示意图

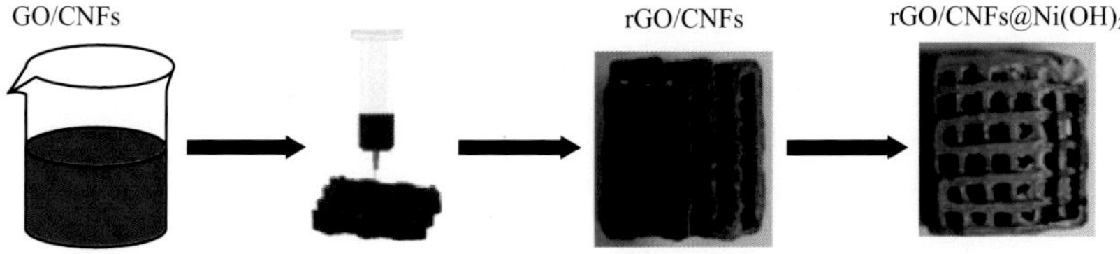

图 3-7　rGO/CNFs@Ni(OH)$_2$ 复合电极制备过程示意图

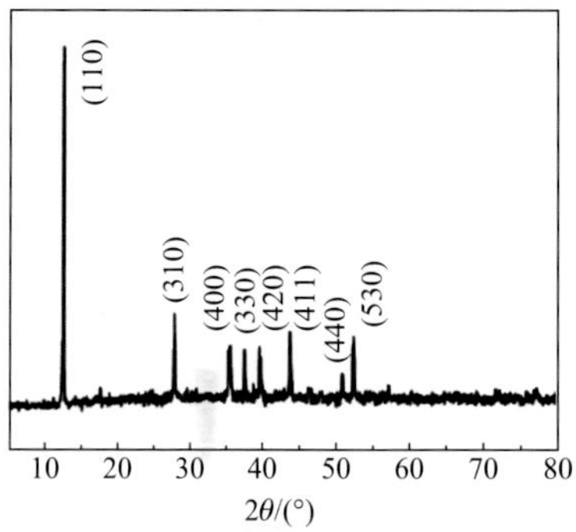

(a)XRD

(b)SEM

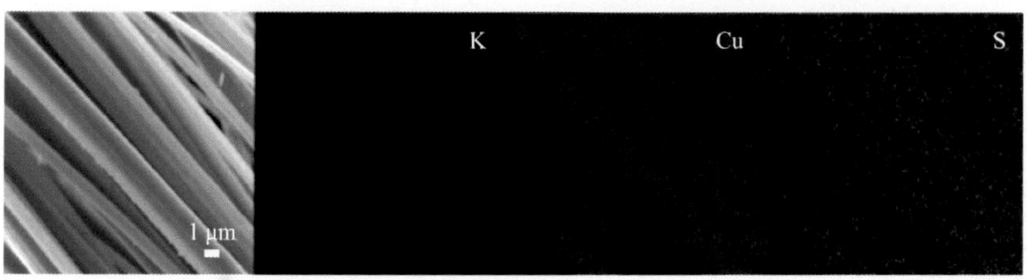

(c)EDS

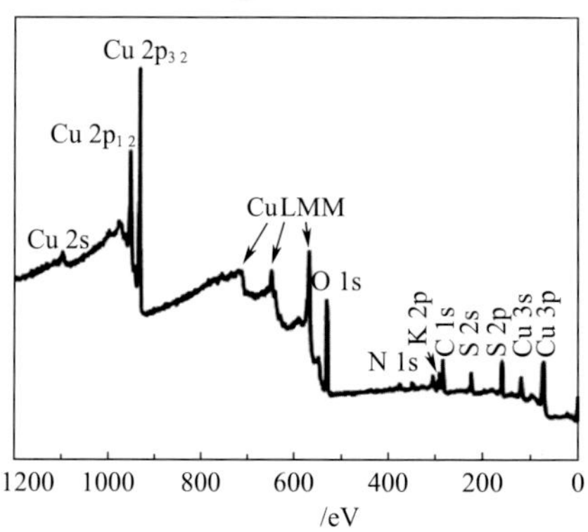

(d)XPS

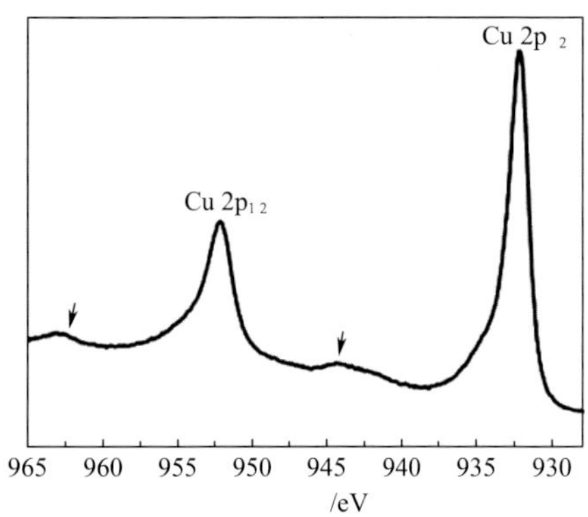

(e)Cu 2p

图 4-2　KCu_7S_4 结构表征图谱

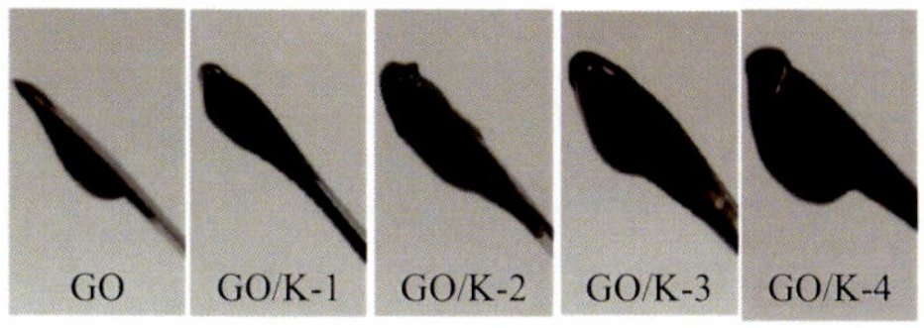

图 4-4　不同配比 GO/KCu_7S_4 油墨的照片

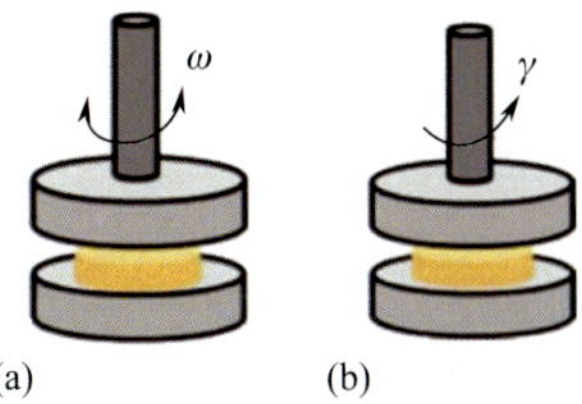

图 4-5　流变性能测量示意图

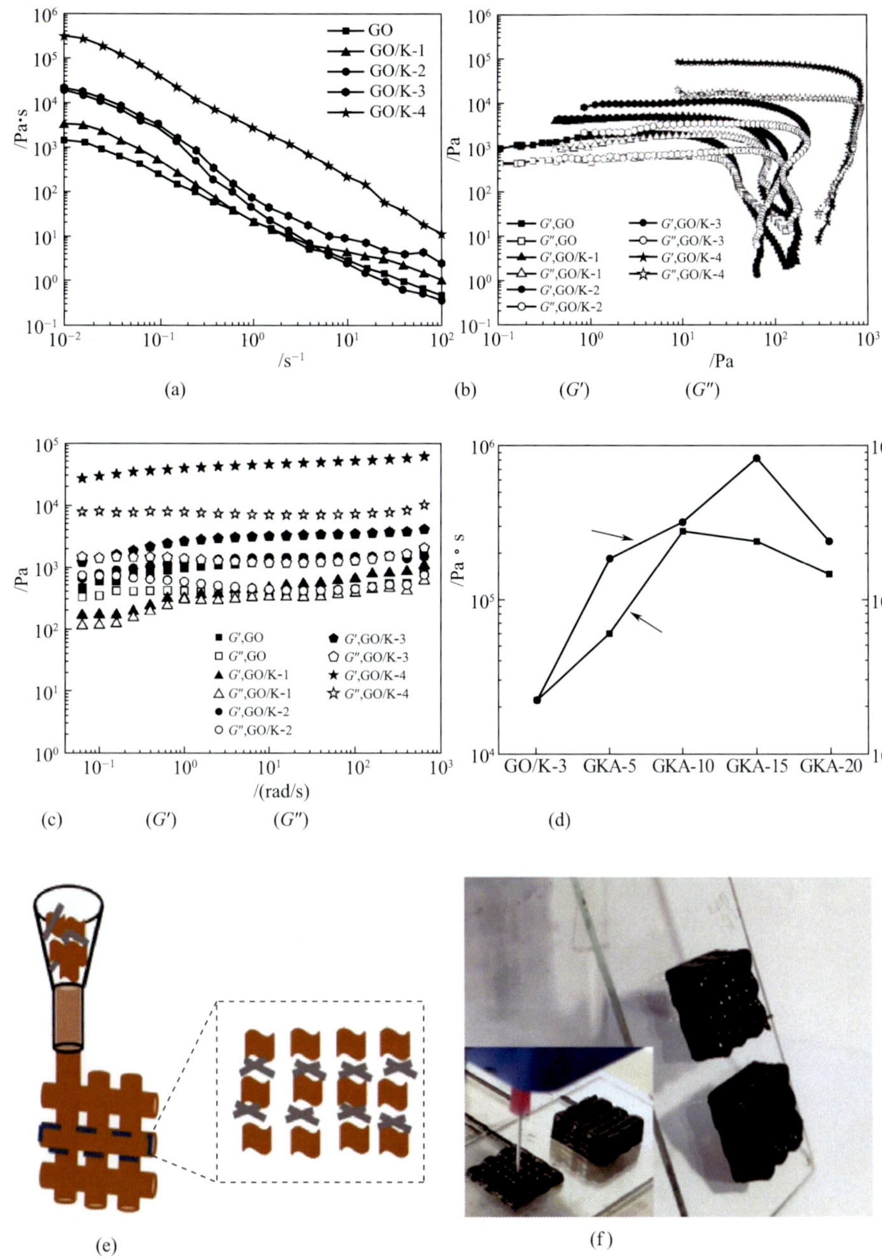

图 4-6　GO/KCu_7S_4 油墨流变性能曲线、打印结构内部定向排列示意图及打印结构的照片

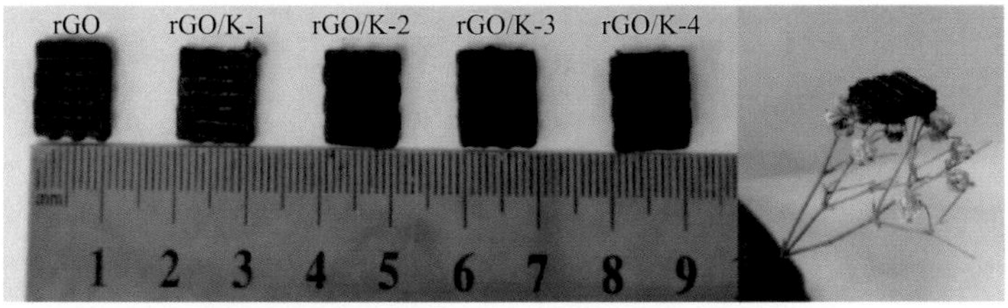

图 4-8　各 rGO/KCu_7S_4 复合电极的实物照片

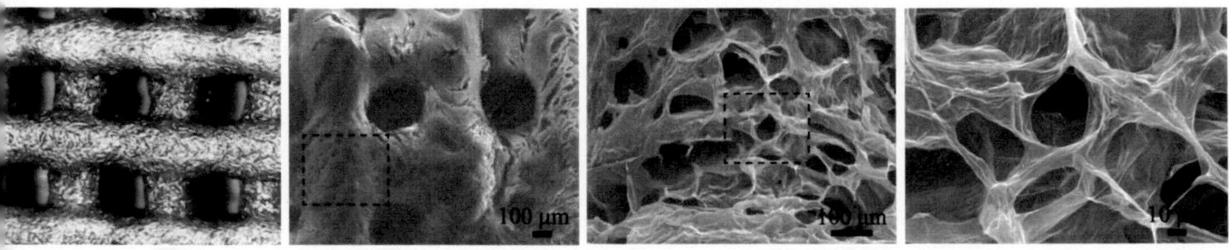

(a) GO　(b) rGO　SEM　(c)　(b)　SEM　(d)　(c)　SEM

图 4-9　GO 打印结构的光学照片和 rGO 打印结构的 SEM 图

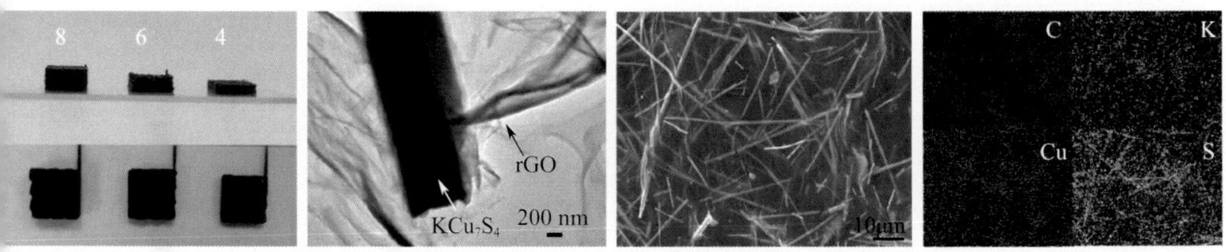

(a)rGO/K-3　(b)rGO/K-3　TEM　(c)rGO/K-3　SEM　(d)　(c)　EDS

图 4-11　rGO/K-3 的结构表征

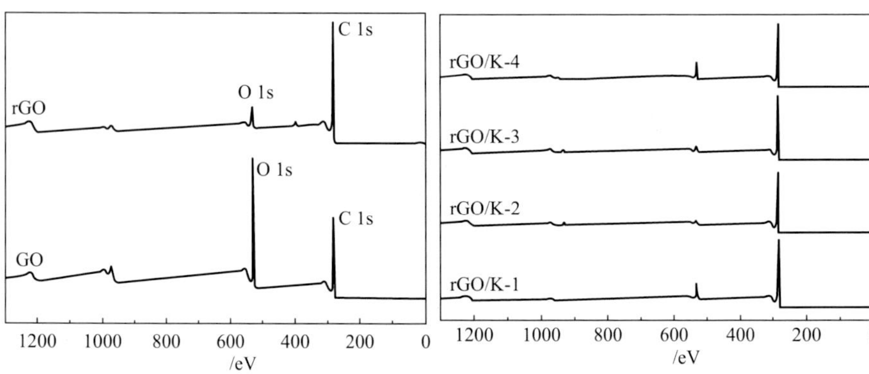

(a) GO　rGO　(b)

图 4-14

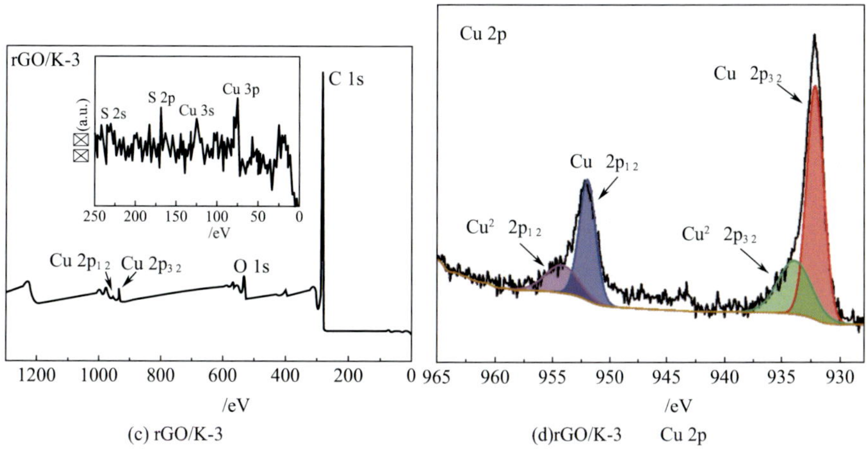

图 4-14 复合电极的 XPS 图谱

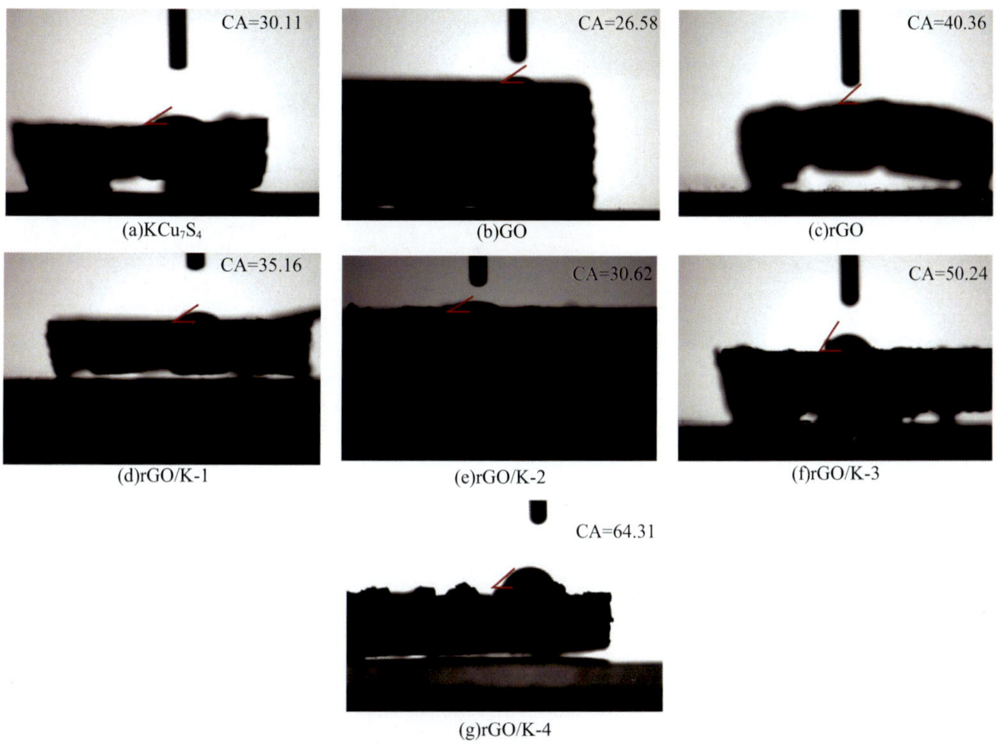

图 4-15 各组分材料与复合电极的接触角测试图

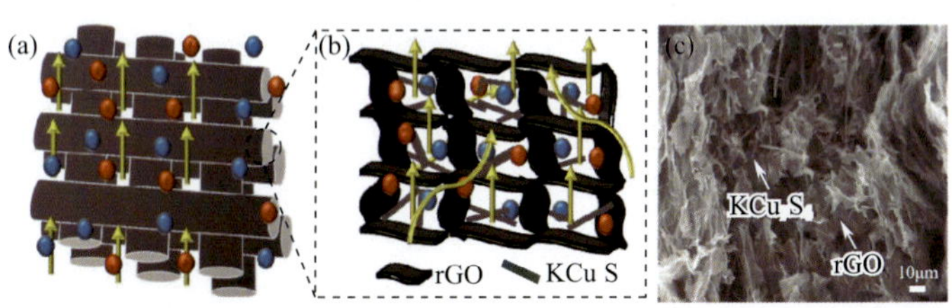

图 4-20 (a) 复合电极的宏观打印结构模型图；(b) 打印线条横截面的结构模型图；(c) 打印线条横截面的 SEM 图

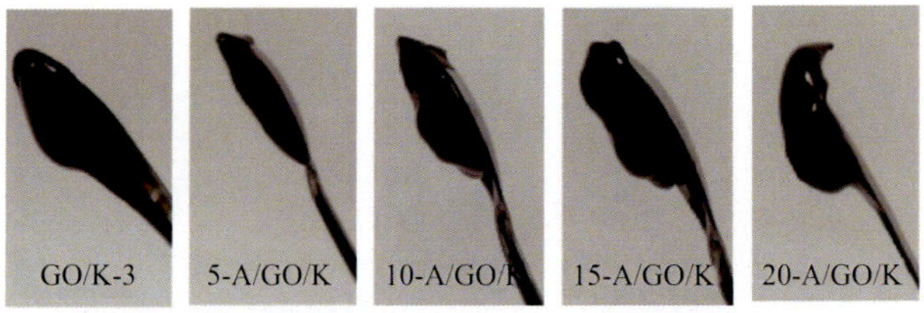

图 5-3　不同配比 $Ag/GO/KCu_7S_4$ 油墨照片

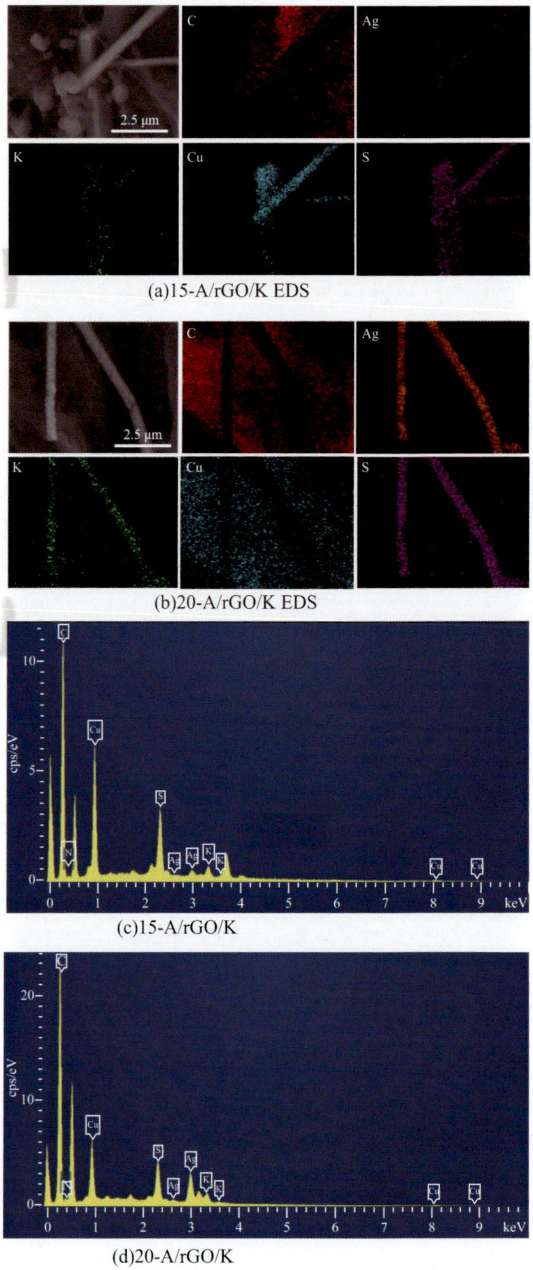

图 5-6　15-A/rGO/K 和 20-A/rGO/K 电极的 EDS 表征

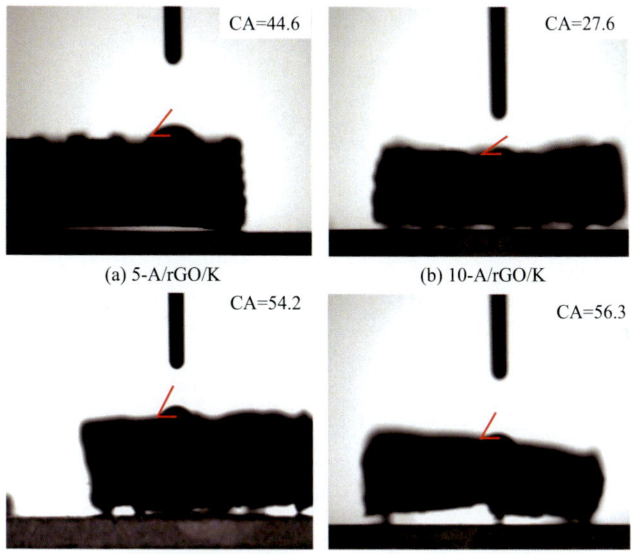

(a) 5-A/rGO/K (b) 10-A/rGO/K

(c) 15-A/rGO/K (d) 20-A/rGO/K

图 5-10 复合电极的接触角测试图

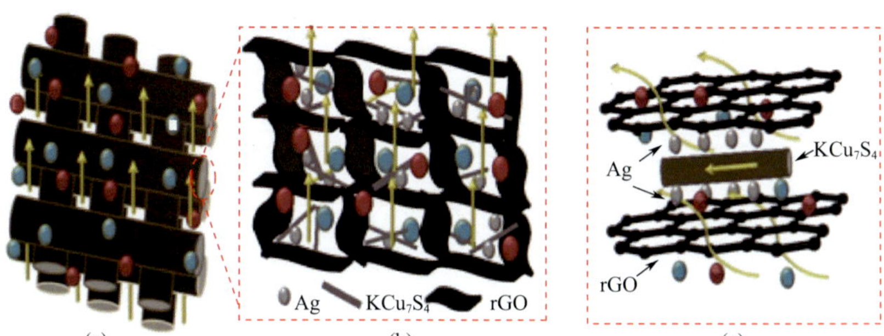

(a) (b) (c)

图 5-15 （a）复合电极的宏观结构图；（b）线条横截面图和（c）线条内部结构图

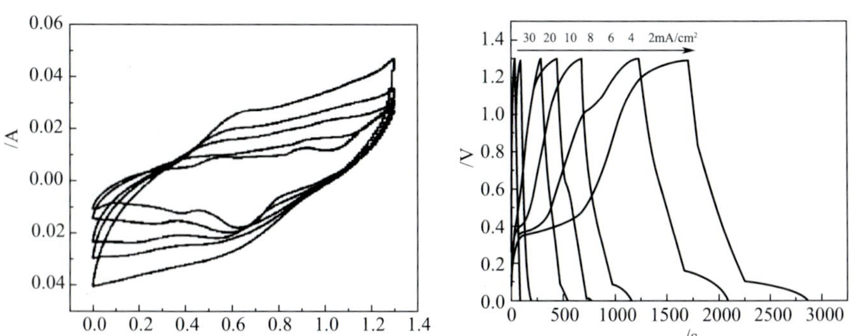

(a CV (b GCD

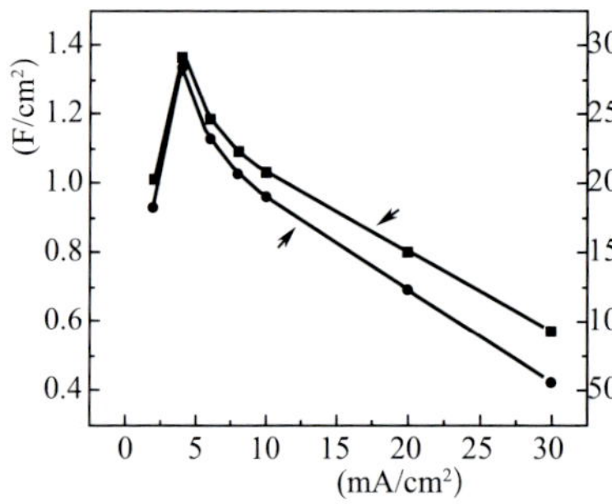

(c)

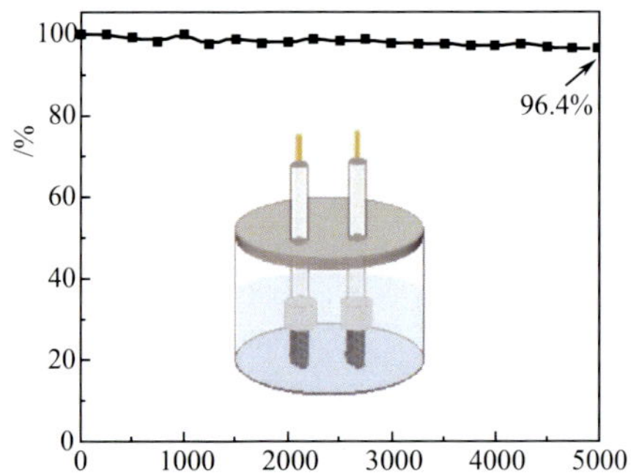

(d)　　8 mA/cm²

(　　　　　　)

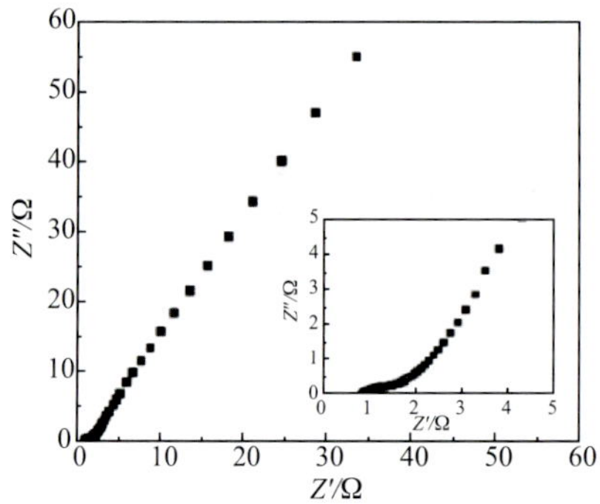

(e)　　EIS

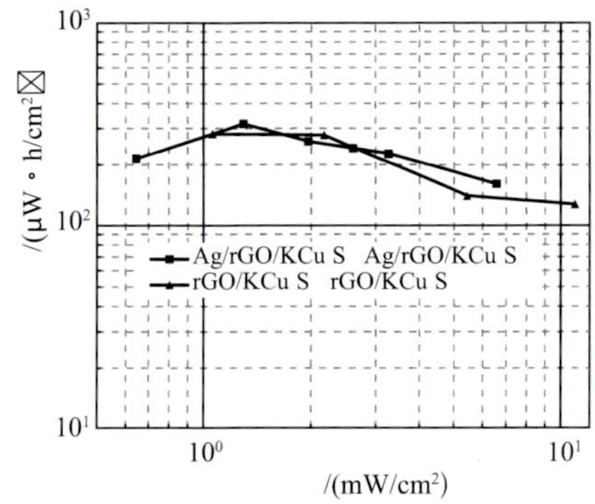

(f)　　Ragone

图 5-16　电容器的电化学性能

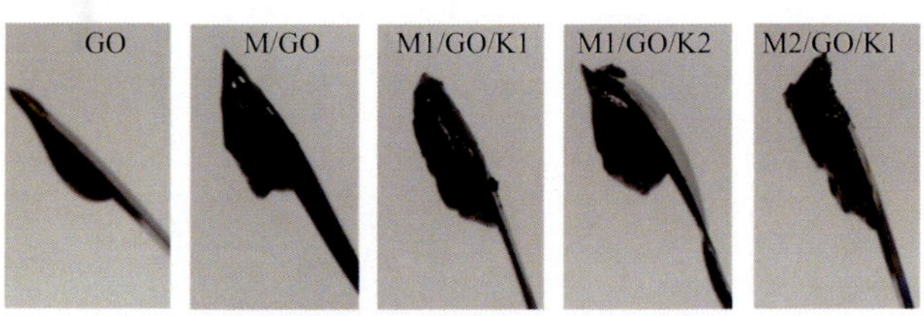

(a)　　MWCNTs/GO/KCu S

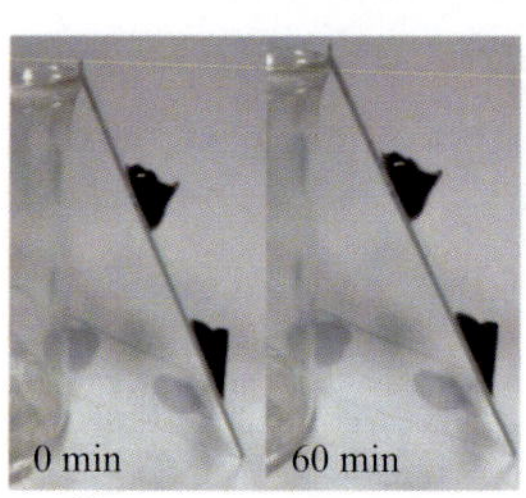

(b)

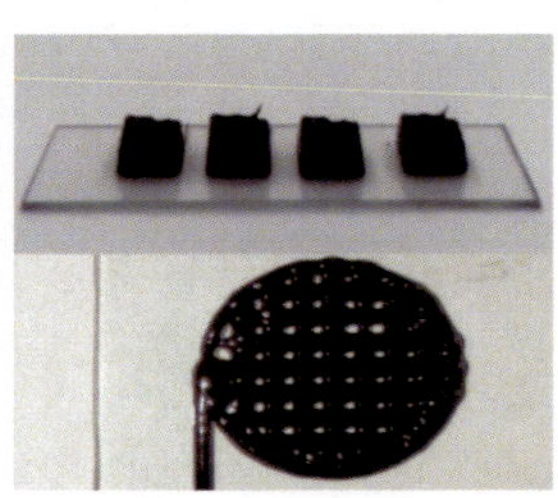

(c)

图 6-3　打印油墨状态图

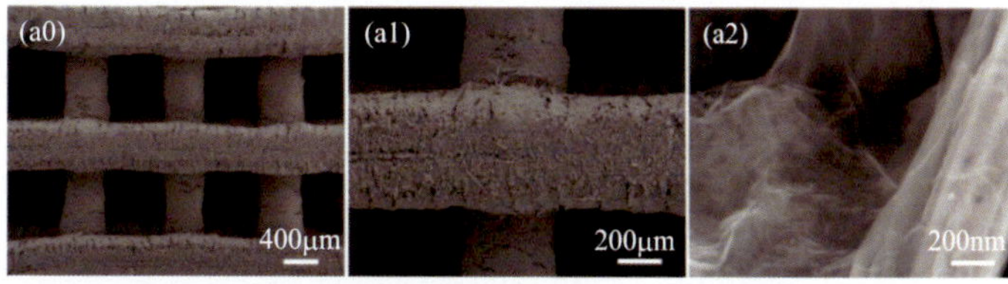

(a) M1/rGO/K2　　　　　SEM

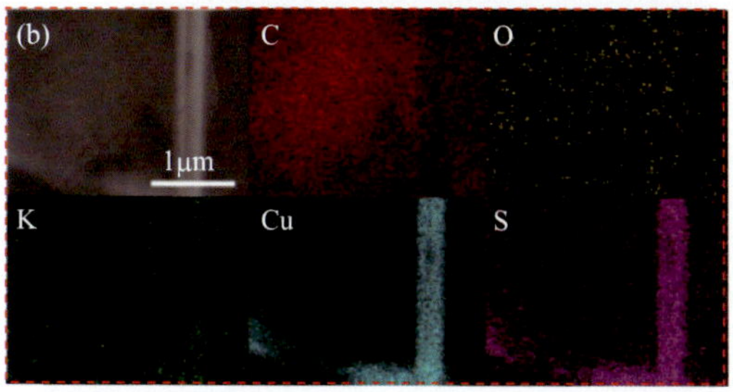

(b) M1/rGO/K2　　　　EDS

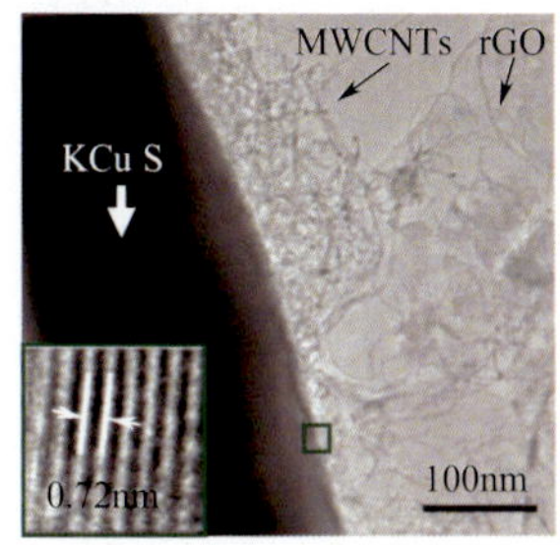

(c) M1/rGO/K2　　　　TEM

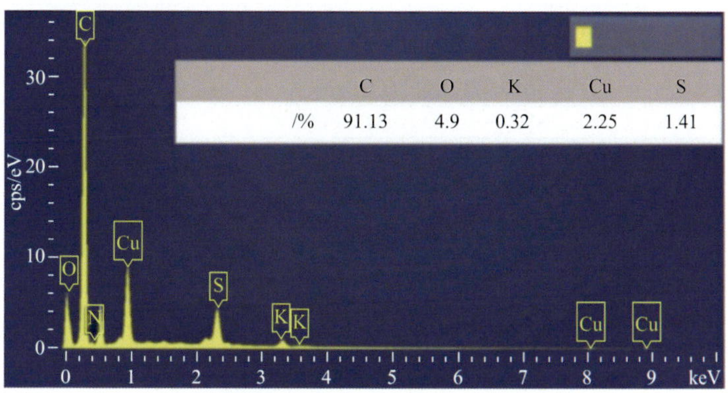

(d) EDS

(e) M1/rGO/K2

图 6-6　电极的表观形貌和结构

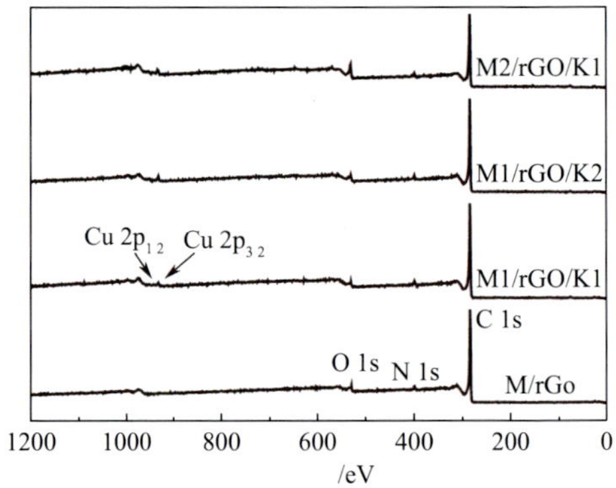

(a)

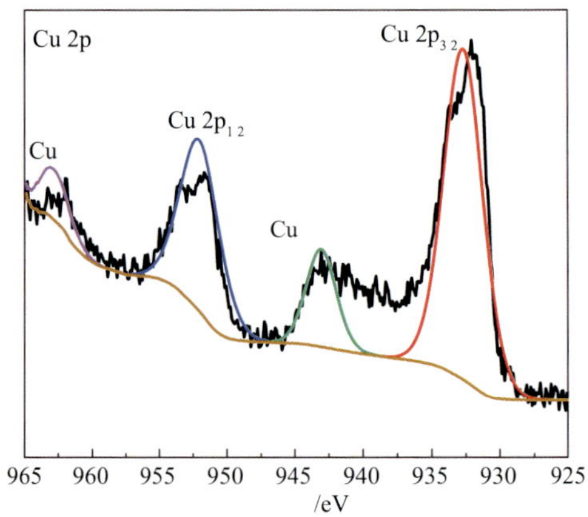

(b)M1/rGO/K2　　Cu 2p

图 6-9　复合电极的 XPS 图谱

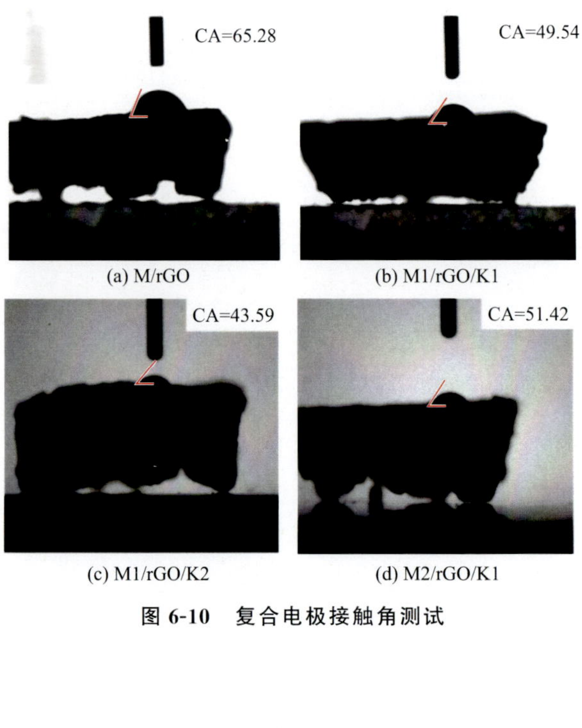

(a) M/rGO　(b) M1/rGO/K1　(c) M1/rGO/K2　(d) M2/rGO/K1

图 6-10　复合电极接触角测试

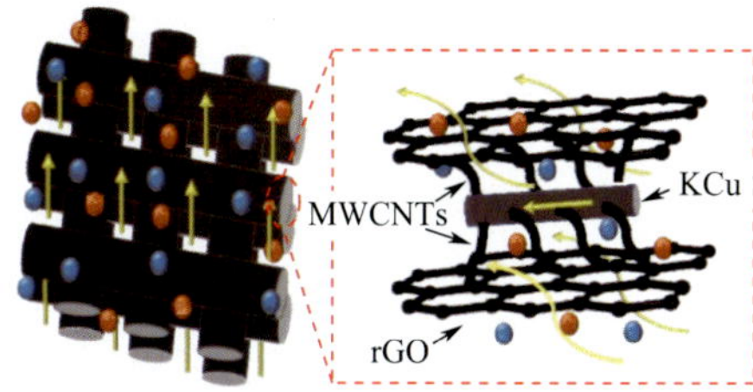

(a) (b)

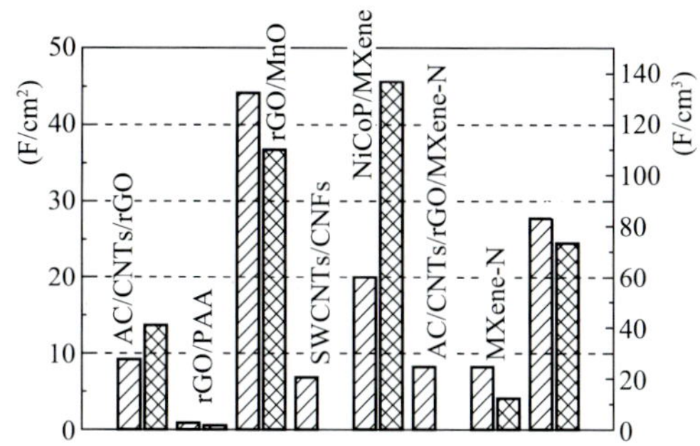

(c)

图 6-15 电极的结构模型及电容性能比较

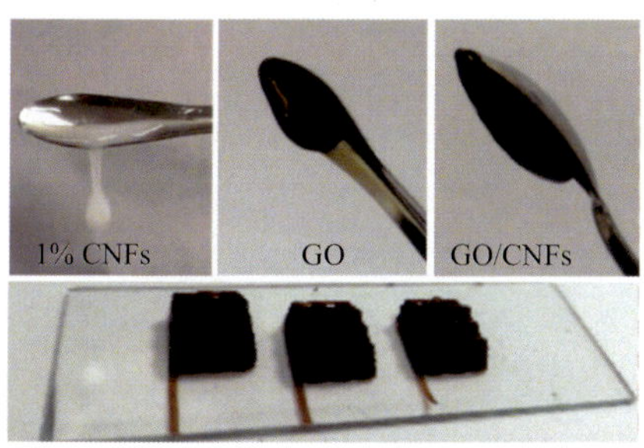

(a)

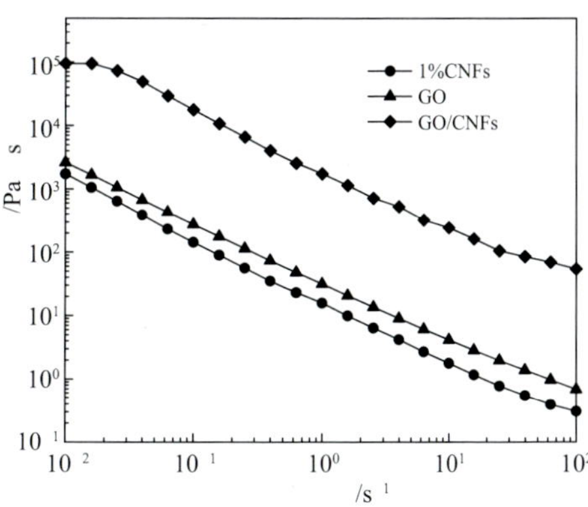

(b)

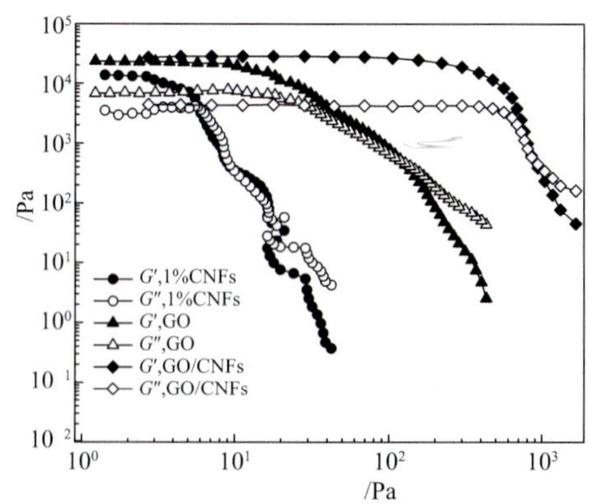

(c) (G′) (G″)

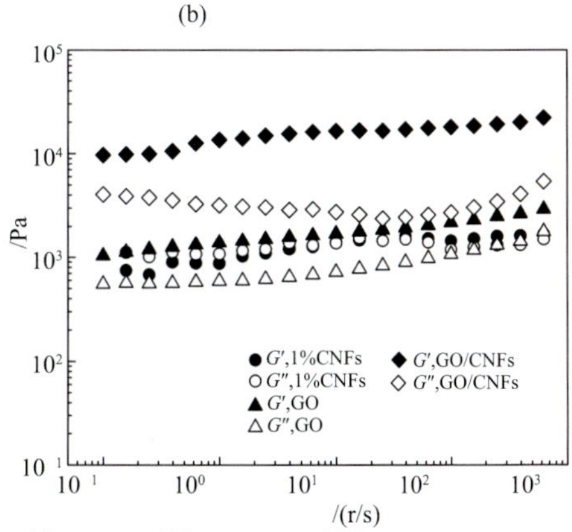

(d) (G′) (G″)

图 7-1 油墨照片及流变性能曲线

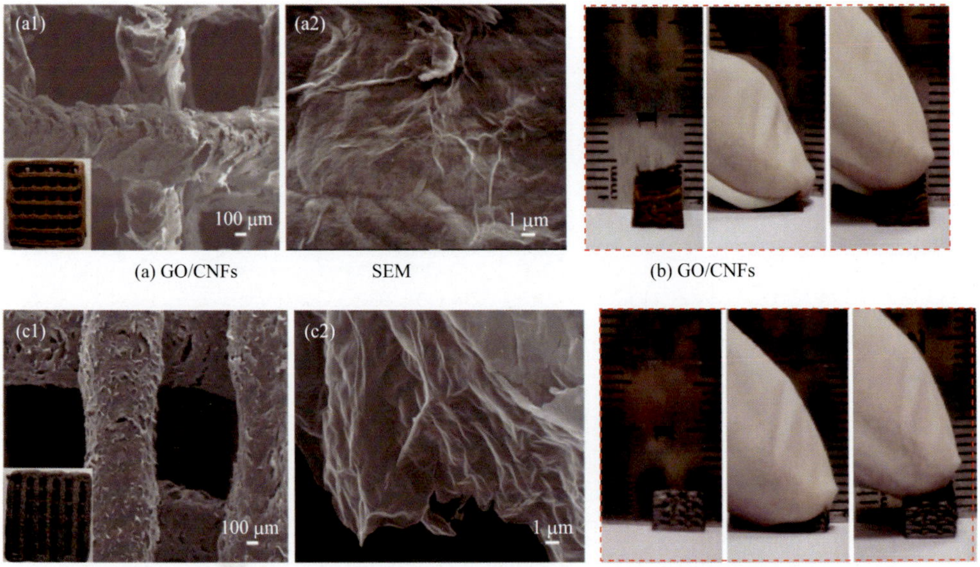

(a) GO/CNFs　　SEM　　(b) GO/CNFs

(c) rGO/CNFs　　SEM　　(d) rGO/CNFs

图 7-2　基底 GO/CNFs 还原前后的 SEM 图及弹性演示

(a)　60 min

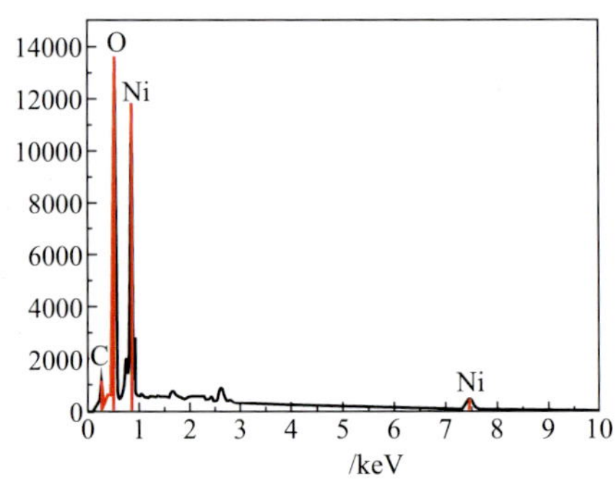

(b) EDS

图 7-4　rGO/CNFs@Ni(OH)$_2$ 复合电极的面扫描图

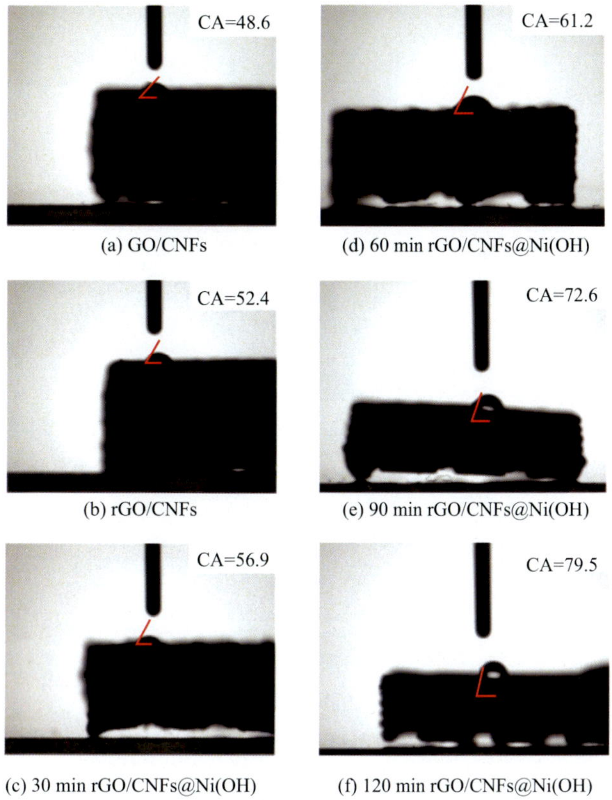

(a) GO/CNFs (d) 60 min rGO/CNFs@Ni(OH)

(b) rGO/CNFs (e) 90 min rGO/CNFs@Ni(OH)

(c) 30 min rGO/CNFs@Ni(OH) (f) 120 min rGO/CNFs@Ni(OH)

图 7-9 复合电极的接触角测试

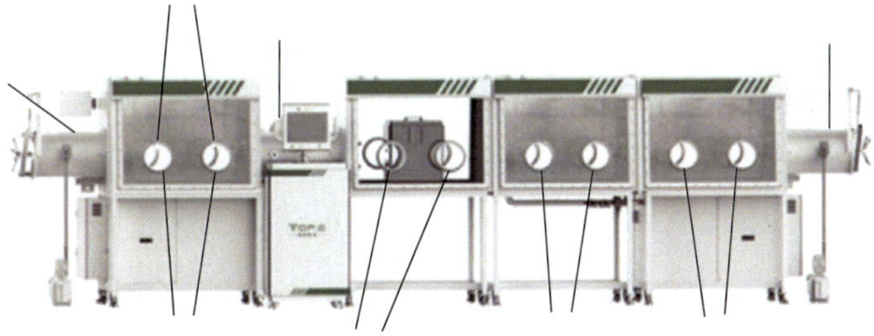

图 8-1 我国某企业研发的全固态电池 3D 打印一体化智能制造小试线